图灵程序设计丛书

你不知道的JavaScript（中卷）

You Don't Know JavaScript: Types & Grammar, Async & Performance

［美］Kyle Simpson 著

单业 姜南 译

Beijing • Cambridge • Farnham • Köln • Sebastopol • Tokyo

O'Reilly Media, Inc.授权人民邮电出版社出版

人民邮电出版社

北　京

图书在版编目（CIP）数据

你不知道的JavaScript. 中卷 / （美）辛普森
(Kyle Simpson) 著；单业，姜南译. -- 北京：人民邮
电出版社，2016.8（2022.11重印）
　（图灵程序设计丛书）
　ISBN 978-7-115-43116-5

　Ⅰ. ①你… Ⅱ. ①辛… ②单… ③姜… Ⅲ. ①JAVA语
言－程序设计 Ⅳ. ①TP312

中国版本图书馆CIP数据核字(2016)第174640号

内 容 提 要

JavaScript 这门语言简单易用，很容易上手，但其语言机制复杂微妙，即使是经验丰富的
JavaScript 开发人员，如果没有认真学习的话也无法真正理解。本套书直面当前 JavaScript 开发人
员不求甚解的大趋势，深入理解语言内部的机制，全面介绍了 JavaScript 中常被人误解和忽视的重
要知识点。本书是其中卷，主要介绍了类型、语法、异步和性能。

　本书既适合 JavaScript 语言初学者了解其精髓，又适合经验丰富的 JavaScript 开发人员深入
学习。

◆ 著　　　　　[美] Kyle Simpson
　　译　　　　单 业 姜 南
　　责任编辑　朱 巍
　　执行编辑　贺子娟　占亚娥
　　责任印制　彭志环

◆ 人民邮电出版社出版发行　　北京市丰台区成寿寺路 11 号
　　邮编 100164　　电子邮件 315@ptpress.com.cn
　　网址 http://www.ptpress.com.cn
　　固安县铭成印刷有限公司印刷

◆ 开本：800×1000　1/16
　　印张：23.5　　　　　　　　　2016 年 8 月第 1 版
　　字数：555千字　　　　　　　2022 年 11 月河北第 27 次印刷
　　著作权合同登记号　图字：01-2016-4629号

定价：79.00元
读者服务热线：(010)84084456-6009　印装质量热线：(010)81055316
反盗版热线：(010)81055315
广告经营许可证：京东市监广登字 20170147 号

版权声明

O'Reilly Media, Inc.介绍

O'Reilly Media 通过图书、杂志、在线服务、调查研究和会议等方式传播创新知识。自 1978 年开始，O'Reilly 一直都是前沿发展的见证者和推动者。超级极客们正在开创着未来，而我们关注真正重要的技术趋势——通过放大那些"细微的信号"来刺激社会对新科技的应用。作为技术社区中活跃的参与者，O'Reilly 的发展充满了对创新的倡导、创造和发扬光大。

O'Reilly 为软件开发人员带来革命性的"动物书"；创建第一个商业网站（GNN）；组织了影响深远的开放源代码峰会，以至于开源软件运动以此命名；创立了 Make 杂志，从而成为 DIY 革命的主要先锋；公司一如既往地通过多种形式缔结信息与人的纽带。O'Reilly 的会议和峰会集聚了众多超级极客和高瞻远瞩的商业领袖，共同描绘出开创新产业的革命性思想。作为技术人士获取信息的选择，O'Reilly 现在还将先锋专家的知识传递给普通的计算机用户。无论是通过书籍出版、在线服务或者面授课程，每一项 O'Reilly 的产品都反映了公司不可动摇的理念——信息是激发创新的力量。

业界评论

"O'Reilly Radar 博客有口皆碑。"
——*Wired*

"O'Reilly 凭借一系列（真希望当初我也想到了）非凡想法建立了数百万美元的业务。"
——*Business 2.0*

"O'Reilly Conference 是聚集关键思想领袖的绝对典范。"
——*CRN*

"一本 O'Reilly 的书就代表一个有用、有前途、需要学习的主题。"
——*Irish Times*

"Tim 是位特立独行的商人，他不光放眼于最长远、最广阔的视野，并且切实地按照 Yogi Berra 的建议去做了：'如果你在路上遇到岔路口，走小路（岔路）。'回顾过去，Tim 似乎每一次都选择了小路，而且有几次都是一闪即逝的机会，尽管大路也不错。"
——*Linux Journal*

目录

第一部分 类型和语法

前言

JavaScript 从互联网萌芽时期开始就一直是实现交互体验的基本技术。虽然最初被用来实现闪烁的鼠标轨迹和烦人的弹出消息框，但在大约二十年以后，它在技术和功能方面都得到了很大的提升，几乎没有人再质疑它在互联网中的重要地位。

但是，作为一门编程语言，JavaScript 一直为人诟病，部分原因是其历史沿革，更重要的原因则是其设计理念。因为 JavaScript 这个名字，Brendan Eich 曾戏称它为"傻小弟"（相对于成熟的 Java 而言）。实际上，这个名字完全是政治和市场考量下的产物。两门语言之间千差万别，"JavaScript"之于"Java"就如同"Carnival"（嘉年华）之于"Car"（汽车）一样，两者之间并无半点关系。

JavaScript 在概念和语法风格上借鉴了其他编程语言，包括 C 风格的过程式编程和隐晦的 Scheme/Lisp 风格的函数式编程，这使得它能为不同背景的开发人员所接受，包括那些没有多少编程经验的人。用 JavaScript 编写一个"Hello World"程序非常简单。

JavaScript 可能是最容易上手的编程语言之一，但它的一些奇特之处使得它不像其他语言那样容易完全掌握。要想用 C 或者 C++ 开发一个完整的应用程序，开发者需要对该门语言有相当深入的了解。然而对于 JavaScript，即使我们用它开发了一个完整的系统也不见得就能深入理解它。

这门语言中有些复杂的概念隐藏得很深，却常常以一种看似简单的形式呈现。例如，将函数作为回调函数传递，这让 JavaScript 开发人员往往满足于使用这些现成便利的机制，而不愿去探究其中的原理。

JavaScript 是一门简单易用的语言，应用广泛，同时它的语言机制又十分复杂和微妙，即使经验丰富的开发人员也需要用心学习才能真正掌握。

JavaScript 的矛盾之处就在于此，它的阿喀琉斯之踵正是本书要解决的问题。因为无需深入理解就能用它来编程，所以人们常常放松对它的学习。

使命

在学习 JavaScript 的过程中，碰到令人抓狂的问题或挫折时，如果置之不理或不求甚解（就像有些人习惯做的那样），我们很快就会发现自己根本无从发挥这门语言的威力。

尽管这些被称为 JavaScript 的"精华"部分，但我恳请读者朋友们将其看作"容易的""安全的"或者"不完整的"部分。

"你不知道的 JavaScript"系列丛书旨在介绍 JavaScript 的另一面，让你深入掌握 JavaScript 的全部，特别是那些难点。

JavaScript 开发人员常常满足于一知半解，不愿更深入地了解其深层原因和运作方式，本书要解决的正是这个问题。我们会直面那些疑难困惑，绝不回避。

我个人不会仅仅满足于让代码运行起来而不明就里，你也应该这样。本书中，我会逐步介绍 JavaScript 中那些不太为人所知的地方，最终让你对这门语言有一个全面的了解。一旦掌握了这些知识，那些技巧、框架和时髦术语等都将不在话下。

本系列丛书全面深入地介绍了 JavaScript 中常为人误解和忽视的重要知识点，让你在读完之后不论从理论上还是实践上都能对这门语言有足够的信心。

目前你对 JavaScript 的了解可能都来自那些自身就一知半解的"专家"，而这仅仅是冰山一角。读完本系列丛书后，你将真正了解这门语言。现在就让我们踏上阅读寻知之旅吧。

小结

JavaScript 是一门优秀的语言。只学其中一部分内容很容易，但是要全面掌握则很难。开发人员遇到困难时往往将其归咎于语言本身，而不反省他们自己对语言的理解有多匮乏。本系列丛书旨在解决这个问题，使读者能够发自内心地喜欢上这门语言。

 本书中的很多示例都假定你使用的是现代（以及未来）的 JavaScript 引擎环境，比如 ES6。有些代码在旧版本（ES6 之前）的引擎下可能不会像本书中描述的那样工作。

排版约定

本书使用了下列排版约定。

- 楷体
  表示新术语。

- 等宽字体（constant width）
  表示程序片段，以及正文中出现的变量、函数名、数据库、数据类型、环境变量、语句和关键字等。

- 加粗等宽字体（**constant width bold**）
  表示应该由用户输入的命令或其他文本。

- 等宽斜体（*constant width italic*）
  表示应该由用户输入的值或根据上下文确定的值替换的文本。

该图标表示提示或建议。

该图标表示一般注记。

该图标表示警告或警示。

使用代码示例

补充材料（代码示例、练习等）可以从 https://github.com/getify/You-Dont-Know-JS/tree/master/types%20&%20grammar 和 https://github.com/getify/You-Dont-Know-JS/tree/master/async & performance 下载。

本书是要帮你完成工作的。一般来说，如果本书提供了示例代码，你可以把它用在你的程序或文档中。除非你使用了很大一部分代码，否则无需联系我们获得许可。比如，用本书的几个代码片段写一个程序就无需获得许可，销售或分发 O'Reilly 图书的示例光盘则需要获得许可；引用本书中的示例代码回答问题无需获得许可，将书中大量的代码放到你的产品文档中则需要获得许可。

我们很希望但并不强制要求你在引用本书内容时加上引用说明。引用说明一般包括书名、作者、出版社和 ISBN，比如："*You Don't Know JavaScript: Types & Grammar* by Kyle Simpson (O'Reilly). Copyright 2015 Getify Solutions, Inc., 978-1-491-90419-0"。

如果你觉得自己对示例代码的用法超出了上述许可的范围，欢迎你通过 permissions@oreilly.com 与我们联系。

Safari® Books Online

Safari Books Online（http://www.safaribooksonline.com） 是应运而生的数字图书馆。它同时以图书和视频的形式出版世界顶级技术和商务作家的专业作品。技术专家、软件开发人员、Web 设计师、商务人士和创意专家等，在开展调研、解决问题、学习和认证培训时，都将 Safari Books Online 视作获取资料的首选渠道。

对于组织团体、政府机构和个人，Safari Books Online 提供各种产品组合和灵活的定价策略。用户可通过一个功能完备的数据库检索系统访问 O'Reilly Media、Prentice Hall Professional、Addison-Wesley Professional、Microsoft Press、Sams、Que、Peachpit Press、Focal Press、Cisco Press、John Wiley & Sons、Syngress、Morgan Kaufmann、IBM Redbooks、Packt、Adobe Press、FT Press、Apress、Manning、New Riders、McGraw-Hill、Jones & Bartlett、Course Technology 以及其他几十家出版社的上千种图书、培训视频和正式出版之前的书稿。要了解 Safari Books Online 的更多信息，我们网上见。

联系我们

请把对本书的评价和问题发给出版社。

美国：

  O'Reilly Media, Inc.

  1005 Gravenstein Highway North

  Sebastopol, CA 95472

中国：

  北京市西城区西直门南大街 2 号成铭大厦 C 座 807 室（100035）

  奥莱利技术咨询（北京）有限公司

O'Reilly 的每一本书都有专属网页，你可以在那儿找到本书的相关信息，包括勘误表、示例代码以及其他信息。本书第一部分"类型和语法"的网站地址是 http://shop.oreilly.com/product/0636920033745.do。本书第二部分"异步和性能"的网址是 http://shop.oreilly.com/product/0636920033752.do。

对于本书的评论和技术性问题，请发送电子邮件到：

  bookquestions@oreilly.com

要了解更多 O'Reilly 图书、培训课程、会议和新闻的信息，请访问以下网站：

http://www.oreilly.com

我们在 Facebook 的地址：http://facebook.com/oreilly

请关注我们的 Twitter 动态：http://twitter.com/oreillymedia

我们的 YouTube 视频地址：http://www.youtube.com/oreillymedia

致谢

我要感谢很多人，是他们的帮助让本书以及整个系列得以出版。

首先，我要感谢我的妻子 Christen Simpson 以及我的两个孩子 Ethan 和 Emily，容忍我整天坐在电脑前工作。即使不写作的时候，我的眼睛也总是盯着屏幕做一些与 JavaScript 相关的工作。我牺牲了很多陪伴家人的时间，这个系列的丛书才得以为读者深入全面地介绍 JavaScript。对于家庭，我亏欠太多。

我要感谢 O'Reilly 的编辑 Simon St.Laurent 和 Brian MacDonald，以及所有其他的编辑和市场工作人员。和他们一起工作非常愉快；本系列丛书的写作、编辑和制作都以开源方式进行，在此实验过程中，他们给予了非常多的帮助。

我要感谢所有为本系列丛书提供建议和校正的人，包括 Shelley Powers、Tim Ferro、Evan Borden、Forrest L. Norvell、Jennifer Davis、Jesse Harlin 等。十分感谢 David Walsh 和 Jake Archibald 为本书作序。

我要感谢 JavaScript 社区中的许多人，包括 TC39 委员会的成员们，将他们的知识与我们分享，并且耐心详尽地回答我无休止的提问。他们是 John-David Dalton、Juriy "kangax" Zaytsev、Mathias Bynens、Rick Waldron、Axel Rauschmayer、Nicholas Zakas、Angus Croll、Jordan Harband、Reginald Braithwaite、Dave Herman、Brendan Eich、Allen Wirfs-Brock、Bradley Meck、Domenic Denicola、David Walsh、Tim Disney、Kris Kowal、Peter van der Zee、Andrea Giammarchi、Kit Cambridge，等等。还有很多人，我无法一一感谢。

"你不知道的 JavaScript" 系列丛书是由 Kickstarter 发起的，我要感谢近 500 名慷慨的支持者，没有他们的支持就没有这套系列丛书：

Jan Szpila、nokiko、Murali Krishnamoorthy、Ryan Joy、Craig Patchett、pdqtrader、Dale Fukami、ray hatfield、R0drigo Perez [Mx]、Dan Petitt、Jack Franklin、Andrew Berry、Brian Grinstead、Rob Sutherland、Sergi Meseguer、Phillip Gourley、Mark Watson、Jeff Carouth、Alfredo Sumaran、Martin Sachse、Marcio Barrios、Dan、AimelyneM、Matt Sullivan、

Delnatte Pierre-Antoine、Jake Smith、Eugen Tudorancea、Iris、David Trinh、simonstl、Ray Daly、Uros Gruber、Justin Myers、Shai Zonis、Mom & Dad、Devin Clark、Dennis Palmer、Brian Panahi Johnson、Josh Marshall、Marshall、Dennis Kerr、Matt Steele、Erik Slagter、Sacah、Justin Rainbow、Christian Nilsson、Delapouite、D.Pereira、Nicolas Hoizey、George V. Reilly、Dan Reeves、Bruno Laturner、Chad Jennings、Shane King、Jeremiah Lee Cohick、od3n、Stan Yamane、Marko Vucinic、Jim B、Stephen Collins、Ægir Þorsteinsson、Eric Pederson、Owain、Nathan Smith、Jeanetteurphy、Alexandre ELISÉ、Chris Peterson、Rik Watson、Luke Matthews、Justin Lowery、Morten Nielsen、Vernon Kesner、Chetan Shenoy、Paul Tregoing、Marc Grabanski、Dion Almaer、Andrew Sullivan、Keith Elsass、Tom Burke、Brian Ashenfelter、David Stuart、Karl Swedberg、Graeme、Brandon Hays、John Christopher、Gior、manoj reddy、Chad Smith、Jared Harbour、Minoru TODA、Chris Wigley、Daniel Mee、Mike、Handyface、Alex Jahraus、Carl Furrow、Rob Foulkrod、Max Shishkin、Leigh Penny Jr.、Robert Ferguson、Mike van Hoenselaar、Hasse Schougaard、rajan venkataguru、Jeff Adams、Trae Robbins、Rolf Langenhuijzen、Jorge Antunes、Alex Koloskov、Hugh Greenish、Tim Jones、Jose Ochoa、Michael Brennan-White、Naga Harish Muvva、Barkóczi Dávid、Kitt Hodsden、Paul McGraw、Sascha Goldhofer、Andrew Metcalf、Markus Krogh、Michael Mathews、Matt Jared、Juanfran、Georgie Kirschner、Kenny Lee、Ted Zhang、Amit Pahwa、Inbal Sinai、Dan Raine、Schabse Laks、Michael Tervoort、Alexandre Abreu、Alan Joseph Williams、NicolasD、Cindy Wong、Reg Braithwaite、LocalPCGuy、Jon Friskics、Chris Merriman、John Pena、Jacob Katz、Sue Lockwood、Magnus Johansson、Jeremy Crapsey、Grzegorz Pawłowski、nico nuzzaci、Christine Wilks、Hans Bergren、charles montgomery、Ariel בר-לבב Fogel、Ivan Kolev、Daniel Campos、Hugh Wood、Christian Bradford、Frédéric Harper、Ionuț Dan Popa、Jeff Trimble、Rupert Wood、Trey Carrico、Pancho Lopez、Joël kuijten、Tom A Marra、Jeff Jewiss、Jacob Rios、Paolo Di Stefano、Soledad Penades、Chris Gerber、Andrey Dolganov、Wil Moore III、Thomas Martineau、Kareem、Ben Thouret、Udi Nir、Morgan Laupies、jory carson-burson、Nathan L Smith、Eric Damon Walters、Derry Lozano-Hoyland、Geoffrey Wiseman、mkeehner、KatieK、Scott MacFarlane、Brian LaShomb、Adrien Mas、christopher ross、Ian Littman、Dan Atkinson、Elliot Jobe、Nick Dozier、Peter Wooley、John Hoover、dan、Martin A. Jackson、Héctor Fernando Hurtado、andy ennamorato、Paul Seltmann、Melissa Gore、Dave Pollard、Jack Smith、Philip Da Silva、Guy Israeli、@megalithic、Damian Crawford、Felix Gliesche、April Carter Grant、Heidi、jim tierney、Andrea Giammarchi、Nico Vignola、Don Jones、Chris Hartjes、Alex Howes、john gibbon、David J. Groom、BBox、Yu Dilys Sun、Nate Steiner、Brandon Satrom、Brian Wyant、Wesley Hales、Ian Pouncey、Timothy Kevin Oxley、George Terezakis、sanjay raj、Jordan Harband、Marko McLion、Wolfgang Kaufmann、Pascal Peuckert、Dave Nugent、Markus Liebelt、Welling Guzman、Nick Cooley、Daniel Mesquita、Robert Syvarth、Chris Coyier、Rémy Bach、Adam Dougal、Alistair

Duggin、David Loidolt、Ed Richer、Brian Chenault、GoldFire Studios、Carles Andrés、Carlos Cabo、Yuya Saito、roberto ricardo、Barnett Klane、Mike Moore、Kevin Marx、Justin Love、Joe Taylor、Paul Dijou、Michael Kohler、Rob Cassie、Mike Tierney、Cody Leroy Lindley、tofuji、Shimon Schwartz、Raymond、Luc De Brouwer、David Hayes、Rhys Brett-Bowen、Dmitry、Aziz Khoury、Dean、Scott Tolinski - Level Up、Clement Boirie、Djordje Lukic、Anton Kotenko、Rafael Corral、Philip Hurwitz、Jonathan Pidgeon、Jason Campbell、Joseph C.、SwiftOne、Jan Hohner、Derick Bailey、getify、Daniel Cousineau、Chris Charlton、Eric Turner、David Turner、Joël Galeran、Dharma Vagabond、adam、Dirk van Bergen、dave ♥♫★ furf、Vedran Zakanj、Ryan McAllen、Natalie Patrice Tucker、Eric J. Bivona、Adam Spooner、Aaron Cavano、Kelly Packer、Eric J、Martin Drenovac、Emilis、Michael Pelikan、Scott F. Walter、Josh Freeman、Brandon Hudgeons、vijay chennupati、Bill Glennon、Robin R.、Troy Forster、otaku_coder、Brad、Scott、Frederick Ostrander、Adam Brill、Seb Flippence、Michael Anderson、Jacob、Adam Randlett、Standard、Joshua Clanton、Sebastian Kouba、Chris Deck、SwordFire、Hannes Papenberg、Richard Woeber、hnzz、Rob Crowther、Jedidiah Broadbent、Sergey Chernyshev、Jay-Ar Jamon、Ben Combee、luciano bonachela、Mark Tomlinson、Kit Cambridge、Michael Melgares、Jacob Adams、Adrian Bruinhout、Bev Wieber、Scott Puleo、Thomas Herzog、April Leone、Daniel Mizieliński、Kees van Ginkel、Jon Abrams、Erwin Heiser、Avi Laviad、David newell、Jean-Francois Turcot、Niko Roberts、Erik Dana、Charles Neill、Aaron Holmes、Grzegorz Ziółkowski、Nathan Youngman、Timothy、Jacob Mather、Michael Allan、Mohit Seth、Ryan Ewing、Benjamin Van Treese、Marcelo Santos、Denis Wolf、Phil Keys、Chris Yung、Timo Tijhof、Martin Lekvall、Agendine、Greg Whitworth、Helen Humphrey、Dougal Campbell、Johannes Harth、Bruno Girin、Brian Hough、Darren Newton、Craig McPheat、Olivier Tille、Dennis Roethig、Mathias Bynens、Brendan Stromberger、sundeep、John Meyer、Ron Male、John F Croston III、gigante、Carl Bergenhem、B.J. May、Rebekah Tyler、Ted Foxberry、Jordan Reese、Terry Suitor、afeliz、Tom Kiefer、Darragh Duffy、Kevin Vanderbeken、Andy Pearson、Simon Mac Donald、Abid Din、Chris Joel、Tomas Theunissen、David Dick、Paul Grock、Brandon Wood、John Weis、dgrebb、Nick Jenkins、Chuck Lane、Johnny Megahan、marzsman、Tatu Tamminen、Geoffrey Knauth、Alexander Tarmolov、Jeremy Tymes、Chad Auld、Sean Parmelee、Rob Staenke、Dan Bender、Yannick derwa、Joshua Jones、Geert Plaisier、Tom LeZotte、Christen Simpson、Stefan Bruvik、Justin Falcone、Carlos Santana、Michael Weiss、Pablo Villoslada、Peter deHaan、Dimitris Iliopoulos、seyDoggy、Adam Jordens、Noah Kantrowitz、Amol M、Matthew Winnard、Dirk Ginader、Phinam Bui、David Rapson、Andrew Baxter、Florian Bougel、Michael George、Alban Escalier、Daniel Sellers、Sasha Rudan、John Green、Robert Kowalski、David I. Teixeira (@ditma、Charles Carpenter、Justin Yost、Sam S、Denis Ciccale、Kevin Sheurs、Yannick Croissant、Pau Fracés、Stephen McGowan、Shawn Searcy、Chris Ruppel、Kevin Lamping、Jessica Campbell、Christopher

Schmitt、Sablons、Jonathan Reisdorf、Bunni Gek、Teddy Huff、Michael Mullany、Michael Fürstenberg、Carl Henderson、Rick Yoesting、Scott Nichols、Hernán Ciudad、Andrew Maier、Mike Stapp、Jesse Shawl、Sérgio Lopes、jsulak、Shawn Price、Joel Clermont、Chris Ridmann、Sean Timm、Jason Finch、Aiden Montgomery、Elijah Manor、Derek Gathright、Jesse Harlin、Dillon Curry、Courtney Myers、Diego Cadenas、Arne de Bree、João Paulo Dubas、James Taylor、Philipp Kraeutli、Mihai Păun、Sam Gharegozlou、joshjs、Matt Murchison、Eric Windham、Timo Behrmann、Andrew Hall、joshua price、Théophile Villard。

这套系列丛书的写作、编辑和制作都是以开源的方式进行的。我们要感谢 GitHub 让这一切成为可能！

再次向我没能提及的支持者们表示感谢。这套系列丛书属于我们每一个人，希望它能够帮助更多的人更好地了解 JavaScript，让当前和未来的社区贡献者受益。

类型和语法

姜 南译

序

有人说，JavaScript 是唯一一门可以先用后学的编程语言。

每次听到这话我都会心一笑，因为我自己就是这样，我猜很多开发人员可能也是如此。JavaScript，也许还包括 CSS 和 HTML，在互联网早期的大学计算机课程中并不是主流教学语言。初学者大多通过搜索引擎和"查看源代码"的方式来自学。

我仍然记得自己在高中时代开发的第一个网站。那是一个网上商店。因为是《007》的粉丝，所以我决定创建一家"黄金眼"商店。它应有尽有，背景音乐是"黄金眼"的主题曲，有一个用 JavaScript 开发的瞄准器在屏幕上跟随鼠标移动，并且每次点击鼠标就会发出一声枪响。想必 Q（《007》中的一个角色）也会为这个杰作感到骄傲吧。

之所以讲到这个故事，是因为我当时使用的开发方式直到现在仍然有许多开发人员在使用，那就是"复制＋粘贴"。在项目中我"复制＋粘贴"了大量 JavaScript 代码，但根本没有真正理解它们。那些十分流行的 JavaScript 工具库，如 jQuery，也在潜移默化地影响着我们，使我们不用再去深入了解 JavaScript 的本质。

我并不反对使用 JavaScript 工具库，实际上我还是 MooTools JavaScript 团队的一员。这些工具库之所以功能强大，正是因为它们的开发者理解这门语言的本质和优点，并将它们运用到了极致。学会使用这些工具库大有裨益，同时掌握这门语言的基础知识仍然是十分重要的。现在有了 Kyle Simpson 的"你不知道的 JavaScript"系列丛书，我们更有理由好好学习了。

《类型和语法》是该系列的第三本书，它介绍了 JavaScript 的核心基础知识，这些知识我们永远不可能从"复制＋粘贴"和 JavaScript 工具库中学到。本书对强制类型转换及其隐患、原生构造函数，以及 JavaScript 的所有基础知识，都做了详细的介绍，并配以示例代码。同本系列的其他作品一样，Kyle 的行文切中要点，没有多余的套话和修辞，正是我喜欢的技术书的风格。

希望大家喜欢这本书，并能够常读常新。

David Walsh

Mozilla 资深开发人员

第 1 章

类型

大多数开发者认为，像 JavaScript 这样的动态语言是没有类型（type）的。让我们来看看 ES5.1 规范（http://www.ecma-international.org/ecma-262/5.1/）对此是如何界定的：

> 本规范中的运算法则所操纵的值均有相应的类型。本节中定义了所有可能出现的类型。ECMAScript 类型又进一步细分为语言类型和规范类型。

> ECMAScript 语言中所有的值都有一个对应的语言类型。ECMAScript 语言类型包括 Undefined、Null、Boolean、String、Number 和 Object。

喜欢强类型（又称静态类型）语言的人也许会认为"类型"一词用在这里不妥。"类型"在强类型语言中的涵义要广很多。

也有人认为，JavaScript 中的"类型"应该称为"标签"（tag）或者"子类型"（subtype）。

本书中，我们这样来定义"类型"（与规范类似）：对语言引擎和开发人员来说，类型是值的内部特征，它定义了值的行为，以使其区别于其他值。

换句话说，如果语言引擎和开发人员对 42（数字）和 "42"（字符串）采取不同的处理方式，那就说明它们是不同的类型，一个是 number，一个是 string。通常我们对数字 42 进行数学运算，而对字符串 "42" 进行字符串操作，比如输出到页面。它们是不同的类型。

上述定义并非完美，不过对于本书已经足够，也和 JavaScript 语言对自身的描述一致。

1.1 类型

撇开学术界对类型定义的分歧，为什么说 JavaScript 是否有类型也很重要呢？

要正确合理地进行类型转换（参见第 4 章），我们必须掌握 JavaScript 中的各个类型及其内在行为。几乎所有的 JavaScript 程序都会涉及某种形式的强制类型转换，处理这些情况时我们需要有充分的把握和自信。

如果要将 42 作为 string 来处理，比如获得其中第二个字符 "2"，就需要将它从 number（强制类型）转换为 string。

这看似简单，但是强制类型转换形式多样。有些方式简明易懂，也很安全，然而稍不留神，就会出现意想不到的结果。

强制类型转换是 JavaScript 开发人员最头疼的问题之一，它常被诟病为语言设计上的一个缺陷，太危险，应该束之高阁。

全面掌握 JavaScript 的类型之后，我们旨在改变对强制类型转换的成见，看到它的好处并且意识到它的缺点被过分夸大了。现在先让我们来深入了解一下值和类型。

1.2 内置类型

JavaScript 有七种内置类型：

- 空值（null）
- 未定义（undefined）
- 布尔值（boolean）
- 数字（number）
- 字符串（string）
- 对象（object）
- 符号（symbol，ES6 中新增）

 除对象之外，其他统称为"基本类型"。

我们可以用 typeof 运算符来查看值的类型，它返回的是类型的字符串值。有意思的是，这七种类型和它们的字符串值并不一一对应：

```
typeof undefined      === "undefined"; // true
typeof true           === "boolean";   // true
typeof 42             === "number";    // true
typeof "42"           === "string";    // true
typeof { life: 42 }   === "object";    // true

// ES6中新加入的类型
typeof Symbol()       === "symbol";    // true
```

以上六种类型均有同名的字符串值与之对应。符号是 ES6 中新加入的类型，我们将在第 3 章中介绍。

你可能注意到 null 类型不在此列。它比较特殊，typeof 对它的处理有问题：

```
typeof null === "object"; // true
```

正确的返回结果应该是 "null"，但这个 bug 由来已久，在 JavaScript 中已经存在了将近二十年，也许永远也不会修复，因为这牵涉到太多的 Web 系统，"修复"它会产生更多的 bug，令许多系统无法正常工作。

我们需要使用复合条件来检测 null 值的类型：

```
var a = null;

(!a && typeof a === "object"); // true
```

null 是"假值"（falsy 或者 false-like，参见第 4 章），也是唯一一个用 typeof 检测会返回 "object"的基本类型值。

还有一种情况：

```
typeof function a(){ /* .. */ } === "function"; // true
```

这样看来，function（函数）也是 JavaScript 的一个内置类型。然而查阅规范就会知道，它实际上是 object 的一个"子类型"。具体来说，函数是"可调用对象"，它有一个内部属性 [[Call]]，该属性使其可以被调用。

函数不仅是对象，还可以拥有属性。例如：

```
function a(b,c) {
    /* .. */
}
```

函数对象的 length 属性是其声明的参数的个数：

```
a.length; // 2
```

因为该函数声明了两个命名参数，b 和 c，所以其 length 值为 2。

再来看看数组。JavaScript 支持数组，那么它是否也是一个特殊类型？

```
typeof [1,2,3] === "object"; // true
```

不，数组也是对象。确切地说，它也是 object 的一个"子类型"（参见第 3 章），数组的元素按数字顺序来进行索引（而非像普通对象那样通过字符串键值），其 length 属性是元素的个数。

1.3 值和类型

JavaScript 中的变量是没有类型的，只有值才有。变量可以随时持有任何类型的值。

换个角度来理解就是，JavaScript 不做"类型强制"；也就是说，语言引擎不要求变量总是持有与其初始值同类型的值。一个变量可以现在被赋值为字符串类型值，随后又被赋值为数字类型值。

42 的类型为 number，并且无法更改。而 "42" 的类型为 string。数字 42 可以通过强制类型转换（coercion）为字符串 "42"（参见第 4 章）。

在对变量执行 typeof 操作时，得到的结果并不是该变量的类型，而是该变量持有的值的类型，因为 JavaScript 中的变量没有类型。

```
var a = 42;
typeof a; // "number"

a = true;
typeof a; // "boolean"
```

typeof 运算符总是会返回一个字符串：

```
typeof typeof 42; // "string"
```

typeof 42 首先返回字符串 "number"，然后 typeof "number" 返回 "string"。

1.3.1 undefined 和 undeclared

变量在未持有值的时候为 undefined。此时 typeof 返回 "undefined"：

```
var a;

typeof a; // "undefined"

var b = 42;
var c;

// later
```

```
b = c;

typeof b; // "undefined"
typeof c; // "undefined"
```

大多数开发者倾向于将 undefined 等同于 undeclared（未声明），但在 JavaScript 中它们完全是两回事。

已在作用域中声明但还没有赋值的变量，是 undefined 的。相反，还没有在作用域中声明过的变量，是 undeclared 的。

例如：

```
var a;

a; // undefined
b; // ReferenceError: b is not defined
```

浏览器对这类情况的处理很让人抓狂。上例中，"b is not defined" 容易让人误以为是 "b is undefined"。这里再强调一遍，"undefined" 和 "is not defined" 是两码事。此时如果浏览器报错成 "b is not found" 或者 "b is not declared" 会更准确。

更让人抓狂的是 typeof 处理 undeclared 变量的方式。例如：

```
var a;

typeof a; // "undefined"

typeof b; // "undefined"
```

对于 undeclared（或者 not defined）变量，typeof 照样返回 "undefined"。请注意虽然 b 是一个 undeclared 变量，但 typeof b 并没有报错。这是因为 typeof 有一个特殊的安全防范机制。

此时 typeof 如果能返回 undeclared（而非 undefined）的话，情况会好很多。

1.3.2　typeof Undeclared

该安全防范机制对在浏览器中运行的 JavaScript 代码来说还是很有帮助的，因为多个脚本文件会在共享的全局命名空间中加载变量。

 很多开发人员认为全局命名空间中不应该有变量存在，所有东西都应该被封装到模块和私有/独立的命名空间中。理论上这样没错，却不切实际。然而这仍不失为一个值得为之努力奋斗的目标。好在 ES6 中加入了对模块的支持，这使我们又向目标迈近了一步。

举个简单的例子，在程序中使用全局变量 DEBUG 作为"调试模式"的开关。在输出调试信息到控制台之前，我们会检查 DEBUG 变量是否已被声明。顶层的全局变量声明 var DEBUG = true 只在 debug.js 文件中才有，而该文件只在开发和测试时才被加载到浏览器，在生产环境中不予加载。

问题是如何在程序中检查全局变量 DEBUG 才不会出现 ReferenceError 错误。这时 typeof 的安全防范机制就成了我们的好帮手：

```
// 这样会抛出错误
if (DEBUG) {
    console.log( "Debugging is starting" );
}

// 这样是安全的
if (typeof DEBUG !== "undefined") {
    console.log( "Debugging is starting" );
}
```

这不仅对用户定义的变量（比如 DEBUG）有用，对内建的 API 也有帮助：

```
if (typeof atob === "undefined") {
    atob = function() { /*..*/ };
}
```

 如果要为某个缺失的功能写 polyfill（即衬垫代码或者补充代码，用来补充当前运行环境中缺失的功能），一般不会用 var atob 来声明变量 atob。如果在 if 语句中使用 var atob，声明会被提升（hoisted，参见《你不知道的 JavaScript（上卷）》[1] 中的"作用域和闭包"部分）到作用域（即当前脚本或函数的作用域）的最顶层，即使 if 条件不成立也是如此（因为 atob 全局变量已经存在）。在有些浏览器中，对于一些特殊的内建全局变量（通常称为"宿主对象"，host object），这样的重复声明会报错。去掉 var 则可以防止声明被提升。

还有一种不用通过 typeof 的安全防范机制的方法，就是检查所有全局变量是否是全局对象的属性，浏览器中的全局对象是 window。所以前面的例子也可以这样来实现：

```
if (window.DEBUG) {
    // ..
}

if (!window.atob) {
    // ..
}
```

注 1：此书已由人民邮电出版社出版。——编者注

与 undeclared 变量不同，访问不存在的对象属性（甚至是在全局对象 window 上）不会产生
ReferenceError 错误。

一些开发人员不喜欢通过 window 来访问全局对象，尤其当代码需要运行在多种 JavaScript
环境中时（不仅仅是浏览器，还有服务器端，如 node.js 等），因为此时全局对象并非总是
window。

从技术角度来说，typeof 的安全防范机制对于非全局变量也很管用，虽然这种情况并不多
见，也有一些开发人员不大愿意这样做。如果想让别人在他们的程序或模块中复制粘贴你
的代码，就需要检查你用到的变量是否已经在宿主程序中定义过：

```
function doSomethingCool() {
    var helper =
        (typeof FeatureXYZ !== "undefined") ?
        FeatureXYZ :
        function() { /*.. default feature ..*/ };

    var val = helper();
    // ..
}
```

其他模块和程序引入 doSomethingCool() 时，doSomethingCool() 会检查 FeatureXYZ 变量是
否已经在宿主程序中定义过；如果是，就用现成的，否则就自己定义：

```
// 一个立即执行函数表达式(IIFE,参见《你不知道的JavaScript(上卷)》"作用域和闭包"
// 部分的3.3.2节)
(function(){
    function FeatureXYZ() { /*.. my XYZ feature ..*/ }

    // 包含doSomethingCool(..)
    function doSomethingCool() {
        var helper =
            (typeof FeatureXYZ !== "undefined") ?
            FeatureXYZ :
            function() { /*.. default feature ..*/ };

        var val = helper();
        // ..
    }

    doSomethingCool();
})();
```

这里，FeatureXYZ 并不是一个全局变量，但我们还是可以使用 typeof 的安全防范机制来做
检查，因为这里没有全局对象可用（像前面提到的 window.___）。

还有一些人喜欢使用"依赖注入"（dependency injection）设计模式，就是将依赖通过参数
显式地传递到函数中，如：

```
function doSomethingCool(FeatureXYZ) {
    var helper = FeatureXYZ ||
        function() { /*.. default feature ..*/ };
    var val = helper();
    // ..
}
```

上述种种选择和方法各有利弊。好在 typeof 的安全防范机制为我们提供了更多选择。

1.4　小结

JavaScript 有 七 种 内 置 类 型：null、undefined、boolean、number、string、object 和 symbol，可以使用 typeof 运算符来查看。

变量没有类型，但它们持有的值有类型。类型定义了值的行为特征。

很多开发人员将 undefined 和 undeclared 混 为 一 谈，但 在 JavaScript 中 它们是两码事。undefined 是值的一种。undeclared 则表示变量还没有被声明过。

遗憾的是，JavaScript 却将它们混为一谈，在我们试图访问 "undeclared" 变量时这样报错：ReferenceError: a is not defined，并且 typeof 对 undefined 和 undeclared 变量都返回 "undefined"。

然而，通过 typeof 的安全防范机制（阻止报错）来检查 undeclared 变量，有时是个不错的办法。

第 2 章

值

数组（array）、字符串（string）和数字（number）是一个程序最基本的组成部分，但在 JavaScript 中，它们可谓让人喜忧掺半。

本章将介绍 JavaScript 中的几个内置值类型，让读者深入了解和合理运用它们。

2.1　数组

和其他强类型语言不同，在 JavaScript 中，数组可以容纳任何类型的值，可以是字符串、数字、对象（object），甚至是其他数组（多维数组就是通过这种方式来实现的）：

```
var a = [ 1, "2", [3] ];

a.length;        // 3
a[0] === 1;      // true
a[2][0] === 3;   // true
```

对数组声明后即可向其中加入值，不需要预先设定大小（参见 3.4.1 节）：

```
var a = [ ];

a.length;   // 0

a[0] = 1;
a[1] = "2";
a[2] = [ 3 ];

a.length;   // 3
```

使用 delete 运算符可以将单元从数组中删除，但是请注意，单元删除后，数组的 length 属性并不会发生变化。第 5 章将详细介绍 delete 运算符。

在创建“稀疏”数组（sparse array，即含有空白或空缺单元的数组）时要特别注意：

```
var a = [ ];

a[0] = 1;
// 此处没有设置a[1]单元
a[2] = [ 3 ];

a[1];       // undefined

a.length;   // 3
```

上面的代码可以正常运行，但其中的“空白单元”（empty slot）可能会导致出人意料的结果。a[1] 的值为 undefined，但这与将其显式赋值为 undefined（a[1] = undefined）还是有所区别。详情请参见 3.4.1 节。

数组通过数字进行索引，但有趣的是它们也是对象，所以也可以包含字符串键值和属性（但这些并不计算在数组长度内）：

```
var a = [ ];

a[0] = 1;
a["foobar"] = 2;

a.length;       // 1
a["foobar"];    // 2
a.foobar;       // 2
```

这里有个问题需要特别注意，如果字符串键值能够被强制类型转换为十进制数字的话，它就会被当作数字索引来处理。

```
var a = [ ];

a["13"] = 42;

a.length; // 14
```

在数组中加入字符串键值 / 属性并不是一个好主意。建议使用对象来存放键值 / 属性值，用数组来存放数字索引值。

类数组

有时需要将类数组（一组通过数字索引的值）转换为真正的数组，这一般通过数组工具函数（如 indexOf(..)、concat(..)、forEach(..) 等）来实现。

例如，一些 DOM 查询操作会返回 DOM 元素列表，它们并非真正意义上的数组，但十分类似。另一个例子是通过 arguments 对象（类数组）将函数的参数当作列表来访问（从 ES6 开始已废止）。

工具函数 slice(..) 经常被用于这类转换：

```
function foo() {
    var arr = Array.prototype.slice.call( arguments );
    arr.push( "bam" );
    console.log( arr );
}

foo( "bar", "baz" ); // ["bar","baz","bam"]
```

如上所示，slice() 返回参数列表（上例中是一个类数组）的一个数组复本。

用 ES6 中的内置工具函数 Array.from(..) 也能实现同样的功能：

```
...
var arr = Array.from( arguments );
...
```

 Array.from(..) 有一些非常强大的功能，将在本系列的《你不知道的 JavaScript（下卷）》的 "ES6 & Beyond" 部分详细介绍。

2.2　字符串

字符串经常被当成字符数组。字符串的内部实现究竟有没有使用数组并不好说，但 JavaScript 中的字符串和字符数组并不是一回事，最多只是看上去相似而已。

例如下面两个值：

```
var a = "foo";
var b = ["f","o","o"];
```

字符串和数组的确很相似，它们都是类数组，都有 length 属性以及 indexOf(..)（从 ES5 开始数组支持此方法）和 concat(..) 方法：

```
a.length;                        // 3
b.length;                        // 3
```

```
a.indexOf( "o" );                // 1
b.indexOf( "o" );                // 1

var c = a.concat( "bar" );       // "foobar"
var d = b.concat( ["b","a","r"] ); // ["f","o","o","b","a","r"]

a === c;                         // false
b === d;                         // false

a;                               // "foo"
b;                               // ["f","o","o"]
```

但这并不意味着它们都是"字符数组"，比如：

```
a[1] = "0";
b[1] = "0";

a; // "foo"
b; // ["f","0","o"]
```

JavaScript 中字符串是不可变的，而数组是可变的。并且 a[1] 在 JavaScript 中并非总是合法语法，在老版本的 IE 中就不被允许（现在可以了）。正确的方法应该是 a.charAt(1)。

字符串不可变是指字符串的成员函数不会改变其原始值，而是创建并返回一个新的字符串。而数组的成员函数都是在其原始值上进行操作。

```
c = a.toUpperCase();
a === c;  // false
a;        // "foo"
c;        // "FOO"

b.push( "!" );
b;        // ["f","0","o","!"]
```

许多数组函数用来处理字符串很方便。虽然字符串没有这些函数，但可以通过"借用"数组的非变更方法来处理字符串：

```
a.join;          // undefined
a.map;           // undefined

var c = Array.prototype.join.call( a, "-" );
var d = Array.prototype.map.call( a, function(v){
    return v.toUpperCase() + ".";
} ).join( "" );

c;               // "f-o-o"
d;               // "F.O.O."
```

另一个不同点在于字符串反转（JavaScript 面试常见问题）。数组有一个字符串没有的可变更成员函数 reverse()：

```
a.reverse;        // undefined

b.reverse();      // ["!","o","O","f"]
b;                // ["f","O","o","!"]
```

可惜我们无法"借用"数组的可变更成员函数，因为字符串是不可变的：

```
Array.prototype.reverse.call( a );
// 返回值仍然是字符串"foo"的一个封装对象(参见第3章):(
```

一个变通（破解）的办法是先将字符串转换为数组，待处理完后再将结果转换回字符串：

```
var c = a
   // 将a的值转换为字符数组
   .split( "" )
   // 将数组中的字符进行倒转
   .reverse()
   // 将数组中的字符拼接回字符串
   .join( "" );

c; // "oof"
```

这种方法的确简单粗暴，但对简单的字符串却完全适用。

 请注意！上述方法对于包含复杂字符（Unicode，如星号、多字节字符等）的字符串并不适用。这时则需要功能更加完备、能够处理 Unicode 的工具库。可以参考 Mathias Bynen 的 Esrever（https://github.com/mathiasbynens/esrever）。

如果需要经常以字符数组的方式来处理字符串的话，倒不如直接使用数组。这样就不用在字符串和数组之间来回折腾。可以在需要时使用 join("") 将字符数组转换为字符串。

2.3　数字

JavaScript 只有一种数值类型：number（数字），包括"整数"和带小数的十进制数。此处"整数"之所以加引号是因为和其他语言不同，JavaScript 没有真正意义上的整数，这也是它一直以来为人诟病的地方。这种情况在将来或许会有所改观，但目前只有数字类型。

JavaScript 中的"整数"就是没有小数的十进制数。所以 42.0 即等同于"整数"42。

与大部分现代编程语言（包括几乎所有的脚本语言）一样，JavaScript 中的数字类型是基于 IEEE 754 标准来实现的，该标准通常也被称为"浮点数"。JavaScript 使用的是"双精度"格式（即 64 位二进制）。

网上的很多文章详细介绍了二进制浮点数在内存中的存储方式，以及不同方式各自的考量。要想正确使用JavaScript中的数字类型，并非一定要了解数位（bit）在内存中的存储方式，所以本书对此不多作介绍，有兴趣的读者可以参见IEEE 754的相关细节。

2.3.1　数字的语法

JavaScript中的数字字面量一般用十进制表示。例如：

```
var a = 42;
var b = 42.3;
```

小数点前面的0可以省略：

```
var a = 0.42;
var b = .42;
```

小数点后小数部分最后面的0也可以省略：

```
var a = 42.0;
var b = 42.;
```

 42.这种写法没问题，只是不常见，但从代码的可读性考虑，不建议这样写。

默认情况下大部分数字都以十进制显示，小数部分最后面的0被省略，如：

```
var a = 42.300;
var b = 42.0;

a; // 42.3
b; // 42
```

特别大和特别小的数字默认用指数格式显示，与toExponential()函数的输出结果相同。例如：

```
var a = 5E10;
a;                    // 50000000000
a.toExponential();    // "5e+10"

var b = a * a;
b;                    // 2.5e+21

var c = 1 / a;
c;                    // 2e-11
```

由于数字值可以使用Number对象进行封装（参见第3章），因此数字值可以调用Number.

prototype 中的方法（参见第 3 章）。例如，tofixed(..) 方法可指定小数部分的显示位数：

```
var a = 42.59;

a.toFixed( 0 ); // "43"
a.toFixed( 1 ); // "42.6"
a.toFixed( 2 ); // "42.59"
a.toFixed( 3 ); // "42.590"
a.toFixed( 4 ); // "42.5900"
```

请注意，上例中的输出结果实际上是给定数字的字符串形式，如果指定的小数部分的显示位数多于实际位数就用 0 补齐。

toPrecision(..) 方法用来指定有效数位的显示位数：

```
var a = 42.59;

a.toPrecision( 1 ); // "4e+1"
a.toPrecision( 2 ); // "43"
a.toPrecision( 3 ); // "42.6"
a.toPrecision( 4 ); // "42.59"
a.toPrecision( 5 ); // "42.590"
a.toPrecision( 6 ); // "42.5900"
```

上面的方法不仅适用于数字变量，也适用于数字字面量。不过对于 . 运算符需要给予特别注意，因为它是一个有效的数字字符，会被优先识别为数字字面量的一部分，然后才是对象属性访问运算符。

```
// 无效语法：
42.toFixed( 3 );    // SyntaxError

// 下面的语法都有效：
(42).toFixed( 3 ); // "42.000"
0.42.toFixed( 3 ); // "0.420"
42..toFixed( 3 ); // "42.000"
```

42.toFixed(3) 是无效语法，因为 . 被视为常量 42. 的一部分（如前所述），所以没有 . 属性访问运算符来调用 toFixed 方法。

42..toFixed(3) 则没有问题，因为第一个 . 被视为 number 的一部分，第二个 . 是属性访问运算符。只是这样看着奇怪，实际情况中也很少见。在基本类型值上直接调用的方法并不多见，不过这并不代表不好或不对。

 一些工具库扩展了 Number.prototype 的内置方法（参见第 3 章）以提供更多的数值操作，比如用 10..makeItRain() 方法来实现十秒钟金钱雨动画等效果。

下面的语法也是有效的（请注意其中的空格）：

```
42 .toFixed(3); // "42.000"
```

然而对数字字面量而言，这样的语法很容易引起误会，不建议使用。

我们还可以用指数形式来表示较大的数字，如：

```
var onethousand = 1E3;                    // 即 1 * 10^3
var onemilliononehundredthousand = 1.1E6;  // 即 1.1 * 10^6
```

数字字面量还可以用其他格式来表示，如二进制、八进制和十六进制。

当前的 JavaScript 版本都支持这些格式：

```
0xf3; // 243的十六进制
0Xf3; // 同上

0363; // 243的八进制
```

 从 ES6 开始，严格模式（strict mode）不再支持 0363 八进制格式（新格式如下）。0363 格式在非严格模式（non-strict mode）中仍然受支持，但是考虑到将来的兼容性，最好不要再使用（我们现在使用的应该是严格模式）。

ES6 支持以下新格式：

```
0o363;      // 243的八进制
0O363;      // 同上

0b11110011; // 243的二进制
0B11110011; // 同上
```

考虑到代码的易读性，不推荐使用 0O363 格式，因为 0 和大写字母 O 在一起容易混淆。建议尽量使用小写的 0x、0b 和 0o。

2.3.2　较小的数值

二进制浮点数最大的问题（不仅 JavaScript，所有遵循 IEEE 754 规范的语言都是如此），是会出现如下情况：

```
0.1 + 0.2 === 0.3; // false
```

从数学角度来说，上面的条件判断应该为 true，可结果为什么是 false 呢？

简单来说，二进制浮点数中的 0.1 和 0.2 并不是十分精确，它们相加的结果并非刚好等于 0.3，而是一个比较接近的数字 0.30000000000000004，所以条件判断结果为 false。

有人认为，JavaScript 应该采用一种可以精确呈现数字的实现方式。一直以来出现过很多替代方案，只是都没能成为标准，以后大概也不会。这个问题看似简单，实则不然，否则早就解决了。

问题是，如果一些数字无法做到完全精确，是否意味着数字类型毫无用处呢？答案当然是否定的。

在处理带有小数的数字时需要特别注意。很多（也许是绝大多数）程序只需要处理整数，最大不超过百万或者万亿，此时使用 JavaScript 的数字类型是绝对安全的。

那么应该怎样来判断 0.1 + 0.2 和 0.3 是否相等呢？

最常见的方法是设置一个误差范围值，通常称为"机器精度"（machine epsilon），对 JavaScript 的数字来说，这个值通常是 2^{-52}（2.220446049250313e-16）。

从 ES6 开始，该值定义在 Number.EPSILON 中，我们可以直接拿来用，也可以为 ES6 之前的版本写 polyfill：

```
if (!Number.EPSILON) {
    Number.EPSILON = Math.pow(2,-52);
}
```

可以使用 Number.EPSILON 来比较两个数字是否相等（在指定的误差范围内）：

```
function numbersCloseEnoughToEqual(n1,n2) {
    return Math.abs( n1 - n2 ) < Number.EPSILON;
}

var a = 0.1 + 0.2;
var b = 0.3;

numbersCloseEnoughToEqual( a, b );                 // true
numbersCloseEnoughToEqual( 0.0000001, 0.0000002 ); // false
```

能够呈现的最大浮点数大约是 1.798e+308（这是一个相当大的数字），它定义在 Number. MAX_VALUE 中。最小浮点数定义在 Number.MIN_VALUE 中，大约是 5e-324，它不是负数，但无限接近于 0！

2.3.3　整数的安全范围

数字的呈现方式决定了"整数"的安全值范围远远小于 Number.MAX_VALUE。

能够被"安全"呈现的最大整数是 $2^{53} - 1$，即 9007199254740991，在 ES6 中被定义为 Number.MAX_SAFE_INTEGER。最小整数是 -9007199254740991，在 ES6 中被定义为 Number. MIN_SAFE_INTEGER。

有时 JavaScript 程序需要处理一些比较大的数字，如数据库中的 64 位 ID 等。由于 JavaScript 的数字类型无法精确呈现 64 位数值，所以必须将它们保存（转换）为字符串。

好在大数值操作并不常见（它们的比较操作可以通过字符串来实现）。如果确实需要对大数值进行数学运算，目前还是需要借助相关的工具库。将来 JavaScript 也许会加入对大数值的支持。

2.3.4　整数检测

要检测一个值是否是整数，可以使用 ES6 中的 Number.isInteger(..) 方法：

```
Number.isInteger( 42 );      // true
Number.isInteger( 42.000 ); // true
Number.isInteger( 42.3 );   // false
```

也可以为 ES6 之前的版本 polyfill Number.isInteger(..) 方法：

```
if (!Number.isInteger) {
    Number.isInteger = function(num) {
        return typeof num == "number" && num % 1 == 0;
    };
}
```

要检测一个值是否是安全的整数，可以使用 ES6 中的 Number.isSafeInteger(..) 方法：

```
Number.isSafeInteger( Number.MAX_SAFE_INTEGER );    // true
Number.isSafeInteger( Math.pow( 2, 53 ) );          // false
Number.isSafeInteger( Math.pow( 2, 53 ) - 1 );      // true
```

可以为 ES6 之前的版本 polyfill Number.isSafeInteger(..) 方法：

```
if (!Number.isSafeInteger) {
    Number.isSafeInteger = function(num) {
        return Number.isInteger( num ) &&
            Math.abs( num ) <= Number.MAX_SAFE_INTEGER;
    };
}
```

2.3.5　32 位有符号整数

虽然整数最大能够达到 53 位，但是有些数字操作（如数位操作）只适用于 32 位数字，所以这些操作中数字的安全范围就要小很多，变成从 Math.pow(-2,31)（-2147483648，约 -21 亿）到 Math.pow(2,31) - 1（2147483647，约 21 亿）。

a | 0 可以将变量 a 中的数值转换为 32 位有符号整数，因为数位运算符 | 只适用于 32 位整数（它只关心 32 位以内的值，其他的数位将被忽略）。因此与 0 进行 OR 操作本质上没有意义。

某些特殊的值并不是 32 位安全范围的，如 NaN 和 Infinity（下节将作相关介绍），此时会对它们执行虚拟操作（abstract operation）ToInt32（参见第 4章），以便转换为符合数位运算符要求的 +0 值。

2.4 特殊数值

JavaScript 数据类型中有几个特殊的值需要开发人员特别注意和小心使用。

2.4.1 不是值的值

undefined 类型只有一个值，即 undefined。null 类型也只有一个值，即 null。它们的名称既是类型也是值。

undefined 和 null 常被用来表示"空的"值或"不是值"的值。二者之间有一些细微的差别。例如：

- null 指空值（empty value）
- undefined 指没有值（missing value）

或者：

- undefined 指从未赋值
- null 指曾赋过值，但是目前没有值

null 是一个特殊关键字，不是标识符，我们不能将其当作变量来使用和赋值。然而undefined 却是一个标识符，可以被当作变量来使用和赋值。

2.4.2 undefined

在非严格模式下，我们可以为全局标识符 undefined 赋值（这样的设计实在是欠考虑！）：

```
function foo() {
    undefined = 2; // 非常糟糕的做法!
}

foo();

function foo() {
    "use strict";
    undefined = 2; // TypeError!
}

foo();
```

在非严格和严格两种模式下，我们可以声明一个名为 undefined 的局部变量。再次强调最好不要这样做！

```
function foo() {
    "use strict";
    var undefined = 2;
    console.log( undefined ); // 2
}

foo();
```

永远不要重新定义 undefined。

void 运算符

undefined 是一个内置标识符（除非被重新定义，见前面的介绍），它的值为 undefined，通过 void 运算符即可得到该值。

表达式 void ___ 没有返回值，因此返回结果是 undefined。void 并不改变表达式的结果，只是让表达式不返回值：

```
var a = 42;

console.log( void a, a ); // undefined 42
```

按惯例我们用 void 0 来获得 undefined（这主要源自 C 语言，当然使用 void true 或其他 void 表达式也是可以的）。void 0、void 1 和 undefined 之间并没有实质上的区别。

void 运算符在其他地方也能派上用场，比如不让表达式返回任何结果（即使其有副作用）。

例如：

```
function doSomething() {
    // 注：APP.ready 由程序自己定义
    if (!APP.ready) {
        // 稍后再试
        return void setTimeout( doSomething,100 );
    }

    var result;

    // 其他
    return result;
}

// 现在可以了吗?
if (doSomething()) {
    // 立即执行下一个任务
}
```

这里 setTimeout(..) 函数返回一个数值（计时器间隔的唯一标识符，用来取消计时），但是为了确保 if 语句不产生误报（false positive），我们要 void 掉它。

很多开发人员喜欢分开操作，效果都一样，只是没有使用 void 运算符：

```
if (!APP.ready) {
    // 稍后再试
    setTimeout( doSomething,100 );
    return;
}
```

总之，如果要将代码中的值（如表达式的返回值）设为 undefined，就可以使用 void。这种做法并不多见，但在某些情况下却很有用。

2.4.3　特殊的数字

数字类型中有几个特殊的值，下面将详细介绍。

1. 不是数字的数字

如果数学运算的操作数不是数字类型（或者无法解析为常规的十进制或十六进制数字），就无法返回一个有效的数字，这种情况下返回值为 NaN。

NaN 意指"不是一个数字"（not a number），这个名字容易引起误会，后面将会提到。将它理解为"无效数值""失败数值"或者"坏数值"可能更准确些。

例如：

```
var a = 2 / "foo";      // NaN

typeof a === "number";  // true
```

换句话说，"不是数字的数字"仍然是数字类型。这种说法可能有点绕。

NaN 是一个"警戒值"（sentinel value，有特殊用途的常规值），用于指出数字类型中的错误情况，即"执行数学运算没有成功，这是失败后返回的结果"。

有人也许认为如果要检查变量的值是否为 NaN，可以直接和 NaN 进行比较，就像比较 null 和 undefined 那样。实则不然。

```
var a = 2 / "foo";

a == NaN;   // false
a === NaN;  // false
```

NaN 是一个特殊值，它和自身不相等，是唯一一个非自反（自反，reflexive，即 x === x 不成立）的值。而 NaN != NaN 为 true，很奇怪吧？

既然我们无法对 NaN 进行比较（结果永远为 false），那应该怎样来判断它呢？

```
var a = 2 / "foo";

isNaN( a ); // true
```

很简单，可以使用内建的全局工具函数 isNaN(..) 来判断一个值是否是 NaN。

然而操作起来并非这么容易。isNaN(..) 有一个严重的缺陷，它的检查方式过于死板，就是"检查参数是否不是 NaN，也不是数字"。但是这样做的结果并不太准确：

```
var a = 2 / "foo";
var b = "foo";

a; // NaN
b; "foo"

window.isNaN( a ); // true
window.isNaN( b ); // true——晕!
```

很明显 "foo" 不是一个数字，但是它也不是 NaN。这个 bug 自 JavaScript 问世以来就一直存在，至今已超过 19 年。

从 ES6 开始我们可以使用工具函数 Number.isNaN(..)。ES6 之前的浏览器的 polyfill 如下：

```
if (!Number.isNaN) {
    Number.isNaN = function(n) {
        return (
            typeof n === "number" &&
            window.isNaN( n )
        );
    };
}

var a = 2 / "foo";
var b = "foo";

Number.isNaN( a ); // true
Number.isNaN( b ); // false——好!
```

实际上还有一个更简单的方法，即利用 NaN 不等于自身这个特点。NaN 是 JavaScript 中唯一一个不等于自身的值。

于是我们可以这样：

```
if (!Number.isNaN) {
    Number.isNaN = function(n) {
        return n !== n;
    };
}
```

很多 JavaScript 程序都可能存在 NaN 方面的问题，所以我们应该尽量使用 Number.isNaN(..) 这样可靠的方法，无论是系统内置还是 polyfill。

如果你仍在代码中使用 isNaN(..)，那么你的程序迟早会出现 bug。

2. 无穷数

熟悉传统编译型语言（如 C）的开发人员可能都遇到过编译错误（compiler error）或者运行时错误（runtime exception），例如 "除以 0"：

```
var a = 1 / 0;
```

然而在 JavaScript 中上例的结果为 Infinity（即 Number.POSITIVE_INfINITY）。同样：

```
var a = 1 / 0;  // Infinity
var b = -1 / 0; // -Infinity
```

如果除法运算中的一个操作数为负数，则结果为 -Infinity（即 Number.NEGATIVE_INfINITY）。

JavaScript 使用有限数字表示法（finite numeric representation，即之前介绍过的 IEEE 754 浮点数），所以和纯粹的数学运算不同，JavaScript 的运算结果有可能溢出，此时结果为 Infinity 或者 -Infinity。

例如：

```
var a = Number.MAX_VALUE;    // 1.7976931348623157e+308
a + a;                       // Infinity
a + Math.pow( 2, 970 );      // Infinity
a + Math.pow( 2, 969 );      // 1.7976931348623157e+308
```

规范规定，如果数学运算（如加法）的结果超出处理范围，则由 IEEE 754 规范中的 "就近取整"（round-to-nearest）模式来决定最后的结果。例如，相对于 Infinity, Number.MAX_VALUE + Math.pow(2, 969) 与 Number.MAX_VALUE 更为接近，因此它被 "向下取整"（round down）；而 Number.MAX_VALUE + Math.pow(2, 970) 与 Infinity 更为接近，所以它被 "向上取整"（round up）。

这个问题想多了容易头疼，还是就此打住吧。

计算结果一旦溢出为无穷数（infinity）就无法再得到有穷数。换句话说，就是你可以从有穷走向无穷，但无法从无穷回到有穷。

有人也许会问："那么无穷除以无穷会得到什么结果呢？"我们的第一反应可能会是 "1" 或者 "无穷"，可惜都不是。因为从数学运算和 JavaScript 语言的角度来说，Infinity/Infinity 是一个未定义操作，结果为 NaN。

那么有穷正数除以 Infinity 呢？很简单，结果是 0。有穷负数除以 Infinity 呢？这里留个悬念，后面将作介绍。

3. 零值

这部分内容对于习惯数学思维的读者可能会带来困惑，JavaScript 有一个常规的 0（也叫作 +0）和一个 -0。在解释为什么会有 -0 之前，我们先来看看 JavaScript 是如何来处理它的。

-0 除了可以用作常量以外，也可以是某些数学运算的返回值。例如：

```
var a = 0 / -3; // -0
var b = 0 * -3; // -0
```

加法和减法运算不会得到负零（negative zero）。

负零在开发调试控制台中通常显示为 -0，但在一些老版本的浏览器中仍然会显示为 0。

根据规范，对负零进行字符串化会返回 "0"：

```
var a = 0 / -3;

// 至少在某些浏览器的控制台中显示是正确的
a;                          // -0

// 但是规范定义的返回结果是这样！
a.toString();               // "0"
a + "";                     // "0"
String( a );                // "0"

// JSON也如此，很奇怪
JSON.stringify( a );    // "0"
```

有意思的是，如果反过来将其从字符串转换为数字，得到的结果是准确的：

```
+"-0";              // -0
Number( "-0" );     // -0
JSON.parse( "-0" ); // -0
```

 JSON.stringify(-0) 返回 "0"，而 JSON.parse("-0") 返回 -0。

负零转换为字符串的结果令人费解，它的比较操作也是如此：

```
var a = 0;
var b = 0 / -3;

a == b;     // true
```

```
-0 == 0;      // true

a === b;      // true
-0 === 0;     // true

0 > -0;       // false
a > b;        // false
```

要区分 -0 和 0，不能仅仅依赖开发调试窗口的显示结果，还需要做一些特殊处理：

```
function isNegZero(n) {
    n = Number( n );
    return (n === 0) && (1 / n === -Infinity);
}

isNegZero( -0 );        // true
isNegZero( 0 / -3 );    // true
isNegZero( 0 );         // false
```

抛开学术上的繁枝褥节不论，我们为什么需要负零呢？

有些应用程序中的数据需要以级数形式来表示（比如动画帧的移动速度），数字的符号位（sign）用来代表其他信息（比如移动的方向）。此时如果一个值为 0 的变量失去了它的符号位，它的方向信息就会丢失。所以保留 0 值的符号位可以防止这类情况发生。

2.4.4　特殊等式

如前所述，NaN 和 -0 在相等比较时的表现有些特别。由于 NaN 和自身不相等，所以必须使用 ES6 中的 Number.isNaN(..)（或者 polyfill）。而 -0 等于 0（对于 === 也是如此，参见第 4 章），因此我们必须使用 isNegZero(..) 这样的工具函数。

ES6 中新加入了一个工具方法 Object.is(..) 来判断两个值是否绝对相等，可以用来处理上述所有的特殊情况：

```
var a = 2 / "foo";
var b = -3 * 0;

Object.is( a, NaN );    // true
Object.is( b, -0 );     // true

Object.is( b, 0 );      // false
```

对于 ES6 之前的版本，Object.is(..) 有一个简单的 polyfill：

```
if (!Object.is) {
    Object.is = function(v1, v2) {
        // 判断是否是-0
        if (v1 === 0 && v2 === 0) {
            return 1 / v1 === 1 / v2;
```

```
    }
    // 判断是否是NaN
    if (v1 !== v1) {
        return v2 !== v2;
    }
    // 其他情况
    return v1 === v2;
    };
}
```

能使用 == 和 ===（参见第 4 章）时就尽量不要使用 Object.is(..)，因为前者效率更高、更为通用。Object.is(..) 主要用来处理那些特殊的相等比较。

2.5 值和引用

在许多编程语言中，赋值和参数传递可以通过值复制（value-copy）或者引用复制（reference-copy）来完成，这取决于我们使用什么语法。

例如，在 C++ 中如果要向函数传递一个数字并在函数中更改它的值，就可以这样来声明参数 int& myNum，即如果传递的变量是 x，myNum 就是指向 x 的引用。引用就像一种特殊的指针，是来指向变量的指针（别名）。如果参数不声明为引用的话，参数值总是通过值复制的方式传递，即便对复杂的对象值也是如此。

JavaScript 中没有指针，引用的工作机制也不尽相同。在 JavaScript 中变量不可能成为指向另一个变量的引用。

JavaScript 引用指向的是值。如果一个值有 10 个引用，这些引用指向的都是同一个值，它们相互之间没有引用 / 指向关系。

JavaScript 对值和引用的赋值 / 传递在语法上没有区别，完全根据值的类型来决定。

下面来看一个例子：

```
var a = 2;
var b = a; // b是a的值的一个复本
b++;
a; // 2
b; // 3

var c = [1,2,3];
var d = c; // d是[1,2,3]的一个引用
d.push( 4 );
c; // [1,2,3,4]
d; // [1,2,3,4]
```

简单值（即标量基本类型值，scalar primitive）总是通过值复制的方式来赋值 / 传递，包括 null、undefined、字符串、数字、布尔和 ES6 中的 symbol。

复合值（compound value）——对象（包括数组和封装对象，参见第 3 章）和函数，则总
是通过引用复制的方式来赋值 / 传递。

上例中 2 是一个标量基本类型值，所以变量 a 持有该值的一个复本，b 持有它的另一个复
本。b 更改时，a 的值保持不变。

c 和 d 则分别指向同一个复合值 [1,2,3] 的两个不同引用。请注意，c 和 d 仅仅是指向值
[1,2,3]，并非持有。所以它们更改的是同一个值（如调用 .push(4)），随后它们都指向更
改后的新值 [1,2,3,4]。

由于引用指向的是值本身而非变量，所以一个引用无法更改另一个引用的指向。

```
var a = [1,2,3];
var b = a;
a; // [1,2,3]
b; // [1,2,3]

// 然后
b = [4,5,6];
a; // [1,2,3]
b; // [4,5,6]
```

b=[4,5,6] 并不影响 a 指向值 [1,2,3]，除非 b 不是指向数组的引用，而是指向 a 的指针，
但在 JavaScript 中不存在这种情况！

函数参数就经常让人产生这样的困惑：

```
function foo(x) {
    x.push( 4 );
    x; // [1,2,3,4]

    // 然后
    x = [4,5,6];
    x.push( 7 );
    x; // [4,5,6,7]
}

var a = [1,2,3];

foo( a );

a; // 是[1,2,3,4],不是[4,5,6,7]
```

我们向函数传递 a 的时候，实际是将引用 a 的一个复本赋值给 x，而 a 仍然指向 [1,2,3]。
在函数中我们可以通过引用 x 来更改数组的值（push(4) 之后变为 [1,2,3,4]）。但 x =
[4,5,6] 并不影响 a 的指向，所以 a 仍然指向 [1,2,3,4]。

我们不能通过引用 x 来更改引用 a 的指向，只能更改 a 和 x 共同指向的值。

如果要将 a 的值变为 [4,5,6,7]，必须更改 x 指向的数组，而不是为 x 赋值一个新的数组。

```
function foo(x) {
    x.push( 4 );
    x; // [1,2,3,4]

    // 然后
    x.length = 0; // 清空数组
    x.push( 4, 5, 6, 7 );
    x; // [4,5,6,7]
}

var a = [1,2,3];

foo( a );

a; // 是[4,5,6,7],不是[1,2,3,4]
```

从上例可以看出，x.length = 0 和 x.push(4,5,6,7) 并没有创建一个新的数组，而是更改了当前的数组。于是 a 指向的值变成了 [4,5,6,7]。

请记住：我们无法自行决定使用值复制还是引用复制，一切由值的类型来决定。

如果通过值复制的方式来传递复合值（如数组），就需要为其创建一个复本，这样传递的就不再是原始值。例如：

```
foo( a.slice() );
```

slice(..) 不带参数会返回当前数组的一个浅复本（shallow copy）。由于传递给函数的是指向该复本的引用，所以 foo(..) 中的操作不会影响 a 指向的数组。

相反，如果要将标量基本类型值传递到函数内并进行更改，就需要将该值封装到一个复合值（对象、数组等）中，然后通过引用复制的方式传递。

```
function foo(wrapper) {
    wrapper.a = 42;
}

var obj = {
    a: 2
};

foo( obj );

obj.a; // 42
```

这里 obj 是一个封装了标量基本类型值 a 的封装对象。obj 引用的一个复本作为参数 wrapper 被传递到 foo(..) 中。这样我们就可以通过 wrapper 来访问该对象并更改它的属性。函数执行结束后 obj.a 将变成 42。

这样看来，如果需要传递指向标量基本类型值（比如 2）的引用，就可以将其封装到对应的数字封装对象中（参见第 3 章）。

与预期不同的是，虽然传递的是指向数字对象的引用复本，但我们并不能通过它来更改其中的基本类型值：

```
function foo(x) {
    x = x + 1;
    x; // 3
}

var a = 2;
var b = new Number( a ); // Object(a)也一样

foo( b );
console.log( b ); // 是2,不是3
```

原因是标量基本类型值是不可更改的（字符串和布尔也是如此）。如果一个数字对象的标量基本类型值是 2，那么该值就不能更改，除非创建一个包含新值的数字对象。

x = x + 1 中，x 中的标量基本类型值 2 从数字对象中拆封（或者提取）出来后，x 就神不知鬼不觉地从引用对象变成了数字值，它的值为 2 + 1 等于 3。然而函数外的 b 仍然指向原来那个值为 2 的数字对象。

我们还可以为数字对象添加属性（只要不更改其内部的基本类型值即可），通过它们间接地进行数据交换。

不过这种做法不太常见，大多数开发人员可能都觉得这不是一个好办法。

相对而言，前面用 obj 作为封装对象的办法可能更好一些。这并不是说数字等封装对象没有什么用，只是多数情况下我们应该优先考虑使用标量基本类型。

引用的功能很强大，但有时也难免成为阻碍。赋值 / 参数传递是通过引用还是值复制完全由值的类型来决定，所以使用哪种类型也间接决定了赋值 / 参数传递的方式。

2.6 小结

JavaScript 中的数组是通过数字索引的一组任意类型的值。字符串和数组类似，但是它们的行为特征不同，在将字符作为数组来处理时需要特别小心。JavaScript 中的数字包括"整数"和"浮点型"。

基本类型中定义了几个特殊的值。

null 类型只有一个值 null，undefined 类型也只有一个值 undefined。所有变量在赋值之前默认值都是 undefined。void 运算符返回 undefined。

数字类型有几个特殊值，包括 NaN（意指"not a number"，更确切地说是"invalid number"）、+Infinity、-Infinity 和 -0。

简单标量基本类型值（字符串和数字等）通过值复制来赋值 / 传递，而复合值（对象等）通过引用复制来赋值 / 传递。JavaScript 中的引用和其他语言中的引用 / 指针不同，它们不能指向别的变量 / 引用，只能指向值。

第 3 章

原生函数

第 1 章和第 2 章曾提到 JavaScript 的内建函数（built-in function），也叫原生函数（native function），如 String 和 Number。本章将详细介绍它们。

常用的原生函数有：

- `String()`
- `Number()`
- `Boolean()`
- `Array()`
- `Object()`
- `Function()`
- `RegExp()`
- `Date()`
- `Error()`
- `Symbol()`——ES6 中新加入的！

实际上，它们就是内建函数。

熟悉 Java 语言的人会发现，JavaScript 中的 String() 和 Java 中的字符串构造函数 String(..) 非常相似，可以这样来用：

```
var s = new String( "Hello World!" );

console.log( s.toString() ); // "Hello World!"
```

原生函数可以被当作构造函数来使用，但其构造出来的对象可能会和我们设想的有所出入：

```
var a = new String( "abc" );

typeof a;                        // 是"object",不是"String"

a instanceof String;             // true

Object.prototype.toString.call( a ); // "[object String]"
```

通过构造函数（如 new String("abc")）创建出来的是封装了基本类型值（如 "abc"）的封装对象。

请注意：typeof 在这里返回的是对象类型的子类型。

可以这样来查看封装对象：

```
console.log( a );
```

由于不同浏览器在开发控制台中显示对象的方式不同（对象序列化，object serialization），所以上面的输出结果也不尽相同。

 在本书写作期间，Chrome 的最新版本是这样显示的：String {0: "a", 1: "b", 2: "c", length: 3, [[PrimitiveValue]]: "abc"}，而老版本这样显示：String {0: "a", 1: "b", 2: "c"}。最新版本的 Firefox 这样显示：String ["a","b","c"]；老版本这样显示："abc"，并且可以点击打开对象查看器。这些输出结果随着浏览器的演进不断变化，也带给人们不同的体验。

再次强调，new String("abc") 创建的是字符串 "abc" 的封装对象，而非基本类型值 "abc"。

3.1 内部属性 [[Class]]

所有 typeof 返回值为 "object" 的对象（如数组）都包含一个内部属性 [[Class]]（我们可以把它看作一个内部的分类，而非传统的面向对象意义上的类）。这个属性无法直接访问，一般通过 Object.prototype.toString(..) 来查看。例如：

```
Object.prototype.toString.call( [1,2,3] );
// "[object Array]"

Object.prototype.toString.call( /regex-literal/i );
// "[object RegExp]"
```

上例中，数组的内部 [[Class]] 属性值是 "Array"，正则表达式的值是 "RegExp"。多数情况下，对象的内部 [[Class]] 属性和创建该对象的内建原生构造函数相对应（如下），但并非总是如此。

那么基本类型值呢？下面先来看看 null 和 undefined：

```
Object.prototype.toString.call( null );
// "[object Null]"

Object.prototype.toString.call( undefined );
// "[object Undefined]"
```

虽然 Null() 和 Undefined() 这样的原生构造函数并不存在，但是内部 [[Class]] 属性值仍然是 "Null" 和 "Undefined"。

其他基本类型值（如字符串、数字和布尔）的情况有所不同，通常称为"包装"（boxing，参见 3.2 节）：

```
Object.prototype.toString.call( "abc" );
// "[object String]"

Object.prototype.toString.call( 42 );
// "[object Number]"

Object.prototype.toString.call( true );
// "[object Boolean]"
```

上例中基本类型值被各自的封装对象自动包装，所以它们的内部 [[Class]] 属性值分别为 "String"、"Number" 和 "Boolean"。

 从 ES5 到 ES6，toString() 和 [[Class]] 的行为发生了一些变化，详情见本系列的《你不知道的 JavaScript（下卷）》的 "ES6 & Beyond" 部分。

3.2　封装对象包装

封装对象（object wrapper）扮演着十分重要的角色。由于基本类型值没有 .length 和 .toString() 这样的属性和方法，需要通过封装对象才能访问，此时 JavaScript 会自动为基本类型值包装（box 或者 wrap）一个封装对象：

```
var a = "abc";

a.length; // 3
a.toUpperCase(); // "ABC"
```

如果需要经常用到这些字符串属性和方法，比如在 for 循环中使用 i < a.length，那么从一开始就创建一个封装对象也许更为方便，这样 JavaScript 引擎就不用每次都自动创建了。

但实际证明这并不是一个好办法，因为浏览器已经为 .length 这样的常见情况做了性能优化，直接使用封装对象来"提前优化"代码反而会降低执行效率。

一般情况下，我们不需要直接使用封装对象。最好的办法是让 JavaScript 引擎自己决定什么时候应该使用封装对象。换句话说，就是应该优先考虑使用 "abc" 和 42 这样的基本类型值，而非 new String("abc") 和 new Number(42)。

封装对象释疑

使用封装对象时有些地方需要特别注意。

比如 Boolean：

```
var a = new Boolean( false );

if (!a) {
    console.log( "Oops" ); // 执行不到这里
}
```

我们为 false 创建了一个封装对象，然而该对象是真值（"truthy"，即总是返回 true，参见第 4 章），所以这里使用封装对象得到的结果和使用 false 截然相反。

如果想要自行封装基本类型值，可以使用 Object(..) 函数（不带 new 关键字）：

```
var a = "abc";
var b = new String( a );
var c = Object( a );

typeof a; // "string"
typeof b; // "object"
typeof c; // "object"

b instanceof String; // true
c instanceof String; // true

Object.prototype.toString.call( b ); // "[object String]"
Object.prototype.toString.call( c ); // "[object String]"
```

再次强调，一般不推荐直接使用封装对象（如上例中的 b 和 c），但它们偶尔也会派上用场。

3.3 拆封

如果想要得到封装对象中的基本类型值，可以使用 valueOf() 函数：

```
var a = new String( "abc" );
var b = new Number( 42 );
var c = new Boolean( true );

a.valueOf(); // "abc"
b.valueOf(); // 42
c.valueOf(); // true
```

在需要用到封装对象中的基本类型值的地方会发生隐式拆封。具体过程（即强制类型转换）将在第 4 章详细介绍。

```
var a = new String( "abc" );
var b = a + ""; // b的值为"abc"

typeof a;        // "object"
typeof b;        // "string"
```

3.4 原生函数作为构造函数

关于数组（array）、对象（object）、函数（function）和正则表达式，我们通常喜欢以字面量的形式来创建它们。实际上，使用字面量和使用构造函数的效果是一样的（创建的值都是通过封装对象来包装）。

如前所述，应该尽量避免使用构造函数，除非十分必要，因为它们经常会产生意想不到的结果。

3.4.1 Array(..)

```
var a = new Array( 1, 2, 3 );
a; // [1, 2, 3]

var b = [1, 2, 3];
b; // [1, 2, 3]
```

构造函数 Array(..) 不要求必须带 new 关键字。不带时，它会被自动补上。因此 Array(1,2,3) 和 new Array(1,2,3) 的效果是一样的。

Array 构造函数只带一个数字参数的时候，该参数会被作为数组的预设长度（length），而非只充当数组中的一个元素。

这实非明智之举：一是容易忘记，二是容易出错。

更为关键的是，数组并没有预设长度这个概念。这样创建出来的只是一个空数组，只不过它的 length 属性被设置成了指定的值。

如若一个数组没有任何单元，但它的 length 属性中却显示有单元数量，这样奇特的数据结构会导致一些怪异的行为。而这一切都归咎于已被废止的旧特性（类似 arguments 这样的类数组）。

 我们将包含至少一个"空单元"的数组称为"稀疏数组"。

对此，不同浏览器的开发控制台显示的结果也不尽相同，这让问题变得更加复杂。

例如：

```
var a = new Array( 3 );

a.length; // 3
a;
```

a 在 Chrome 中显示为 [undefined x 3]（目前为止），这意味着它有三个值为 undefined 的单元，但实际上单元并不存在（"空单元"这个叫法也同样不准确）。

从下面代码的结果可以看出它们的差别：

```
var a = new Array( 3 );
var b = [ undefined, undefined, undefined ];
var c = [];
c.length = 3;

a;
b;
c;
```

 我们可以创建包含空单元的数组，如上例中的 c。只要将 length 属性设置为超过实际单元数的值，就能隐式地制造出空单元。另外还可以通过 delete b[1] 在数组 b 中制造出一个空单元。

b 在当前版本的 Chrome 中显示为 [undefined, undefined, undefined]，而 a 和 c 则显示为 [undefined x 3]。是不是感到很困惑？

更令人费解的是在当前版本的 Firefox 中 a 和 c 显示为 [, , ,]。仔细看来，这其中有三个逗号，代表四个空单元，而不是三个。

Firefox 在输出结果后面多添加了一个 , ，原因是从 ES5 规范开始就允许在列表（数组值、属性列表等）末尾多加一个逗号（在实际处理中会被忽略不计）。所以如果你在代码或者调试控制台中输入 [, , ,]，实际得到的是 [, ,]（包含三个空单元的数组）。这样做虽然在控制台中看似令人费解，实则是为了让复制粘贴结果更为准确。

读到这里你或许已是一头雾水，但没关系，打起精神，你不是一个人在战斗！

 针对这种情况，Firefox 将 [, , ,] 改为显示 Array [<3 empty slots>]，这无疑是个很大的提升。

更糟糕的是，上例中 a 和 b 的行为有时相同，有时又大相径庭：

```
a.join( "-" ); // "--"
b.join( "-" ); // "--"

a.map(function(v,i){ return i; }); // [ undefined x 3 ]
b.map(function(v,i){ return i; }); // [ 0, 1, 2 ]
```

a.map(..) 之所以执行失败，是因为数组中并不存在任何单元，所以 map(..) 无从遍历。而join(..) 却不一样，它的具体实现可参考下面的代码：

```
function fakeJoin(arr,connector) {
    var str = "";
    for (var i = 0; i < arr.length; i++) {
        if (i > 0) {
            str += connector;
        }
        if (arr[i] !== undefined) {
            str += arr[i];
        }
    }
    return str;
}

var a = new Array( 3 );
fakeJoin( a, "-" ); // "--"
```

从中可以看出，join(..) 首先假定数组不为空，然后通过 length 属性值来遍历其中的元素。而 map(..) 并不做这样的假定，因此结果也往往在预期之外，并可能导致失败。

我们可以通过下述方式来创建包含 undefined 单元（而非"空单元"）的数组：

```
var a = Array.apply( null, { length: 3 } );
a; // [ undefined, undefined, undefined ]
```

上述代码或许会引起困惑，下面大致解释一下。

apply(..) 是一个工具函数，适用于所有函数对象，它会以一种特殊的方式来调用传递给它的函数。

第一个参数是 this 对象（《你不知道的 JavaScript（上卷）》的"this 和对象原型"部分中有相关介绍），这里不用太过费心，暂将它设为 null。第二个参数则必须是一个数组（或者类似数组的值，也叫作类数组对象，array-like object），其中的值被用作函数的参数。

于是 Array.apply(..) 调用 Array(..) 函数，并且将 { length: 3 } 作为函数的参数。

我们可以设想 apply(..) 内部有一个 for 循环（与上述 join(..) 类似），从 0 开始循环到 length（即循环到 2，不包括 3）。

假设在 apply(..) 内部该数组参数名为 arr，for 循环就会这样来遍历数组：arr[0]、arr[1]、arr[2]。然而，由于 { length: 3 } 中并不存在这些属性，所以返回值为 undefined。

换句话说，我们执行的实际上是 Array(undefined, undefined, undefined)，所以结果是单元值为 undefined 的数组，而非空单元数组。

虽然 Array.apply(null, { length: 3 }) 在创建 undefined 值的数组时有些奇怪和繁琐，但是其结果远比 Array(3) 更准确可靠。

总之，永远不要创建和使用空单元数组。

3.4.2 Object(..)、Function(..) 和 RegExp(..)

同样，除非万不得已，否则尽量不要使用 Object(..)/Function(..)/RegExp(..)：

```
var c = new Object();
c.foo = "bar";
c; // { foo: "bar" }

var d = { foo: "bar" };
d; // { foo: "bar" }

var e = new Function( "a", "return a * 2;" );
var f = function(a) { return a * 2; }
function g(a) { return a * 2; }

var h = new RegExp( "^a*b+", "g" );
var i = /^a*b+/g;
```

在实际情况中没有必要使用 new Object() 来创建对象，因为这样就无法像常量形式那样一次设定多个属性，而必须逐一设定。

构造函数 Function 只在极少数情况下很有用，比如动态定义函数参数和函数体的时候。不要把 Function(..) 当作 eval(..) 的替代品，你基本上不会通过这种方式来定义函数。

强烈建议使用常量形式（如 /^a*b+/g）来定义正则表达式，这样不仅语法简单，执行效率也更高，因为 JavaScript 引擎在代码执行前会对它们进行预编译和缓存。与前面的构造函数不同，RegExp(..) 有时还是很有用的，比如动态定义正则表达式时：

```
var name = "Kyle";
var namePattern = new RegExp( "\\b(?:" + name + ")+\\b", "ig" );

var matches = someText.match( namePattern );
```

上述情况在 JavaScript 编程中时有发生，这时 new RegExp("pattern","flags") 就能派上用场。

3.4.3　Date(..) 和 Error(..)

相较于其他原生构造函数，Date(..) 和 Error(..) 的用处要大很多，因为没有对应的常量形式来作为它们的替代。

创建日期对象必须使用 new Date()。Date(..) 可以带参数，用来指定日期和时间，而不带参数的话则使用当前的日期和时间。

目前，你构建一个日期对象的最常见理由是要获得当前的 Unix 时间戳（从 1970 年 1 月 1 日开始计算，以秒为单位）。该值可以通过日期对象中的 getTime() 来获得。

从 ES5 开始引入了一个更简单的方法，即静态函数 Date.now()。对 ES5 之前的版本我们可以使用下面的 polyfill：

```
if (!Date.now) {
    Date.now = function(){
        return (new Date()).getTime();
    };
}
```

 如果调用 Date() 时不带 new 关键字，则会得到当前日期的字符串值。其具体格式规范没有规定，浏览器使用 "Fri Jul 18 2014 00:31:02 GMT-0500 (CDT)" 这样的格式来显示。

构造函数 Error(..)（与前面的 Array() 类似）带不带 new 关键字都可。

创建错误对象（error object）主要是为了获得当前运行栈的上下文（大部分 JavaScript 引擎通过只读属性 .stack 来访问）。栈上下文信息包括函数调用栈信息和产生错误的代码行号，以便于调试（debug）。

错误对象通常与 throw 一起使用：

```
function foo(x) {
    if (!x) {
        throw new Error( "x wasn't provided" );
    }
    // ..
}
```

通常错误对象至少包含一个 message 属性，有时也不乏其他属性（必须作为只读属性访问），如 type。除了访问 stack 属性以外，最好的办法是调用（显式调用或者通过强制类型转换隐式调用，参见第 4 章）toString() 来获得经过格式化的便于阅读的错误信息。

 除 Error(..) 之外，还有一些针对特定错误类型的原生构造函数，如 EvalError(..)、RangeError(..)、ReferenceError(..)、SyntaxError(..)、TypeError(..) 和 URIError(..)。这些构造函数很少被直接使用，它们在程序发生异常（比如试图使用未声明的变量产生 ReferenceError 错误）时会被自动调用。

3.4.4 Symbol(..)

ES6 中新加入了一个基本数据类型 ——符号（Symbol）。符号是具有唯一性的特殊值（并非绝对），用它来命名对象属性不容易导致重名。该类型的引入主要源于 ES6 的一些特殊构造，此外符号也可以自行定义。

符号可以用作属性名，但无论是在代码还是开发控制台中都无法查看和访问它的值，只会显示为诸如 Symbol(Symbol.create) 这样的值。

ES6 中有一些预定义符号，以 Symbol 的静态属性形式出现，如 Symbol.create、Symbol.iterator 等，可以这样来使用：

```
obj[Symbol.iterator] = function(){ /*..*/ };
```

我们可以使用 Symbol(..) 原生构造函数来自定义符号。但它比较特殊，不能带 new 关键字，否则会出错：

```
var mysym = Symbol( "my own symbol" );
mysym;              // Symbol(my own symbol)
mysym.toString();   // "Symbol(my own symbol)"
typeof mysym;       // "symbol"

var a = { };
a[mysym] = "foobar";

Object.getOwnPropertySymbols( a );
// [ Symbol(my own symbol) ]
```

虽然符号实际上并非私有属性（通过 `Object.getOwnPropertySymbols(..)` 便可以公开获得对象中的所有符号），但它却主要用于私有或特殊属性。很多开发人员喜欢用它来替代有下划线（_）前缀的属性，而下划线前缀通常用于命名私有或特殊属性。

符号并非对象，而是一种简单标量基本类型。

3.4.5　原生原型

原生构造函数有自己的 `.prototype` 对象，如 `Array.prototype`、`String.prototype` 等。

这些对象包含其对应子类型所特有的行为特征。

例如，将字符串值封装为字符串对象之后，就能访问 `String.prototype` 中定义的方法。

根据文档约定，我们将 `String.prototype.XYZ` 简写为 `String#XYZ`，对其他 `.prototype` 也同样如此。

* `String#indexOf(..)`
  在字符串中找到指定子字符串的位置。

* `String#charAt(..)`
  获得字符串指定位置上的字符。

* `String#substr(..)`、`String#substring(..)` 和 `String#slice(..)`
  获得字符串的指定部分。

* `String#toUpperCase()` 和 `String#toLowerCase()`
  将字符串转换为大写或小写。

* `String#trim()`
  去掉字符串前后的空格，返回新的字符串。

以上方法并不改变原字符串的值，而是返回一个新字符串。

借助原型代理（prototype delegation，参见《你不知道的 JavaScript（上卷）》的"this 和对象原型"部分），所有字符串都可以访问这些方法：

```
var a = " abc ";

a.indexOf( "c" ); // 3
a.toUpperCase(); // " ABC "
a.trim();        // "abc"
```

其他构造函数的原型包含它们各自类型所特有的行为特征，比如 Number#toFixed(..)（将数字转换为指定长度的整数字符串）和 Array#concat(..)（合并数组）。所有的函数都可以调用 Function.prototype 中的 apply(..)、call(..) 和 bind(..)。

然而，有些原生原型（native prototype）并非"纯对象"：

```
typeof Function.prototype;            // "function"
Function.prototype();                 // 空函数！

RegExp.prototype.toString();          // "/(?:)/"——空正则表达式
"abc".match( RegExp.prototype );      // [""]
```

更糟糕的是，我们甚至可以修改它们（而不仅仅是添加属性）：

```
Array.isArray( Array.prototype );   // true
Array.prototype.push( 1, 2, 3 );    // 3
Array.prototype;                    // [1,2,3]

// 需要将Array.prototype设置回空,否则会导致问题!
Array.prototype.length = 0;
```

这里，Function.prototype 是一个函数，RegExp.prototype 是一个正则表达式，而 Array.prototype 是一个数组。是不是很有意思？

将原型作为默认值

Function.prototype 是一个空函数，RegExp.prototype 是一个"空"的正则表达式（无任何匹配），而 Array.prototype 是一个空数组。对未赋值的变量来说，它们是很好的默认值。

例如：

```
function isThisCool(vals,fn,rx) {
    vals = vals || Array.prototype;
    fn = fn || Function.prototype;
    rx = rx || RegExp.prototype;

    return rx.test(
        vals.map( fn ).join( "" )
    );
}

isThisCool();        // true
```

```
isThisCool(
    ["a","b","c"],
    function(v){ return v.toUpperCase(); },
    /D/
);                      // false
```

从 ES6 开始，我们不再需要使用 vals = vals || .. 这样的方式来设置默认值（参见第 4 章），因为默认值可以通过函数声明中的内置语法来设置（参见第 5 章）。

这种方法的一个好处是 .prototype 已被创建并且仅创建一次。相反，如果将 []、function(){} 和 /(?:)/ 作为默认值，则每次调用 isThisCool(..) 时它们都会被创建一次（具体创建与否取决于 JavaScript 引擎，稍后它们可能会被垃圾回收），这样无疑会造成内存和 CPU 资源的浪费。

另外需要注意的一点是，如果默认值随后会被更改，那就不要使用 Array.prototype。上例中的 vals 是作为只读变量来使用，更改 vals 实际上就是更改 Array.prototype，而这样会导致前面提到过的一系列问题！

以上我们介绍了原生原型及其用途，使用它们时要十分小心，特别是要对它们进行更改时。详情请见本部分附录 A 中的 A.4 节。

3.5 小结

JavaScript 为基本数据类型值提供了封装对象，称为原生函数（如 String、Number、Boolean 等）。它们为基本数据类型值提供了该子类型所特有的方法和属性（如：String#trim() 和 Array#concat(..)）。

对于简单标量基本类型值，比如 "abc"，如果要访问它的 length 属性或 String.prototype 方法，JavaScript 引擎会自动对该值进行封装（即用相应类型的封装对象来包装它）来实现对这些属性和方法的访问。

第 4 章

强制类型转换

在对 JavaScript 的类型和值有了更全面的了解之后，本章旨在讨论一个非常有争议的话题：强制类型转换。

如第 1 章所述，关于强制类型转换是一个设计上的缺陷还是有用的特性，这一争论从 JavaScript 诞生之日起就开始了。在很多的 JavaScript 书籍中强制类型转换被说成是危险、晦涩和糟糕的设计。

秉承本系列丛书的一贯宗旨，对于不懂的地方我们应该迎难而上，知其然并且知其所以然，不会因为种种传言和挫折就退避三舍。

本章旨在全面介绍强制类型转换的优缺点，让你能够在开发中合理地运用它。

4.1 值类型转换

将值从一种类型转换为另一种类型通常称为类型转换（type casting），这是显式的情况；隐式的情况称为强制类型转换（coercion）。

 JavaScript 中的强制类型转换总是返回标量基本类型值（参见第 2 章），如字符串、数字和布尔值，不会返回对象和函数。在第 3 章中，我们介绍过"封装"，就是为标量基本类型值封装一个相应类型的对象，但这并非严格意义上的强制类型转换。

也可以这样来区分：类型转换发生在静态类型语言的编译阶段，而强制类型转换则发生在动态类型语言的运行时（runtime）。

然而在 JavaScript 中通常将它们统称为强制类型转换，我个人则倾向于用"隐式强制类型转换"（implicit coercion）和"显式强制类型转换"（explicit coercion）来区分。

二者的区别显而易见：我们能够从代码中看出哪些地方是显式强制类型转换，而隐式强制类型转换则不那么明显，通常是某些操作产生的副作用。

例如：

```
var a = 42;

var b = a + "";          // 隐式强制类型转换

var c = String( a );     // 显式强制类型转换
```

对变量 b 而言，强制类型转换是隐式的；由于 + 运算符的其中一个操作数是字符串，所以是字符串拼接操作，结果是数字 42 被强制类型转换为相应的字符串 "42"。

而 String(..) 则是将 a 显式强制类型转换为字符串。

两者都是将数字 42 转换为字符串 "42"。然而它们各自不同的处理方式成为了争论的焦点。

 从技术角度来说，除了字面上的差别以外，二者在行为特征上也有一些细微的差别。我们将在 4.4.2 节详细介绍。

这里的"显式"和"隐式"以及"明显的副作用"和"隐藏的副作用"，都是相对而言的。

要是你明白 a + "" 是怎么回事，它对你来说就是"显式"的。相反，如果你不知道 String(..) 可以用来做字符串强制类型转换，它对你来说可能就是"隐式"的。

我们在这里以普遍通行的标准来讨论"显式"和"隐式"，而非 JavaScript 专家和规范的标准。如果你的理解与此有出入，请参照我们的标准。

要知道我们编写的代码大都是给别人看的。即便是 JavaScript 高手也需要顾及其他不同水平的开发人员，要考虑他们是否能读懂自己的代码，以及他们对于"显式"和"隐式"的理解是否和自己一致。

4.2 抽象值操作

介绍显式和隐式强制类型转换之前，我们需要掌握字符串、数字和布尔值之间类型转换的基本规则。ES5 规范第 9 节中定义了一些"抽象操作"（即"仅供内部使用的操作"）和转换规则。这里我们着重介绍 ToString、ToNumber 和 ToBoolean，附带讲一讲 ToPrimitive。

4.2.1 ToString

规范的 9.8 节中定义了抽象操作 ToString，它负责处理非字符串到字符串的强制类型转换。

基本类型值的字符串化规则为：null 转换为 "null"，undefined 转换为 "undefined"，true 转换为 "true"。数字的字符串化则遵循通用规则，不过第 2 章中讲过的那些极小和极大的数字使用指数形式：

```
// 1.07 连续乘以七个 1000
var a = 1.07 * 1000 * 1000 * 1000 * 1000 * 1000 * 1000 * 1000;

// 七个1000一共21位数字
a.toString(); // "1.07e21"
```

对普通对象来说，除非自行定义，否则 toString()（Object.prototype.toString()）返回内部属性 [[Class]] 的值（参见第 3 章），如 "[object Object]"。

然而前面我们介绍过，如果对象有自己的 toString() 方法，字符串化时就会调用该方法并使用其返回值。

将对象强制类型转换为 string 是通过 ToPrimitive 抽象操作来完成的（ES5 规范，9.1 节），我们在此略过，稍后将在 4.2.2 节中详细介绍。

数组的默认 toString() 方法经过了重新定义，将所有单元字符串化以后再用 "," 连接起来：

```
var a = [1,2,3];

a.toString(); // "1,2,3"
```

toString() 可以被显式调用，或者在需要字符串化时自动调用。

JSON 字符串化

工具函数 JSON.stringify(..) 在将 JSON 对象序列化为字符串时也用到了 ToString。

请注意，JSON 字符串化并非严格意义上的强制类型转换，因为其中也涉及 ToString 的相关规则，所以这里顺带介绍一下。

对大多数简单值来说，JSON 字符串化和 toString() 的效果基本相同，只不过序列化的结果总是字符串：

```
JSON.stringify( 42 );    // "42"
JSON.stringify( "42" ); // ""42"" (含有双引号的字符串)
JSON.stringify( null ); // "null"
JSON.stringify( true ); // "true"
```

所有安全的 JSON 值（JSON-safe）都可以使用 JSON.stringify(..) 字符串化。安全的 JSON 值是指能够呈现为有效 JSON 格式的值。

为了简单起见，我们来看看什么是不安全的 JSON 值。undefined、function、symbol（ES6+）和包含循环引用（对象之间相互引用，形成一个无限循环）的对象都不符合 JSON 结构标准，其他支持 JSON 的语言无法处理它们。

JSON.stringify(..) 在对象中遇到 undefined、function 和 symbol 时会自动将其忽略，在数组中则会返回 null（以保证单元位置不变）。

例如：

```
JSON.stringify( undefined );     // undefined
JSON.stringify( function(){} );  // undefined

JSON.stringify(
   [1,undefined,function(){},4]
);                               // "[1,null,null,4]"
JSON.stringify(
   { a:2, b:function(){} }
);                               // "{"a":2}"
```

对包含循环引用的对象执行 JSON.stringify(..) 会出错。

如果对象中定义了 toJSON() 方法，JSON 字符串化时会首先调用该方法，然后用它的返回值来进行序列化。

如果要对含有非法 JSON 值的对象做字符串化，或者对象中的某些值无法被序列化时，就需要定义 toJSON() 方法来返回一个安全的 JSON 值。

例如：

```
var o = { };

var a = {
   b: 42,
   c: o,
   d: function(){}
};
```

```
// 在a中创建一个循环引用
o.e = a;

// 循环引用在这里会产生错误
// JSON.stringify( a );

// 自定义的JSON序列化
a.toJSON = function() {
    // 序列化仅包含b
    return { b: this.b };
};

JSON.stringify( a ); // "{"b":42}"
```

很多人误以为toJSON()返回的是 JSON 字符串化后的值，其实不然，除非我们确实想要对字符串进行字符串化（通常不会！）。toJSON()返回的应该是一个适当的值，可以是任何类型，然后再由 JSON.stringify(..) 对其进行字符串化。

也就是说，toJSON()应该"返回一个能够被字符串化的安全的 JSON 值"，而不是"返回一个 JSON 字符串"。

例如：

```
var a = {
    val: [1,2,3],

    // 可能是我们想要的结果!
    toJSON: function(){
        return this.val.slice( 1 );
    }
};

var b = {
    val: [1,2,3],

    // 可能不是我们想要的结果!
    toJSON: function(){
        return "[" +
            this.val.slice( 1 ).join() +
            "]";
    }
};

JSON.stringify( a ); // "[2,3]"

JSON.stringify( b ); // ""[2,3]""
```

这里第二个函数是对 toJSON 返回的字符串做字符串化，而非数组本身。

现在介绍几个不太为人所知但却非常有用的功能。

我们可以向 JSON.stringify(..) 传递一个可选参数 replacer，它可以是数组或者函数，用来指定对象序列化过程中哪些属性应该被处理，哪些应该被排除，和 toJSON() 很像。

如果 replacer 是一个数组，那么它必须是一个字符串数组，其中包含序列化要处理的对象的属性名称，除此之外其他的属性则被忽略。

如果 replacer 是一个函数，它会对对象本身调用一次，然后对对象中的每个属性各调用一次，每次传递两个参数，键和值。如果要忽略某个键就返回 undefined，否则返回指定的值。

```
var a = {
    b: 42,
    c: "42",
    d: [1,2,3]
};

JSON.stringify( a, ["b","c"] ); // "{"b":42,"c":"42"}"

JSON.stringify( a, function(k,v){
    if (k !== "c") return v;
} );
// "{"b":42,"d":[1,2,3]}"
```

 如果 replacer 是函数，它的参数 k 在第一次调用时为 undefined（就是对对象本身调用的那次）。if 语句将属性 "c" 排除掉。由于字符串化是递归的，因此数组 [1,2,3] 中的每个元素都会通过参数 v 传递给 replacer，即 1、2 和 3，参数 k 是它们的索引值，即 0、1 和 2。

JSON.stringify 还有一个可选参数 space，用来指定输出的缩进格式。space 为正整数时是指定每一级缩进的字符数，它还可以是字符串，此时最前面的十个字符被用于每一级的缩进：

```
var a = {
    b: 42,
    c: "42",
    d: [1,2,3]
};

JSON.stringify( a, null, 3 );
// "{
//    "b": 42,
//    "c": "42",
//    "d": [
//       1,
//       2,
//       3
//    ]
// }"
```

```
JSON.stringify( a, null, "-----" );
// "{
// -----"b": 42,
// -----"c": "42",
// -----"d": [
// ----------1,
// ----------2,
// ----------3
// -----]
// }"
```

请记住，JSON.stringify(..) 并不是强制类型转换。在这里介绍是因为它涉及 ToString 强制类型转换，具体表现在以下两点。

(1) 字符串、数字、布尔值和 null 的 JSON.stringify(..) 规则与 ToString 基本相同。
(2) 如果传递给 JSON.stringify(..) 的对象中定义了 toJSON() 方法，那么该方法会在字符串化前调用，以便将对象转换为安全的 JSON 值。

4.2.2 ToNumber

有时我们需要将非数字值当作数字来使用，比如数学运算。为此 ES5 规范在 9.3 节定义了抽象操作 ToNumber。

其中 true 转换为 1，false 转换为 0。undefined 转换为 NaN，null 转换为 0。

ToNumber 对字符串的处理基本遵循数字常量的相关规则 / 语法（参见第 3 章）。处理失败时返回 NaN（处理数字常量失败时会产生语法错误）。不同之处是 ToNumber 对以 0 开头的八进制数并不按八进制处理（而是按十进制，参见第 2 章）。

 数字常量的语法规则与 ToNumber 处理字符串所遵循的规则之间差别不大，这里不做进一步介绍，可参考 ES5 规范的 9.3.1 节。

对象（包括数组）会首先被转换为相应的基本类型值，如果返回的是非数字的基本类型值，则再遵循以上规则将其强制转换为数字。

为了将值转换为相应的基本类型值，抽象操作 ToPrimitive（参见 ES5 规范 9.1 节）会首先（通过内部操作 DefaultValue，参见 ES5 规范 8.12.8 节）检查该值是否有 valueOf() 方法。如果有并且返回基本类型值，就使用该值进行强制类型转换。如果没有就使用 toString() 的返回值（如果存在）来进行强制类型转换。

如果 valueOf() 和 toString() 均不返回基本类型值，会产生 TypeError 错误。

从 ES5 开始，使用 Object.create(null) 创建的对象 [[Prototype]] 属性为 null，并且没有 valueOf() 和 toString() 方法，因此无法进行强制类型转换。详情请参考本系列的《你不知道的 JavaScript（上卷）》"this 和对象原型"部分中 [[Prototype]] 相关部分。

 我们稍后将详细介绍数字的强制类型转换，在下面的示例代码中我们假定 Number(..) 已经实现了此功能。

例如：

```
var a = {
    valueOf: function(){
        return "42";
    }
};

var b = {
    toString: function(){
        return "42";
    }
};

var c = [4,2];
c.toString = function(){
    return this.join( "" );   // "42"
};

Number( a );                  // 42
Number( b );                  // 42
Number( c );                  // 42
Number( "" );                 // 0
Number( [] );                 // 0
Number( [ "abc" ] );          // NaN
```

4.2.3　ToBoolean

下面介绍布尔值，关于这个主题存在许多误解和困惑，需要我们特别注意。

首先，也是最重要的一点是，JavaScript 中有两个关键词 true 和 false，分别代表布尔类型中的真和假。我们常误以为数值 1 和 0 分别等同于 true 和 false。在有些语言中可能是这样，但在 JavaScript 中布尔值和数字是不一样的。虽然我们可以将 1 强制类型转换为 true，将 0 强制类型转换为 false，反之亦然，但它们并不是一回事。

1. 假值（falsy value）

我们再来看看其他值是如何被强制类型转换为布尔值的。

JavaScript 中的值可以分为以下两类：

(1) 可以被强制类型转换为 false 的值
(2) 其他（被强制类型转换为 true 的值）

JavaScript 规范具体定义了一小撮可以被强制类型转换为 false 的值。

ES5 规范 9.2 节中定义了抽象操作 ToBoolean，列举了布尔强制类型转换所有可能出现的结果。

以下这些是假值：

- undefined
- null
- false
- +0、-0 和 NaN
- ""

假值的布尔强制类型转换结果为 false。

从逻辑上说，假值列表以外的都应该是真值（truthy）。但 JavaScript 规范对此并没有明确定义，只是给出了一些示例，例如规定所有的对象都是真值，我们可以理解为假值列表以外的值都是真值。

2. 假值对象（falsy object）
这个标题似乎有点自相矛盾。前面讲过规范规定所有的对象都是真值，怎么还会有假值对象呢？

有人可能会以为假值对象就是包装了假值的封装对象（如 ""、0 和 false，参见第 3 章），实际不然。

 这只是规范开的一个小玩笑。

例如：

```
var a = new Boolean( false );
var b = new Number( 0 );
var c = new String( "" );
```

它们都是封装了假值的对象（参见第 3 章）。那它们究竟是 true 还是 false 呢？答案很简单：

```
var d = Boolean( a && b && c );

d; // true
```

d 为 true，说明 a、b、c 都为 true。

 请注意，这里 Boolean(..) 对 a && b && c 进行了封装，有人可能会问为什么。我们暂且记下，稍后会作说明。你可以试试不用 Boolean(..) 的话 d = a && b && c 会产生什么结果。

如果假值对象并非封装了假值的对象，那它究竟是什么？

值得注意的是，虽然 JavaScript 代码中会出现假值对象，但它实际上并不属于 JavaScript 语言的范畴。

浏览器在某些特定情况下，在常规 JavaScript 语法基础上自己创建了一些外来（exotic）值，这些就是"假值对象"。

假值对象看起来和普通对象并无二致（都有属性，等等），但将它们强制类型转换为布尔值时结果为 false。

最常见的例子是 document.all，它是一个类数组对象，包含了页面上的所有元素，由 DOM（而不是 JavaScript 引擎）提供给 JavaScript 程序使用。它以前曾是一个真正意义上的对象，布尔强制类型转换结果为 true，不过现在它是一个假值对象。

document.all 并不是一个标准用法，早就被废止了。

有人也许会问："既然这样的话，浏览器能否将它彻底去掉？"这个想法是好的，只不过仍然有很多 JavaScript 程序在使用它。

那为什么它要是假值呢？因为我们经常通过将 document.all 强制类型转换为布尔值（比如在 if 语句中）来判断浏览器是否是老版本的 IE。IE 自诞生之日起就始终遵循浏览器标准，较其他浏览器更为有力地推动了 Web 的发展。

if(document.all) { /* it's IE */ } 依然存在于许多程序中，也许会一直存在下去，这对 IE 的用户体验来说不是一件好事。

虽然我们无法彻底摆脱 document.all，但为了让新版本更符合标准，IE 并不打算继续支持 if (document.all) { .. }。

"那我们应该怎么办？"

"也许可以修改 JavaScript 的类型机制，将 document.all 作为假值来处理！"

这并不是一个好办法。大多数 JavaScript 开发人员对这个坑了解得不多，不过更糟糕的还是对其置若罔闻的态度。

3. 真值（truthy value）

真值就是假值列表之外的值。

例如：

```
var a = "false";
var b = "0";
var c = "''";

var d = Boolean( a && b && c );

d;
```

这里 d 应该是 true 还是 false 呢？

答案是 true。上例的字符串看似假值，但所有字符串都是真值。不过 "" 除外，因为它是假值列表中唯一的字符串。

再如：

```
var a = [];             // 空数组——是真值还是假值？
var b = {};             // 空对象——是真值还是假值？
var c = function(){};   // 空函数——是真值还是假值？

var d = Boolean( a && b && c );

d;
```

d 依然是 true。还是同样的道理，[]、{} 和 function(){} 都不在假值列表中，因此它们都是真值。

也就是说真值列表可以无限长，无法一一列举，所以我们只能用假值列表作为参考。

你可以花五分钟时间将假值列表写出来贴在显示器上，或者记在脑子里，在需要判断真/假值的时候就可以派上用场。

掌握真/假值的重点在于理解布尔强制类型转换（显式和隐式），在此基础上我们就能对强制类型转换示例进行深入介绍。

4.3　显式强制类型转换

显式强制类型转换是那些显而易见的类型转换，很多类型转换都属于此列。

我们在编码时应尽可能地将类型转换表达清楚，以免给别人留坑。类型转换越清晰，代码可读性越高，更容易理解。

对显式强制类型转换几乎不存在非议，它类似于静态语言中的类型转换，已被广泛接受，不会有什么坑。我们后面会再讨论这个话题。

4.3.1　字符串和数字之间的显式转换

我们从最常见的字符串和数字之间的强制类型转换开始。

字符串和数字之间的转换是通过 String(..) 和 Number(..) 这两个内建函数（原生构造函数，参见第 3 章）来实现的，请注意它们前面没有 new 关键字，并不创建封装对象。

下面是两者之间的显式强制类型转换：

```
var a = 42;
var b = String( a );

var c = "3.14";
var d = Number( c );

b; // "42"
d; // 3.14
```

String(..) 遵循前面讲过的 ToString 规则，将值转换为字符串基本类型。Number(..) 遵循前面讲过的 ToNumber 规则，将值转换为数字基本类型。

它们和静态语言中的类型转换很像，一目了然，所以我们将它们归为显式强制类型转换。

例如，在 C/C++ 中可以使用 (int)x 或 int(x) 将 x 转换为整数。大部分人倾向于后者，因为它看起来更像函数调用。JavaScript 中的 Number(x) 与此十分类似，至于它是否真是一个函数并不重要。

除了 String(..) 和 Number(..) 以外，还有其他方法可以实现字符串和数字之间的显式转换：

```
var a = 42;
var b = a.toString();

var c = "3.14";
var d = +c;

b; // "42"
d; // 3.14
```

a.toString() 是显式的（"toString" 意为 "to a string"），不过其中涉及隐式转换。因为 toString() 对 42 这样的基本类型值不适用，所以 JavaScript 引擎会自动为 42 创建一个封装对象（参见第 3 章），然后对该对象调用 toString()。这里显式转换中含有隐式转换。

上例中 +c 是 + 运算符的一元（unary）形式（即只有一个操作数）。+ 运算符显式地将 c 转换为数字，而非数字加法运算（也不是字符串拼接，见下）。

+c 是显式还是隐式，取决于你自己的理解和经验。如果你已然知道一元运算符 + 会将操作数显式强制类型转换为数字，那它就是显式的。如果不明就里的话，它就是隐式强制类型转换，让你摸不着头脑。

 在 JavaScript 开源社区中，一元运算 + 被普遍认为是显式强制类型转换。

不过这样有时候也容易产生误会。例如：

```
var c = "3.14";
var d = 5+ +c;

d; // 8.14
```

一元运算符 - 和 + 一样，并且它还会反转数字的符号位。由于 -- 会被当作递减运算符来处理，所以我们不能使用 -- 来撤销反转，而应该像 - -"3.14" 这样，在中间加一个空格，才能得到正确结果 3.14。

运算符的一元和二元形式的组合你也许能够想到很多种情况，下面是一个疯狂的例子：

```
1 + - + + + - + 1;  // 2
```

尽量不要把一元运算符 +（还有 -）和其他运算符放在一起使用。上面的代码可以运行，但非常糟糕。此外 d = +c（还有 d =+ c）也容易和 d += c 搞混，两者天壤之别。

 一元运算符 + 紧挨着 ++ 和 -- 也很容易引起混淆。例如 a +++b、a + ++b 和 a + + +b。关于 ++，请参见 5.1.2 节。

我们的目的是让代码更清晰、更易懂，而非适得其反。

1. 日期显式转换为数字

一元运算符 + 的另一个常见用途是将日期（Date）对象强制类型转换为数字，返回结果为 Unix 时间戳，以毫秒为单位（从 1970 年 1 月 1 日 00:00:00 UTC 到当前时间）：

```
var d = new Date( "Mon, 18 Aug 2014 08:53:06 CDT" );

+d; // 1408369986000
```

我们常用下面的方法来获得当前的时间戳，例如：

```
var timestamp = +new Date();
```

 JavaScript 有一处奇特的语法，即构造函数没有参数时可以不用带 ()。于是我们可能会碰到 var timestamp = +new Date; 这样的写法。这样能否提高代码可读性还存在争议，因为这仅用于 new fn()，对一般的函数调用 fn() 并不适用。

将日期对象转换为时间戳并非只有强制类型转换这一种方法，或许使用更显式的方法会更好一些：

```
var timestamp = new Date().getTime();
// var timestamp = (new Date()).getTime();
// var timestamp = (new Date).getTime();
```

不过最好还是使用 ES5 中新加入的静态方法 Date.now()：

```
var timestamp = Date.now();
```

为老版本浏览器提供 Date.now() 的 polyfill 也很简单：

```
if (!Date.now) {
    Date.now = function() {
        return +new Date();
    };
}
```

我们不建议对日期类型使用强制类型转换，应该使用 Date.now() 来获得当前的时间戳，使用 new Date(..).getTime() 来获得指定时间的时间戳。

2. 奇特的 ~ 运算符

一个常被人忽视的地方是 ~ 运算符（即字位操作"非"）相关的强制类型转换，它很让人费解，以至于了解它的开发人员也常常对其敬而远之。秉承本书的一贯宗旨，我们在此深入探讨一下 ~ 有哪些用处。

在 2.3.5 节中，我们讲过字位运算符只适用于 32 位整数，运算符会强制操作数使用 32 位格式。这是通过抽象操作 ToInt32 来实现的（ES5 规范 9.5 节）。

ToInt32 首先执行 ToNumber 强制类型转换，比如 "123" 会先被转换为 123，然后再执行 ToInt32。

虽然严格说来并非强制类型转换（因为返回值类型并没有发生变化），但字位运算符（如 | 和 ~）和某些特殊数字一起使用时会产生类似强制类型转换的效果，返回另外一个数字。

例如 | 运算符（字位操作"或"）的空操作（no-op）0 | x，它仅执行 ToInt32 转换（第 2 章中介绍过）：

```
0 | -0;        // 0
0 | NaN;       // 0
0 | Infinity;  // 0
0 | -Infinity; // 0
```

以上这些特殊数字无法以 32 位格式呈现（因为它们来自 64 位 IEEE 754 标准，参见第 2 章），因此 ToInt32 返回 0。

关于 0 | __ 是显式还是隐式仍存在争议。从规范的角度来说它无疑是显式的，但如果对字位运算符没有这样深入的理解，它可能就是隐式的。为了前后保持一致，我们这里将其视为显式。

再回到 ~。它首先将值强制类型转换为 32 位数字，然后执行字位操作"非"（对每一个字位进行反转）。

这与 ! 很相像，不仅将值强制类型转换为布尔值，还对其做字位反转（参见 4.3.3 节）。

字位反转是个很晦涩的主题，JavaScript 开发人员一般很少需要关心到字位级别。

对 ~ 还可以有另外一种诠释，源自早期的计算机科学和离散数学：~ 返回 2 的补码。这样一来问题就清楚多了！

~x 大致等同于 -(x+1)。很奇怪，但相对更容易说明问题：

```
~42;    // -(42+1) ==> -43
```

也许你还是没有完全弄明白 ~ 到底是什么玩意？为什么把它放在强制类型转换一章中介绍？稍安勿躁。

在 -(x+1) 中唯一能够得到 0（或者严格说是 -0）的 x 值是 -1。也就是说如果 x 为 -1 时，~ 和一些数字值在一起会返回假值 0，其他情况则返回真值。

然而这与我们讨论的内容有什么关系呢？

-1 是一个"哨位值"，哨位值是那些在各个类型中（这里是数字）被赋予了特殊含义的值。在 C 语言中我们用 -1 来代表函数执行失败，用大于等于 0 的值来代表函数执行成功。

JavaScript 中字符串的 indexOf(..) 方法也遵循这一惯例，该方法在字符串中搜索指定的子字符串，如果找到就返回子字符串所在的位置（从 0 开始），否则返回 -1。

indexOf(..) 不仅能够得到子字符串的位置，还可以用来检查字符串中是否包含指定的子字符串，相当于一个条件判断。例如：

```
var a = "Hello World";

if (a.indexOf( "lo" ) >= 0) {   // true
    // 找到匹配!
}
if (a.indexOf( "lo" ) != -1) { // true
    // 找到匹配!
}

if (a.indexOf( "ol" ) < 0) {   // true
    // 没有找到匹配!
}
if (a.indexOf( "ol" ) == -1) { // true
    // 没有找到匹配!
}
```

>= 0 和 == -1 这样的写法不是很好，称为"抽象渗漏"，意思是在代码中暴露了底层的实现细节，这里是指用 -1 作为失败时的返回值，这些细节应该被屏蔽掉。

现在我们终于明白 ~ 有什么用处了！~ 和 indexOf() 一起可以将结果强制类型转换（实际上仅仅是转换）为真 / 假值：

```
var a = "Hello World";

~a.indexOf( "lo" );         // -4   <-- 真值!

if (~a.indexOf( "lo" )) {   // true
    // 找到匹配!
}

~a.indexOf( "ol" );         // 0    <-- 假值!
!~a.indexOf( "ol" );        // true

if (!~a.indexOf( "ol" )) {  // true
    // 没有找到匹配!
}
```

如果 indexOf(..) 返回 -1，~ 将其转换为假值 0，其他情况一律转换为真值。

 由 -(x+1) 推断 ~-1 的结果应该是 -0，然而实际上结果是 0，因为它是字位操作而非数学运算。

从技术角度来说，if (~a.indexOf(..)) 仍然是对 indexOf(..) 的返回结果进行隐式强制类型转换，0 转换为 false，其他情况转换为 true。但我觉得 ~ 更像显式强制类型转换，前提是我对它有充分的理解。

个人认为 ~ 比 >= 0 和 == -1 更简洁。

3. 字位截除

一些开发人员使用 ~~ 来截除数字值的小数部分，以为这和 Math.floor(..) 的效果一样，实际上并非如此。

~~ 中的第一个 ~ 执行 ToInt32 并反转字位，然后第二个 ~ 再进行一次字位反转，即将所有字位反转回原值，最后得到的仍然是 ToInt32 的结果。

~~ 和 !! 很相似，我们将在 4.3.3 节中介绍。

对 ~~ 我们要多加注意。首先它只适用于 32 位数字，更重要的是它对负数的处理与 Math.floor(..) 不同。

```
Math.floor( -49.6 );    // -50
~~-49.6;                // -49
```

~~x 能将值截除为一个 32 位整数，x | 0 也可以，而且看起来还更简洁。

出于对运算符优先级（详见第 5 章）的考虑，我们可能更倾向于使用 ~~x：

```
~~1E20 / 10;        // 166199296

1E20 | 0 / 10;      // 1661992960
(1E20 | 0) / 10;    // 166199296
```

我们在使用 ~ 和 ~~ 进行此类转换时需要确保其他人也能够看得懂。

4.3.2　显式解析数字字符串

解析字符串中的数字和将字符串强制类型转换为数字的返回结果都是数字。但解析和转换两者之间还是有明显的差别。

例如：

```
var a = "42";
var b = "42px";
```

```
Number( a );    // 42
parseInt( a );  // 42

Number( b );    // NaN
parseInt( b );  // 42
```

解析允许字符串中含有非数字字符，解析按从左到右的顺序，如果遇到非数字字符就停止。而转换不允许出现非数字字符，否则会失败并返回 NaN。

解析和转换之间不是相互替代的关系。它们虽然类似，但各有各的用途。如果字符串右边的非数字字符不影响结果，就可以使用解析。而转换要求字符串中所有的字符都是数字，像 "42px" 这样的字符串就不行。

解析字符串中的浮点数可以使用 parseFloat(..) 函数。

不要忘了 parseInt(..) 针对的是字符串值。向 parseInt(..) 传递数字和其他类型的参数是没有用的，比如 true、function(){...} 和 [1,2,3]。

非字符串参数会首先被强制类型转换为字符串（参见 4.2.1 节），依赖这样的隐式强制类型转换并非上策，应该避免向 parseInt(..) 传递非字符串参数。

ES5 之前的 parseInt(..) 有一个坑导致了很多 bug。即如果没有第二个参数来指定转换的基数（又称为 radix），parseInt(..) 会根据字符串的第一个字符来自行决定基数。

如果第一个字符是 x 或 X，则转换为十六进制数字。如果是 0，则转换为八进制数字。

以 x 和 X 开头的十六进制相对来说还不太容易搞错，而八进制则不然。例如：

```
var hour = parseInt( selectedHour.value );
var minute = parseInt( selectedMinute.value );

console.log(
    "The time you selected was: " + hour + ":" + minute
);
```

上面的代码看似没有问题，但是当小时为 08、分钟为 09 时，结果是 0:0，因为 8 和 9 都不是有效的八进制数。

将第二个参数设置为 10，即可避免这个问题：

```
var hour = parseInt( selectedHour.value, 10 );
var minute = parseInt( selectedMiniute.value, 10 );
```

从 ES5 开始 parseInt(..) 默认转换为十进制数，除非另外指定。如果你的代码需要在 ES5 之前的环境运行，请记得将第二个参数设置为 10。

解析非字符串

曾经有人发帖吐槽过 parseInt(..) 的一个坑：

```
parseInt( 1/0, 19 ); // 18
```

很多人想当然地以为（实际上大错特错）"如果第一个参数值为 Infinity，解析结果也应该是 Infinity"，返回 18 也太无厘头了。

尽管这个例子纯属虚构，我们还是来看看 JavaScript 是否真的这样无厘头。

其中第一个错误是向 parseInt(..) 传递非字符串，这完全是在自找麻烦。此时 JavaScript 会将参数强制类型转换为它能够处理的字符串。

有人可能会觉得这不合理，parseInt(..) 应该拒绝接受非字符串参数。但如果这样的话，它是否应该抛出一个错误？这是 Java 的做法。一想到 JavaScript 代码中到处是抛出的错误，要在每个地方加上 try..catch，我整个人都不好了。

那是不是应该返回 NaN ? 也许吧，但是下面的情况是否应该运行失败？

```
parseInt( new String( "42") );
```

因为它的参数也是一个非字符串。如果你认为此时应该将 String 封装对象拆封（unbox）为 "42"，那么将 42 先转换为 "42" 再解析回 42 不也合情合理吗？

这种半显式、半隐式的强制类型转换很多时候非常有用。例如：

```
var a = {
    num: 21,
    toString: function() { return String( this.num * 2 ); }
};

parseInt( a ); // 42
```

parseInt(..) 先将参数强制类型转换为字符串再进行解析，这样做没有任何问题。因为传递错误的参数而得到错误的结果，并不能归咎于函数本身。

怎么来处理 Infinity（1/0 的结果）最合理呢？有两个选择："Infinity" 和 "∞"，JavaScript 选择的是 "Infinity"。

JavaScript 中所有的值都有一个默认的字符串形式，这很不错，能够方便我们调试。

再回到基数 19，这显然是个玩笑话，在实际的 JavaScript 代码中不会用到基数 19。它的有效数字字符范围是 0-9 和 a-i（区分大小写）。

parseInt(1/0, 19) 实际上是 parseInt("Infinity", 19)。第一个字符是 "I"，以 19 为基数时值为 18。第二个字符 "n" 不是一个有效的数字字符，解析到此为止，和 "42px" 中的 "p" 一样。

最后的结果是 18，而非 Infinity 或者报错。所以理解其中的工作原理对于我们学习 JavaScript 是非常重要的。

此外还有一些看起来奇怪但实际上解释得通的例子：

```
parseInt( 0.000008 );      // 0   ("0" 来自于 "0.000008")
parseInt( 0.0000008 );     // 8   ("8" 来自于 "8e-7")
parseInt( false, 16 );     // 250 ("fa" 来自于 "false")
parseInt( parseInt, 16 );  // 15  ("f" 来自于 "function..")

parseInt( "0x10" );        // 16
parseInt( "103", 2 );      // 2
```

其实 parseInt(..) 函数是十分靠谱的，只要使用得当就不会有问题。因为使用不当而导致一些莫名其妙的结果，并不能归咎于 JavaScript 本身。

4.3.3　显式转换为布尔值

现在我们来看看从非布尔值强制类型转换为布尔值的情况。

与前面的 String(..) 和 Number(..) 一样，Boolean(..)（不带 new）是显式的 ToBoolean 强制类型转换：

```
var a = "0";
var b = [];
var c = {};

var d = "";
var e = 0;
var f = null;
var g;

Boolean( a ); // true
Boolean( b ); // true
Boolean( c ); // true

Boolean( d ); // false
Boolean( e ); // false
Boolean( f ); // false
Boolean( g ); // false
```

虽然 Boolean(..) 是显式的，但并不常用。

和前面讲过的 + 类似，一元运算符 ! 显式地将值强制类型转换为布尔值。但是它同时还将真值反转为假值（或者将假值反转为真值）。所以显式强制类型转换为布尔值最常用的方

法是 !!，因为第二个！会将结果反转回原值：

```
var a = "0";
var b = [];
var c = {};

var d = "";
var e = 0;
var f = null;
var g;

!!a;    // true
!!b;    // true
!!c;    // true

!!d;    // false
!!e;    // false
!!f;    // false
!!g;    // false
```

在 if(..)..这样的布尔值上下文中，如果没有使用 Boolean(..) 和 !!，就会自动隐式地进行 ToBoolean 转换。建议使用 Boolean(..) 和 !! 来进行显式转换以便让代码更清晰易读。

显式 ToBoolean 的另外一个用处，是在 JSON 序列化过程中将值强制类型转换为 true 或 false：

```
var a = [
    1,
    function(){ /*..*/ },
    2,
    function(){ /*..*/ }
];

JSON.stringify( a ); // "[1,null,2,null]"

JSON.stringify( a, function(key,val){
    if (typeof val == "function") {
        // 函数的ToBoolean强制类型转换
        return !!val;
    }
    else {
        return val;
    }
} );
// "[1,true,2,true]"
```

下面的语法对于熟悉 Java 的人并不陌生：

```
var a = 42;

var b = a ? true : false;
```

三元运算符？：判断 a 是否为真，如果是则将变量 b 赋值为 true，否则赋值为 false。

表面上这是一个显式的 ToBoolean 强制类型转换，因为返回结果是 true 或者 false。

然而这里涉及隐式强制类型转换，因为 a 要首先被强制类型转换为布尔值才能进行条件判断。这种情况称为"显式的隐式"，有百害而无一益，我们应彻底杜绝。

建议使用 Boolean(a) 和 !!a 来进行显式强制类型转换。

4.4　隐式强制类型转换

隐式强制类型转换指的是那些隐蔽的强制类型转换，副作用也不是很明显。换句话说，你自己觉得不够明显的强制类型转换都可以算作隐式强制类型转换。

显式强制类型转换旨在让代码更加清晰易读，而隐式强制类型转换看起来就像是它的对立面，会让代码变得晦涩难懂。

对强制类型转换的诟病大多是针对隐式强制类型转换。

 《JavaScript 语言精粹》的作者 Douglas Crockford 在许多场合和文章中都主张不要使用强制类型转换，认为其非常糟糕。然而他的代码中也大量使用了隐式和显式强制类型转换。实际上他的吐槽大部分是针对 == 运算符，但读完本章你会发现这只是强制类型转换的冰山一角。

问题是，隐式强制类型转换真是如此不堪吗？它是不是 JavaScript 语言的设计缺陷？我们是否应该对其退避三舍？

估计大多数读者会回答"是的"。其实不然，请容我细细道来。

让我们从另一个角度来看待隐式强制类型转换，看看它究竟为何物、该如何使用，不要简单地把它当作"显式强制类型转换的对立面"，因为这样理解过于狭隘，忽略了它们之间一个细微却十分重要的区别。

隐式强制类型转换的作用是减少冗余，让代码更简洁。

4.4.1　隐式地简化

我们先来看一个例子，它不是 JavaScript 代码，而是强类型语言的伪代码：

```
SomeType x = SomeType( AnotherType( y ) )
```

其中变量 y 的值被转换为 SomeType 类型。问题是语言本身不允许直接将 y 转换为

SomeType 类型。于是我们需要一个中间步骤，先将 y 转换为 AnotherType 类型，然后再从
AnotherType 转换为 SomeType。

如果能够这样：

```
SomeType x = SomeType( y )
```

省去了中间步骤以后，类型转换变得更简洁了。这些无关紧要的中间步骤可以也应该被
隐藏。

也许有些情况下这些中间步骤还是必要的，但是我觉得通过语言机制或定制方法来简化代
码，抽象和隐藏那些细枝末节，有助于提高代码的可读性。

当然这些中间步骤仍然会发生在某处。通过隐藏这些细节，我们就可以专注于问题本身，
这里是将变量 y 转换为 SomeType 类型。

虽然这并非是个十分恰当的隐式强制类型转换的例子，但我想说明的问题是，隐式强制类
型转换同样可以用来提高代码可读性。

然而隐式强制类型转换也会带来一些负面影响，有时甚至是弊大于利。因此我们更应该学
习怎样去其糟粕，取其精华。

很多开发人员认为如果某个机制有优点 A 但同时又有缺点 Z，为了保险起见不如全部弃之
不用。

我不赞同这种"因噎废食"的做法。不要因为只看到了隐式强制类型转换的缺点就想当然
地认为它一无是处。它也有好的方面，希望越来越多的开发人员能加以发现和运用。

4.4.2　字符串和数字之间的隐式强制类型转换

前面我们讲了字符串和数字之间的显式强制类型转换，现在介绍它们之间的隐式强制类型
转换。先来看一些会产生隐式强制类型转换的操作。

通过重载，+ 运算符即能用于数字加法，也能用于字符串拼接。JavaScript 怎样来判断我们
要执行的是哪个操作？例如：

```
var a = "42";
var b = "0";

var c = 42;
var d = 0;

a + b; // "420"
c + d; // 42
```

这里为什么会得到 "420" 和 42 两个不同的结果呢？通常的理解是，因为某一个或者两个操作数都是字符串，所以 + 执行的是字符串拼接操作。这样解释只对了一半，实际情况要复杂得多。

例如：

```
var a = [1,2];
var b = [3,4];

a + b; // "1,23,4"
```

a 和 b 都不是字符串，但是它们都被强制转换为字符串然后进行拼接。原因何在？

下面两段内容与规范有关，如果太难理解可以跳过。

根据 ES5 规范 11.6.1 节，如果某个操作数是字符串或者能够通过以下步骤转换为字符串的话，+ 将进行拼接操作。如果其中一个操作数是对象（包括数组），则首先对其调用 ToPrimitive 抽象操作（规范 9.1 节），该抽象操作再调用 [[DefaultValue]]（规范 8.12.8 节），以数字作为上下文。

你或许注意到这与 ToNumber 抽象操作处理对象的方式一样（参见 4.2.2 节）。因为数组的 valueOf() 操作无法得到简单基本类型值，于是它转而调用 toString()。因此上例中的两个数组变成了 "1,2" 和 "3,4"。+ 将它们拼接后返回 "1,23,4"。

简单来说就是，如果 + 的其中一个操作数是字符串（或者通过以上步骤可以得到字符串），则执行字符串拼接；否则执行数字加法。

有一个坑常常被提到，即 [] + {} 和 {} + []，它们返回不同的结果，分别是 "[object Object]" 和 0。我们将在 5.1.3 节详细介绍。

对隐式强制类型转换来说，这意味着什么？

我们可以将数字和空字符串 "" 相 + 来将其转换为字符串：

```
var a = 42;
var b = a + "";

b; // "42"
```

+作为数字加法操作是可互换的，即 2 + 3 等同于 3 + 2。作为字符串拼接操作则不行，但对空字符串 "" 来说，a + "" 和 "" + a 结果一样。

a + "" 这样的隐式转换十分常见，一些对隐式强制类型转换持批评态度的人也不能免俗。

这本身就很能说明问题，无论怎样被人诟病，隐式强制类型转换仍然有其用武之地。

a + ""（隐式）和前面的 String(a)（显式）之间有一个细微的差别需要注意。根据 ToPrimitive 抽象操作规则，a + "" 会对 a 调用 valueOf() 方法，然后通过 ToString 抽象操作将返回值转换为字符串。而 String(a) 则是直接调用 ToString()。

它们最后返回的都是字符串，但如果 a 是对象而非数字结果可能会不一样！

例如：

```
var a = {
    valueOf: function() { return 42; },
    toString: function() { return 4; }
};

a + "";         // "42"

String( a );    // "4"
```

你一般不太可能会遇到这个问题，除非你的代码中真的有这些匪夷所思的数据结构和操作。在定制 valueOf() 和 toString() 方法时需要特别小心，因为这会影响强制类型转换的结果。

再来看看从字符串强制类型转换为数字的情况。

```
var a = "3.14";
var b = a - 0;

b; // 3.14
```

- 是数字减法运算符，因此 a - 0 会将 a 强制类型转换为数字。也可以使用 a * 1 和 a / 1，因为这两个运算符也只适用于数字，只不过这样的用法不太常见。

对象的 - 操作与 + 类似：

```
var a = [3];
var b = [1];

a - b; // 2
```

为了执行减法运算，a 和 b 都需要被转换为数字，它们首先被转换为字符串（通过

toString()），然后再转换为数字。

字符串和数字之间的隐式强制类型转换真如人们所说的那样糟糕吗？我个人不这么看。

b = String(a)（显式）和 b = a + ""（隐式）各有优点，b = a + "" 更常见一些。虽然饱受诟病，但隐式强制类型转换仍然有它的用处。

4.4.3　布尔值到数字的隐式强制类型转换

在将某些复杂的布尔逻辑转换为数字加法的时候，隐式强制类型转换能派上大用场。当然这种情况并不多见，属于特殊情况特殊处理。

例如：

```
function onlyOne(a,b,c) {
    return !!((a && !b && !c) ||
        (!a && b && !c) || (!a && !b && c));
}

var a = true;
var b = false;

onlyOne( a, b, b ); // true
onlyOne( b, a, b ); // true

onlyOne( a, b, a ); // false
```

如果其中有且仅有一个参数为 true，则 onlyOne(..) 返回 true。其在条件判断中使用了隐式强制类型转换，其他地方则是显式的，包括最后的返回值。

但如果有多个参数时（4 个、5 个，甚至 20 个），用上面的代码就很难处理了。这时就可以使用从布尔值到数字（0 或 1）的强制类型转换：

```
function onlyOne() {
    var sum = 0;
    for (var i=0; i < arguments.length; i++) {
        // 跳过假值,和处理0一样,但是避免了NaN
        if (arguments[i]) {
            sum += arguments[i];
        }
    }
    return sum == 1;
}

var a = true;
var b = false;

onlyOne( b, a );            // true
onlyOne( b, a, b, b, b );   // true
```

```
onlyOne( b, b );              // false
onlyOne( b, a, b, b, b, a );  // false
```

 在 onlyOne(..) 中除了使用 for 循环，还可以使用 ES5 规范中的 reduce(..) 函数。

通过 sum += arguments[i] 中的隐式强制类型转换，将真值（true/truthy）转换为 1 并进行累加。如果有且仅有一个参数为 true，则结果为 1；否则不等于 1，sum == 1 条件不成立。

同样的功能也可以通过显式强制类型转换来实现：

```
function onlyOne() {
    var sum = 0;
    for (var i=0; i < arguments.length; i++) {
        sum += Number( !!arguments[i] );
    }
    return sum === 1;
}
```

!!arguments[i] 首先将参数转换为 true 或 false。因此非布尔值参数在这里也是可以的，比如：onlyOne("42", 0)（否则的话，字符串会执行拼接操作，这样结果就不对了）。

转换为布尔值以后，再通过 Number(..) 显式强制类型转换为 0 或 1。

这里使用显式强制类型转换会不会更好一些？注释里说这样的确能够避免 NaN 带来的问题，不过最终是看我们自己的需要。我个人觉得前者，即隐式强制类型转换，更为简洁（前提是不会传递 undefined 和 NaN 这样的值），而显式强制类型转换则会带来一些代码冗余。

总之如本书一贯强调的那样，一切都取决于我们自己的判断和权衡。

 无论使用隐式还是显式，我们都能通过修改 onlyTwo(..) 或者 onlyFive(..) 来处理更复杂的情况，只需要将最后的条件判断从 1 改为 2 或 5。这比加入一大堆 && 和 || 表达式简洁得多。所以强制类型转换在这里还是很有用的。

4.4.4 隐式强制类型转换为布尔值

现在我们来看看到布尔值的隐式强制类型转换，它最为常见也最容易搞错。

相对布尔值，数字和字符串操作中的隐式强制类型转换还算比较明显。下面的情况会发生布尔值隐式强制类型转换。

(1) if (..) 语句中的条件判断表达式。

(2) for (.. ; .. ; ..) 语句中的条件判断表达式（第二个）。

(3) while (..) 和 do..while(..) 循环中的条件判断表达式。

(4) ? : 中的条件判断表达式。

(5) 逻辑运算符 || （逻辑或）和 && （逻辑与）左边的操作数（作为条件判断表达式）。

以上情况中，非布尔值会被隐式强制类型转换为布尔值，遵循前面介绍过的 ToBoolean 抽象操作规则。

例如：

```
var a = 42;
var b = "abc";
var c;
var d = null;

if (a) {
    console.log( "yep" );         // yep
}

while (c) {
    console.log( "nope, never runs" );
}

c = d ? a : b;
c;                                // "abc"

if ((a && d) || c) {
    console.log( "yep" );         // yep
}
```

上例中的非布尔值会被隐式强制类型转换为布尔值以便执行条件判断。

4.4.5　|| 和 &&

逻辑运算符 || （或）和 && （与）应该并不陌生，也许正因为如此有人觉得它们在 JavaScript 中的表现也和在其他语言中一样。

这里面有一些非常重要但却不太为人所知的细微差别。

我其实不太赞同将它们称为 "逻辑运算符"，因为这不太准确。称它们为 "选择器运算符"（selector operators）或者 "操作数选择器运算符"（operand selector operators）更恰当些。

为什么？因为和其他语言不同，在 JavaScript 中它们返回的并不是布尔值。

它们的返回值是两个操作数中的一个（且仅一个）。即选择两个操作数中的一个，然后返回它的值。

引述 ES5 规范 11.11 节：

&& 和 || 运算符的返回值并不一定是布尔类型，而是两个操作数其中一个的值。

例如：

```
var a = 42;
var b = "abc";
var c = null;

a || b;     // 42
a && b;     // "abc"

c || b;     // "abc"
c && b;     // null
```

在 C 和 PHP 中，上例的结果是 true 或 false，在 JavaScript（以及 Python 和 Ruby）中却是某个操作数的值。

|| 和 && 首先会对第一个操作数（a 和 c）执行条件判断，如果其不是布尔值（如上例）就先进行 ToBoolean 强制类型转换，然后再执行条件判断。

对于 || 来说，如果条件判断结果为 true 就返回第一个操作数（a 和 c）的值，如果为 false 就返回第二个操作数（b）的值。

&& 则相反，如果条件判断结果为 true 就返回第二个操作数（b）的值，如果为 false 就返回第一个操作数（a 和 c）的值。

|| 和 && 返回它们其中一个操作数的值，而非条件判断的结果（其中可能涉及强制类型转换）。c && b 中 c 为 null，是一个假值，因此 && 表达式的结果是 null（即 c 的值），而非条件判断的结果 false。

现在明白我为什么把它们叫作"操作数选择器"了吧？

换一个角度来理解：

```
a || b;
// 大致相当于(roughly equivalent to):
a ? a : b;

a && b;
// 大致相当于(roughly equivalent to):
a ? b : a;
```

之所以说 a || b 与 a ? a : b 大致相当，是因为它们返回结果虽然相同但是却有一个细微的差别。在 a ? a : b 中，如果 a 是一个复杂一些的表达式（比如有副作用的函数调用等），它有可能被执行两次（如果第一次结果为真）。而在 a || b 中 a 只执行一次，其结果用于条件判断和返回结果（如果适用的话）。a && b 和 a ? b : a 也是如此。

下面是一个十分常见的 || 的用法，也许你已经用过但并未完全理解：

```
function foo(a,b) {
    a = a || "hello";
    b = b || "world";

    console.log( a + " " + b );
}

foo();                    // "hello world"
foo( "yeah", "yeah!" ); // "yeah yeah!"
```

a = a || "hello"（又称为 C# 的"空值合并运算符"的 JavaScript 版本）检查变量 a，如果还未赋值（或者为假值），就赋予它一个默认值（"hello"）。

这里需要注意！

```
foo( "That's it!", "" ); // "That's it! world" <-- 晕！
```

第二个参数 "" 是一个假值（falsy value，参见 4.2.3 节），因此 b = b || "world" 条件不成立，返回默认值 "world"。

这种用法很常见，但是其中不能有假值，除非加上更明确的条件判断，或者转而使用 ? : 三元表达式。

通过这种方式来设置默认值很方便，甚至那些公开诟病 JavaScript 强制类型转换的人也经常使用。

再来看看 &&。

有一种用法对开发人员不常见，然而 JavaScript 代码压缩工具常用。就是如果第一个操作数为真值，则 && 运算符"选择"第二个操作数作为返回值，这也叫作"守护运算符"（guard operator，参见 5.2.1 节），即前面的表达式为后面的表达式"把关"：

```
function foo() {
    console.log( a );
}

var a = 42;

a && foo(); // 42
```

foo() 只有在条件判断 a 通过时才会被调用。如果条件判断未通过，a && foo() 就会悄然终止（也叫作"短路"，short circuiting），foo() 不会被调用。

这样的用法对开发人员不太常见，开发人员通常使用 if (a) { foo(); }。但 JavaScript 代码压缩工具用的是 a && foo()，因为更简洁。以后再碰到这样的代码你就知道是怎么回事了。

|| 和 && 各自有它们的用武之地，前提是我们理解并且愿意在代码中运用隐式强制类型转换。

 a = b || "something" 和 a && b() 用到了"短路"机制，我们将在 5.2.1 节详细介绍。

你大概会有疑问：既然返回的不是 true 和 false，为什么 a && (b || c) 这样的表达式在 if 和 for 中没出过问题？

这或许并不是代码的问题，问题在于你可能不知道这些条件判断表达式最后还会执行布尔值的隐式强制类型转换。

例如：

```
var a = 42;
var b = null;
var c = "foo";

if (a && (b || c)) {
    console.log( "yep" );
}
```

这里 a && (b || c) 的结果实际上是 "foo" 而非 true，然后再由 if 将 foo 强制类型转换为布尔值，所以最后结果为 true。

现在明白了吧，这里发生了隐式强制类型转换。如果要避免隐式强制类型转换就得这样：

```
if (!!a && (!!b || !!c)) {
    console.log( "yep" );
}
```

4.4.6　符号的强制类型转换

目前我们介绍的显式和隐式强制类型转换结果是一样的，它们之间的差异仅仅体现在代码可读性方面。

但 ES6 中引入了符号类型，它的强制类型转换有一个坑，在这里有必要提一下。ES6 允许从符号到字符串的显式强制类型转换，然而隐式强制类型转换会产生错误，具体的原因不在本书讨论范围之内。

例如：

```
var s1 = Symbol( "cool" );
String( s1 );      // "Symbol(cool)"

var s2 = Symbol( "not cool" );
s2 + "";      // TypeError
```

符号不能够被强制类型转换为数字（显式和隐式都会产生错误），但可以被强制类型转换为布尔值（显式和隐式结果都是 true）。

由于规则缺乏一致性，我们要对 ES6 中符号的强制类型转换多加小心。

好在鉴于符号的特殊用途（参见第 3 章），我们不会经常用到它的强制类型转换。

4.5　宽松相等和严格相等

宽松相等（loose equals）== 和严格相等（strict equals）=== 都用来判断两个值是否"相等"，但是它们之间有一个很重要的区别，特别是在判断条件上。

常见的误区是"== 检查值是否相等，=== 检查值和类型是否相等"。听起来蛮有道理，然而还不够准确。很多 JavaScript 的书籍和博客也是这样来解释的，但是很遗憾他们都错了。

正确的解释是："== 允许在相等比较中进行强制类型转换，而 === 不允许。"

4.5.1　相等比较操作的性能

我们来看一看两种解释的区别。

根据第一种解释（不准确的版本），=== 似乎比 == 做的事情更多，因为它还要检查值的类型。第二种解释中 == 的工作量更大一些，因为如果值的类型不同还需要进行强制类型转换。

有人觉得 == 会比 === 慢，实际上虽然强制类型转换确实要多花点时间，但仅仅是微秒级（百万分之一秒）的差别而已。

如果进行比较的两个值类型相同，则 == 和 === 使用相同的算法，所以除了 JavaScript 引擎实现上的细微差别之外，它们之间并没有什么不同。

如果两个值的类型不同，我们就需要考虑有没有强制类型转换的必要，有就用 ==，没有就

用 ===，不用在乎性能。

== 和 === 都会检查操作数的类型。区别在于操作数类型不同时它们的处理方式不同。

4.5.2　抽象相等

ES5 规范 11.9.3 节的"抽象相等比较算法"定义了 == 运算符的行为。该算法简单而又全面，涵盖了所有可能出现的类型组合，以及它们进行强制类型转换的方式。

"抽象相等"（abstract equality）的这些规则正是隐式强制类型转换被诟病的原因。开发人员觉得它们太晦涩，很难掌握和运用，弊（导致 bug）大于利（提高代码可读性）。这种观点我不敢苟同，因为本书的读者都是优秀的开发人员，整天与算法和代码打交道，"抽象相等"对各位来说只是小菜一碟。建议大家看一看 ES5 规范 11.9.3 节，你会发现这些规则其实非常简单明了。

其中第一段（11.9.3.1）规定如果两个值的类型相同，就仅比较它们是否相等。例如，42 等于 42，"abc" 等于 "abc"。

有几个非常规的情况需要注意。

- NaN 不等于 NaN（参见第 2 章）。
- +0 等于 -0（参见第 2 章）。

11.9.3.1 的最后定义了对象（包括函数和数组）的宽松相等 ==。两个对象指向同一个值时即视为相等，不发生强制类型转换。

=== 的定义和 11.9.3.1 一样，包括对象的情况。实际上在比较两个对象的时候，== 和 === 的工作原理是一样的。

11.9.3 节中还规定，== 在比较两个不同类型的值时会发生隐式强制类型转换，会将其中之一或两者都转换为相同的类型后再进行比较。

宽松不相等（loose not-equality）!= 就是 == 的相反值，!== 同理。

1. 字符串和数字之间的相等比较

我们沿用本章前面字符串和数字的例子来解释 == 中的强制类型转换：

```
var a = 42;
var b = "42";

a === b;    // false
a == b;     // true
```

因为没有强制类型转换，所以 a === b 为 false，42 和 "42" 不相等。

而 a == b 是宽松相等，即如果两个值的类型不同，则对其中之一或两者都进行强制类型转换。

具体怎么转换？是 a 从 42 转换为字符串，还是 b 从 "42" 转换为数字？

ES5 规范 11.9.3.4-5 这样定义：

(1) 如果 Type(x) 是数字，Type(y) 是字符串，则返回 x == ToNumber(y) 的结果。
(2) 如果 Type(x) 是字符串，Type(y) 是数字，则返回 ToNumber(x) == y 的结果。

规范使用 Number 和 String 来代表数字和字符串类型，而本书使用的是数字（number）和字符串（string）。切勿将规范中的 Number 和原生函数 Number() 混为一谈。本书中类型名的首字符大写和小写是一回事。

根据规范，"42" 应该被强制类型转换为数字以便进行相等比较。相关规则，特别是 ToNumber 抽象操作的规则前面已经介绍过。本例中两个值相等，均为 42。

2. 其他类型和布尔类型之间的相等比较

== 最容易出错的一个地方是 true 和 false 与其他类型之间的相等比较。

例如：

```
var a = "42";
var b = true;

a == b; // false
```

我们都知道 "42" 是一个真值（见本章前面部分），为什么 == 的结果不是 true 呢？原因既简单又复杂，让人很容易掉坑里，很多 JavaScript 开发人员对这个地方并未引起足够的重视。

规范 11.9.3.6-7 是这样说的：

(1) 如果 Type(x) 是布尔类型，则返回 ToNumber(x) == y 的结果；
(2) 如果 Type(y) 是布尔类型，则返回 x == ToNumber(y) 的结果。

仔细分析例子，首先：

```
var x = true;
var y = "42";

x == y; // false
```

Type(x) 是布尔值，所以 ToNumber(x) 将 true 强制类型转换为 1，变成 1 == "42"，二者的类型仍然不同，"42" 根据规则被强制类型转换为 42，最后变成 1 == 42，结果为 false。

反过来也一样：

```
var x = "42";
var y = false;

x == y; // false
```

Type(y) 是布尔值，所以 ToNumber(y) 将 false 强制类型转换为 0，然后 "42" == 0 再变成 42 == 0，结果为 false。

也就是说，字符串 "42" 既不等于 true，也不等于 false。一个值怎么可以既非真值也非假值，这也太奇怪了吧？

这个问题本身就是错误的，我们被自己的大脑欺骗了。

"42" 是一个真值没错，但 "42" == true 中并没有发生布尔值的比较和强制类型转换。这里不是 "42" 转换为布尔值（true），而是 true 转换为 1，"42" 转换为 42。

这里并不涉及 ToBoolean，所以 "42" 是真值还是假值与 == 本身没有关系！

重点是我们要搞清楚 == 对不同的类型组合怎样处理。== 两边的布尔值会被强制类型转换为数字。

很奇怪吧？我个人建议无论什么情况下都不要使用 == true 和 == false。

请注意，这里说的只是 ==，=== true 和 === false 不允许强制类型转换，所以并不涉及 ToNumber。

例如：

```
var a = "42";
```

```
// 不要这样用,条件判断不成立:
if (a == true) {
    // ..
}

// 也不要这样用,条件判断不成立:
if (a === true) {
    // ..
}

// 这样的用法没问题:
if (a) {
    // ..
}

// 这样的用法更好:
if (!!a) {
    // ..
}

// 这样的用法也很好:
if (Boolean( a )) {
    // ..
}
```

避免了 == true 和 == false (也叫作布尔值的宽松相等) 之后我们就不用担心这些坑了。

3. null 和 undefined 之间的相等比较

null 和 undefined 之间的 == 也涉及隐式强制类型转换。ES5 规范 11.9.3.2-3 规定:

(1) 如果 x 为 null, y 为 undefined, 则结果为 true。
(2) 如果 x 为 undefined, y 为 null, 则结果为 true。

在 == 中 null 和 undefined 相等 (它们也与其自身相等), 除此之外其他值都不和它们两个相等。

这也就是说, 在 == 中 null 和 undefined 是一回事, 可以相互进行隐式强制类型转换:

```
var a = null;
var b;

a == b;     // true
a == null;  // true
b == null;  // true

a == false; // false
b == false; // false
a == "";    // false
b == "";    // false
a == 0;     // false
b == 0;     // false
```

null 和 undefined 之间的强制类型转换是安全可靠的，上例中除 null 和 undefined 以外的其他值均无法得到假阳（false positive）结果。个人认为通过这种方式将 null 和 undefined 作为等价值来处理比较好。

例如：

```
var a = doSomething();

if (a == null) {
    // ..
}
```

条件判断 a == null 仅在 doSomething() 返回 null 和 undefined 时才成立，除此之外其他值都不成立，包括 0、false 和 "" 这样的假值。

下面是显式的做法，其中不涉及强制类型转换，个人感觉更繁琐一些（大概执行效率也会更低）：

```
var a = doSomething();

if (a === undefined || a === null) {
    // ..
}
```

我认为 a == null 这样的隐式强制类型转换在保证安全性的同时还能提高代码可读性。

4. 对象和非对象之间的相等比较

关于对象（对象 / 函数 / 数组）和标量基本类型（字符串 / 数字 / 布尔值）之间的相等比较，ES5 规范 11.9.3.8-9 做如下规定：

(1) 如果 Type(x) 是字符串或数字，Type(y) 是对象，则返回 x == ToPrimitive(y) 的结果；
(2) 如果 Type(x) 是对象，Type(y) 是字符串或数字，则返回 ToPrimitive(x) == y 的结果。

 这里只提到了字符串和数字，没有布尔值。原因是我们之前介绍过 11.9.3.6-7 中规定了布尔值会先被强制类型转换为数字。

例如：

```
var a = 42;
var b = [ 42 ];

a == b; // true
```

[42] 首先调用 ToPrimitive 抽象操作（参见 4.2 节），返回 "42"，变成 "42" == 42，然后又变成 42 == 42，最后二者相等。

 之前介绍过的 ToPrimitive 抽象操作的所有特性（如 toString()、valueOf()）在这里都适用。如果我们需要自定义 valueOf() 以便从复杂的数据结构返回一个简单值进行相等比较，这些特性会很有帮助。

在第 3 章中，我们介绍过"拆封"，即"打开"封装对象（如 new String("abc")），返回其中的基本数据类型值（"abc"）。== 中的 ToPrimitive 强制类型转换也会发生这样的情况：

```
var a = "abc";
var b = Object( a );    // 和new String( a )一样

a === b;                // false
a == b;                 // true
```

a == b 结果为 true，因为 b 通过 ToPrimitive 进行强制类型转换（也称为"拆封"，英文为 unboxed 或者 unwrapped），并返回标量基本类型值 "abc"，与 a 相等。

但有一些值不这样，原因是 == 算法中其他优先级更高的规则。例如：

```
var a = null;
var b = Object( a );    // 和Object()一样
a == b;                 // false

var c = undefined;
var d = Object( c );    // 和Object()一样
c == d;                 // false

var e = NaN;
var f = Object( e );    // 和new Number( e )一样
e == f;                 // false
```

因为没有对应的封装对象，所以 null 和 undefined 不能够被封装（boxed），Object(null) 和 Object() 均返回一个常规对象。

NaN 能够被封装为数字封装对象，但拆封之后 NaN == NaN 返回 false，因为 NaN 不等于 NaN（参见第 2 章）。

4.5.3　比较少见的情况

我们已经全面介绍了 == 中的隐式强制类型转换（常规和非常规的情况），现在来看一下那些需要特别注意和避免的比较少见的情况。

首先来看看更改内置原生原型会导致哪些奇怪的结果。

1. 返回其他数字

```
Number.prototype.valueOf = function() {
    return 3;
};

new Number( 2 ) == 3;    // true
```

 2 == 3 不会有这种问题，因为 2 和 3 都是数字基本类型值，不会调用 Number.prototype.valueOf() 方法。而 Number(2) 涉及 ToPrimitive 强制类型转换，因此会调用 valueOf()。

真是让人头大。这也是强制类型转换和 == 被诟病的原因之一。但问题并非出自 JavaScript，而是我们自己。不要有这样的想法，觉得"编程语言应该阻止我们犯错误"。

还有更奇怪的情况：

```
if (a == 2 && a == 3) {
    // ..
}
```

你也许觉得这不可能，因为 a 不会同时等于 2 和 3。但"同时"一词并不准确，因为 a == 2 在 a == 3 之前执行。

如果让 a.valueOf() 每次调用都产生副作用，比如第一次返回 2，第二次返回 3，就会出现这样的情况。这实现起来很简单：

```
var i = 2;

Number.prototype.valueOf = function() {
    return i++;
};

var a = new Number( 42 );

if (a == 2 && a == 3) {
    console.log( "Yep, this happened." );
}
```

再次强调，千万不要这样，也不要因此而抱怨强制类型转换。对一种机制的滥用并不能成为诟病它的借口。我们应该正确合理地运用强制类型转换，避免这些极端的情况。

2. 假值的相等比较

== 中的隐式强制类型转换最为人诟病的地方是假值的相等比较。

下面分别列出了常规和非常规的情况：

```
"0" == null;          // false
"0" == undefined;     // false
"0" == false;         // true -- 晕!
"0" == NaN;           // false
"0" == 0;             // true
"0" == "";            // false

false == null;        // false
false == undefined;   // false
false == NaN;         // false
false == 0;           // true -- 晕!
false == "";          // true -- 晕!
false == [];          // true -- 晕!
false == {};          // false

"" == null;           // false
"" == undefined;      // false
"" == NaN;            // false
"" == 0;              // true -- 晕!
"" == [];             // true -- 晕!
"" == {};             // false

0 == null;            // false
0 == undefined;       // false
0 == NaN;             // false
0 == [];              // true -- 晕!
0 == {};              // false
```

以上 24 种情况中有 17 种比较好理解。比如我们都知道 "" 和 NaN 不相等，"0" 和 0 相等。

然而有 7 种我们注释了"晕！"，因为它们属于假阳（false positive）的情况，里面坑很多。"" 和 0 明显是两个不同的值，它们之间的强制类型转换很容易搞错。请注意这里不存在假阴（false negative）的情况。

3. 极端情况
这还不算完，还有更极端的例子：

```
[] == ![]   // true
```

事情变得越来越疯狂了。看起来这似乎是真值和假值的相等比较，结果不应该是 true，因为一个值不可能同时既是真值也是假值！

事实并非如此。让我们看看 ! 运算符都做了些什么？根据 ToBoolean 规则，它会进行布尔值的显式强制类型转换（同时反转奇偶校验位）。所以 [] == ![] 变成了 [] == false。前面我们讲过 false == []，最后的结果就顺理成章了。

再来看看其他情况：

```
2 == [2];      // true
"" == [null];  // true
```

介绍 ToNumber 时我们讲过，== 右边的值 [2] 和 [null] 会进行 ToPrimitive 强制类型转换，以便能够和左边的基本类型值（2 和 ""）进行比较。因为数组的 valueOf() 返回数组本身，所以强制类型转换过程中数组会进行字符串化。

第一行中的 [2] 会转换为 "2"，然后通过 ToNumber 转换为 2。第二行中的 [null] 会直接转换为 ""。

所以最后的结果就是 2 == 2 和 "" == ""。

如果还是觉得头大，那么你的困惑可能并非来自强制类型转换，而是 ToPrimitive 将数组转换为字符串这一过程。也许你认为 [2].toString() 返回的不是 "2"，[null].toString() 返回的也不是 ""。

但是如果不这样处理的话又能怎样呢？我实在想不出其他更好的办法。或许应该将 [2] 转换为 "[2]"，但这样的话在别的地方又显得很奇怪。

有人也许会觉得既然 String(null) 返回 "null"，所以 String([null]) 也应该返回 "null"。确实有道理，但这就是问题所在。

隐式强制类型转换本身不是问题的根源，因为 [null] 在显式强制类型转换中也是转换为 ""。问题在于将数组转换为字符串是否合理，具体该如何处理。所以实际上这是 String([..]) 规则的问题。又或者根本就不应该将数组转换为字符串？但这样一来又会导致很多其他问题。

还有一个坑常常被提到：

```
0 == "\n";  // true
```

前面介绍过，""、"\n"（或者 " " 等其他空格组合）等空字符串被 ToNumber 强制类型转换为 0。这样处理总没有问题了吧，不然你要怎么办？

或许可以将空字符串和空格转换为 NaN，这样 " " == NaN 就为 false 了，然而这并没有从根本上解决问题。

0 == "\n" 导致程序出错的几率小之又小，很容易避免。

类型转换总会出现一些特殊情况，并非只有强制类型转换，任何编程语言都是如此。问题出在我们的臆断（有时或许碰巧猜对了？！），但这并不能成为诟病强制类型转换机制的理由。

上述 7 种情况基本涵盖了所有我们可能遇到的坑（除修改 valueOf() 和 toString() 的情况

以外）。

与前面 24 种情况列表相对应的是下面这个列表：

```
42 == "43";                    // false
"foo" == 42;                   // false
"true" == true;                // false

42 == "42";                    // true
"foo" == [ "foo" ];            // true
```

这些是非假值的常规情况（实际上还可以加上无穷大数字的相等比较），其中涉及的强制
类型转换是安全的，也比较好理解。

4. 完整性检查

我们深入介绍了隐式强制类型转换中的一些特殊情况。也难怪大多数开发人员都觉得这太
晦涩，唯恐避之不及。

现在回过头来做一下完整性检查（sanity check）。

前面列举了相等比较中的强制类型转换的 7 个坑，不过另外还有至少 17 种情况是绝对安
全和容易理解的。

因为 7 棵歪脖树而放弃整片森林似乎有点因噎废食了，所以明智的做法是扬其长避其短。

再来看看那些"短"的地方：

```
"0" == false;          // true -- 晕!
false == 0;            // true -- 晕!
false == "";           // true -- 晕!
false == [];           // true -- 晕!
"" == 0;               // true -- 晕!
"" == [];              // true -- 晕!
0 == [];               // true -- 晕!
```

其中有 4 种情况涉及 == false，之前我们说过应该避免，应该不难掌握。

现在剩下 3 种：

```
"" == 0;               // true -- 晕!
"" == [];              // true -- 晕!
0 == [];               // true -- 晕!
```

正常情况下我们应该不会这样来写代码。我们应该不太可能会用 == [] 来做条件判断，而
是用 == "" 或者 == 0，如：

```
function doSomething(a) {
    if (a == "") {
        // ..
```

```
        }
    }
```

如果不小心碰到 doSomething(0) 和 doSomething([]) 这样的情况，结果会让你大吃一惊。
又如：

```
function doSomething(a,b) {
    if (a == b) {
        // ..
    }
}
```

doSomething("",0) 和 doSomething([],"") 也会如此。

这些特殊情况会导致各种问题，我们要多加小心，好在它们并不十分常见。

5. 安全运用隐式强制类型转换
我们要对 == 两边的值认真推敲，以下两个原则可以让我们有效地避免出错。

* 如果两边的值中有 true 或者 false，千万不要使用 ==。
* 如果两边的值中有 []、"" 或者 0，尽量不要使用 ==。

这时最好用 === 来避免不经意的强制类型转换。这两个原则可以让我们避开几乎所有强制
类型转换的坑。

这种情况下强制类型转换越显式越好，能省去很多麻烦。

所以 == 和 === 选择哪一个取决于是否允许在相等比较中发生强制类型转换。

强制类型转换在很多地方非常有用，能够让相等比较更简洁（比如 null 和 undefined）。

隐式强制类型转换在部分情况下确实很危险，这时为了安全起见就要使用 ===。

 有一种情况下强制类型转换是绝对安全的，那就是 typeof 操作。typeof 总是
返回七个字符串之一（参见第 1 章），其中没有空字符串。所以在类型检查
过程中不会发生隐式强制类型转换。typeof x == "function" 是 100% 安全
的，和 typeof x === "function" 一样。事实上两者在规范中是一回事。所
以既不要盲目听命于代码工具每一处都用 ===，更不要对这个问题置若罔闻。
我们要对自己的代码负责。

隐式强制类型转换真的那么不堪吗？某些情况下是，但总的来说并非如此。

作为一个成熟负责的开发人员，我们应该学会安全有效地运用强制类型转换（显式和隐
式），并对周围的同行言传身教。

Alex Dorey（GitHub 用户名 @dorey）在 GitHub 上制作了一张图表，列出了各种相等比较的情况，如图 4-1 所示。

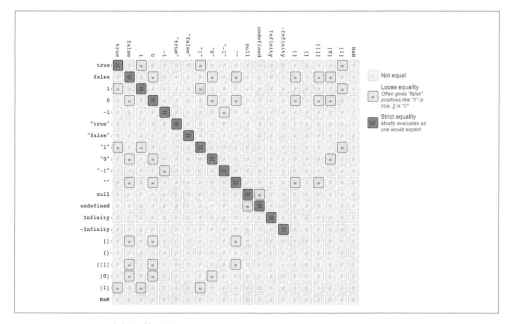

图 4-1：JavaScript 中的相等比较

4.6　抽象关系比较

a < b 中涉及的隐式强制类型转换不太引人注意，不过还是很有必要深入了解一下。

ES5 规范 11.8.5 节定义了"抽象关系比较"（abstract relational comparison），分为两个部分：比较双方都是字符串（后半部分）和其他情况（前半部分）。

该算法仅针对 a < b，a=""> b 会被处理为 b < a

比较双方首先调用 ToPrimitive，如果结果出现非字符串，就根据 ToNumber 规则将双方强制类型转换为数字来进行比较。

例如：

```
var a = [ 42 ];
var b = [ "43" ];
```

```
a < b;  // true
b < a;  // false
```

 前面介绍过的 -0 和 NaN 的相关规则在这里也适用。

如果比较双方都是字符串，则按字母顺序来进行比较：

```
var a = [ "42" ];
var b = [ "043" ];

a < b;  // false
```

a 和 b 并没有被转换为数字，因为 ToPrimitive 返回的是字符串，所以这里比较的是 "42" 和 "043" 两个字符串，它们分别以 "4" 和 "0" 开头。因为 "0" 在字母顺序上小于 "4"，所以最后结果为 false。

同理：

```
var a = [ 4, 2 ];
var b = [ 0, 4, 3 ];

a < b;  // false
```

a 转换为 "4,2"，b 转换为 "0,4,3"，同样是按字母顺序进行比较。

再比如：

```
var a = { b: 42 };
var b = { b: 43 };

a < b;  // ??
```

结果还是 false，因为 a 是 [object Object]，b 也是 [object Object]，所以按照字母顺序 a < b 并不成立。

下面的例子就有些奇怪了：

```
var a = { b: 42 };
var b = { b: 43 };

a < b; // false
a == b; // false
a > b; // false

a <= b; // true
a >= b; // true
```

为什么 a == b 的结果不是 true？它们的字符串值相同（同为 "[object Object]"），按道理应该相等才对？实际上不是这样，你可以回忆一下前面讲过的对象的相等比较。

但是如果 a < b 和 a == b 结果为 false，为什么 a <= b 和 a >= b 的结果会是 true 呢？

因为根据规范 a <= b 被处理为 b < a，然后将结果反转。因为 b < a 的结果是 false，所以 a <= b 的结果是 true。

这可能与我们设想的大相径庭，即 <= 应该是"小于或者等于"。实际上 JavaScript 中 <= 是"不大于"的意思（即 !(a > b)，处理为 !(b < a)）。同理，a >= b 处理为 !(b <= a)。

相等比较有严格相等，关系比较却没有"严格关系比较"（strict relational comparison）。也就是说如果要避免 a < b 中发生隐式强制类型转换，我们只能确保 a 和 b 为相同的类型，除此之外别无他法。

与 == 和 === 的完整性检查一样，我们应该在必要和安全的情况下使用强制类型转换，如：42 < "43"。换句话说就是为了保证安全，应该对关系比较中的值进行显式强制类型转换：

```
var a = [ 42 ];
var b = "043";

a < b;                   // false -- 字符串比较!
Number( a ) < Number( b ); // true -- 数字比较!
```

4.7　小结

本章介绍了 JavaScript 的数据类型之间的转换，即强制类型转换：包括显式和隐式。

强制类型转换常常为人诟病，但实际上很多时候它们是非常有用的。作为有使命感的 JavaScript 开发人员，我们有必要深入了解强制类型转换，这样就能取其精华，去其糟粕。

显式强制类型转换明确告诉我们哪里发生了类型转换，有助于提高代码可读性和可维护性。

隐式强制类型转换则没有那么明显，是其他操作的副作用。感觉上好像是显式强制类型转换的反面，实际上隐式强制类型转换也有助于提高代码的可读性。

在处理强制类型转换的时候要十分小心，尤其是隐式强制类型转换。在编码的时候，要知其然，还要知其所以然，并努力让代码清晰易读。

第 5 章

语法

语法（grammar）是本部分讨论的最后一个重点。也许你觉得自己已经会用 JavaScript 编程了，然而 JavaScript 语法中仍然有很多地方容易产生困惑、造成误解，本章将对此进行深入的介绍。

 相比 "词法"（syntax），"语法" 一词对读者来说可能更陌生一些。很多时候二者是同一个意思，都是语言规则的定义。虽然它们之间有一些微小的差别，但我们这里可以忽略不计。JavaScript 语法定义了词法规则（syntax rule，如运算符和关键词等）是如何构成可运行的程序代码的。换句话说，只看词法不看语法会遗漏掉很多重要的细节。所以准确地说，本章介绍的是语法，虽然和开发人员直接打交道的是词法。

5.1　语句和表达式

开发人员常常将 "语句"（statement）和 "表达式"（expression）混为一谈，但这里我们要将二者区别开来，因为它们在 JavaScript 中存在一些重要差别。

你应该对英语更熟悉，这里我们就借用它的术语来说明问题。

"句子"（sentence）是完整表达某个意思的一组词，由一个或多个 "短语"（phrase）组成，它们之间由标点符号或连接词（and 和 or 等）连接起来。短语可以由更小的短语组成。有些短语是不完整的，不能独立表达意思；有些短语则相对完整，并且能够独立表达某个意思。这些规则就是英语的语法。

JavaScript 的语法也是如此。语句相当于句子，表达式相当于短语，运算符则相当于标点符号和连接词。

JavaScript 中表达式可以返回一个结果值。例如：

```
var a = 3 * 6;
var b = a;
b;
```

这里，3 * 6 是一个表达式（结果为 18）。第二行的 a 也是一个表达式，第三行的 b 也是。表达式 a 和 b 的结果值都是 18。

这三行代码都是包含表达式的语句。var a = 3 * 6 和 var b = a 称为"声明语句"（declaration statement），因为它们声明了变量（还可以为其赋值）。a = 3 * 6 和 b = a（不带 var）叫作"赋值表达式"。

第三行代码中只有一个表达式 b，同时它也是一个语句（虽然没有太大意义）。这样的情况通常叫作"表达式语句"（expression statement）。

5.1.1 语句的结果值

很多人不知道，语句都有一个结果值（statement completion value，undefined 也算）。

获得结果值最直接的方法是在浏览器开发控制台中输入语句，默认情况下控制台会显示所执行的最后一条语句的结果值。

以赋值表达式 b = a 为例，其结果值是赋给 b 的值（18），但规范定义 var 的结果值是 undefined。如果在控制台中输入 var a = 42 会得到结果值 undefined，而非 42。

 从技术角度来解释要更复杂一些。ES5 规范 12.2 节中的变量声明（VariableDeclaration）算法实际上有一个返回值（是一个包含所声明变量名称的字符串，很奇特吧？），但是这个值被变量语句（VariableStatement）算法屏蔽掉了（for..in 循环除外），最后返回结果为空（undefined）。

如果你用开发控制台（或者 JavaScript REPL——read/evaluate/print/loop 工具）调试过代码，应该会看到很多语句的返回值显示为 undefined，只是你可能从未探究过其中的原因。其实控制台中显示的就是语句的结果值。

但我们在代码中是没有办法获得这个结果值的，具体解决方法比较复杂，首先得弄清楚为什么要获得语句的结果值。

先来看看其他语句的结果值。比如代码块 { .. } 的结果值是其最后一个语句 / 表达式的结果。

例如：

```
var b;

if (true) {
    b = 4 + 38;
}
```

在控制台 /REPL 中输入以上代码应该会显示 42，即最后一个语句 / 表达式 b = 4 + 38 的结果值。

换句话说，代码块的结果值就如同一个隐式的返回，即返回最后一个语句的结果值。

 与此类似，CoffeeScript 中的函数也会隐式地返回最后一个语句的结果值。

但下面这样的代码无法运行：

```
var a, b;

a = if (true) {
    b = 4 + 38;
};
```

因为语法不允许我们获得语句的结果值并将其赋值给另一个变量（至少目前不行）。

那应该怎样获得语句的结果值呢？

 以下代码仅为演示，切勿在实际开发中这样操作！

可以使用万恶的 eval(..)（又读作"evil"）来获得结果值：

```
var a, b;

a = eval( "if (true) { b = 4 + 38; }" );

a;  // 42
```

这并不是个好办法，但确实管用。

ES7 规范有一项"do 表达式"（do expression）提案，类似下面这样：

```
var a, b;

a = do {
    if (true) {
        b = 4 + 38;
    }
};

a;    // 42
```

上例中，do { .. } 表达式执行一个代码块（包含一个或多个语句），并且返回其中最后一个语句的结果值，然后赋值给变量 a。

其目的是将语句当作表达式来处理（语句中可以包含其他语句），从而不需要将语句封装为函数再调用 return 来返回值。

虽然目前语句的结果值还无关紧要，但随着 JavaScript 语言的演进，它可能会扮演越来越重要的角色。希望 do { .. } 表达式的引入能够减少对 eval(..) 这类方法的使用。

 再次强调：不要使用 eval(..)。详情请参见《你不知道的 JavaScript（上卷）》的"作用域和闭包"部分。

5.1.2　表达式的副作用

大部分表达式没有副作用。例如：

```
var a = 2;
var b = a + 3;
```

表达式 a + 3 本身没有副作用（比如改变 a 的值）。它的结果值为 5，通过 b = a + 3 赋值给变量 b。

最常见的有副作用（也可能没有）的表达式是函数调用：

```
function foo() {
    a = a + 1;
}

var a = 1;
foo();        // 结果值:undefined。副作用:a的值被改变
```

其他一些表达式也有副作用，比如：

```
var a = 42;
var b = a++;
```

a++ 首先返回变量 a 的当前值 42（再将该值赋给 b），然后将 a 的值加 1：

```
var a = 42;
var b = a++;

a;  // 43
b;  // 42
```

很多开发人员误以为变量 b 和 a 的值都是 43，这是因为没有完全理解 ++ 运算符的副作用
何时产生。

递增运算符 ++ 和递减运算符 -- 都是一元运算符（参见第 4 章），它们既可以用在操作数的
前面，也可以用在后面：

```
var a = 42;

a++;  // 42
a;    // 43

++a;  // 44
a;    // 44
```

++ 在前面时，如 ++a，它的副作用（将 a 递增）产生在表达式返回结果值之前，而 a++ 的
副作用则产生在之后。

 ++a++ 会产生 ReferenceError 错误，因为运算符需要将产生的副作用赋值给
一个变量。以 ++a++ 为例，它首先执行 a++（根据运算符优先级，如下），返
回 42，然后执行 ++42，这时会产生 ReferenceError 错误，因为 ++ 无法直接
在 42 这样的值上产生副作用。

常有人误以为可以用括号（ ）将 a++ 的副作用封装起来，例如：

```
var a = 42;
var b = (a++);

a;  // 43
b;  // 42
```

事实并非如此。（ ）本身并不是一个封装表达式，不会在表达式 a++ 产生副作用之后执行。
即便可以，a++ 会首先返回 42，除非有表达式在 ++ 之后再次对 a 进行运算，否则还是不会
得到 43，也就不能将 43 赋值给 b。

但也不是没有办法，可以使用，语句系列逗号运算符（statement-series comma operator）将

多个独立的表达式语句串联成一个语句：

```
var a = 42, b;
b = ( a++, a );

a;  // 43
b;  // 43
```

 由于运算符优先级的关系，a++，a 需要放到（..）中。本章后面将会介绍。

a++，a 中第二个表达式 a 在 a++ 之后执行，结果为 43，并被赋值给 b。

再如 delete 运算符。第 2 章讲过，delete 用来删除对象中的属性和数组中的单元。它通常以单独一个语句的形式出现：

```
var obj = {
    a: 42
};

obj.a;        // 42
delete obj.a; // true
obj.a;        // undefined
```

如果操作成功，delete 返回 true，否则返回 false。其副作用是属性被从对象中删除（或者单元从 array 中删除）。

 操作成功是指对于那些不存在或者存在且可配置（configurable，参见《你不知道的 JavaScript（上卷）》的 "this 和对象原型" 部分的第 3 章）的属性，delete 返回 true，否则返回 false 或者报错。

另一个有趣的例子是 = 赋值运算符。

例如：

```
var a;

a = 42;    // 42
a;         // 42
```

a = 42 中的 = 运算符看起来没有副作用，实际上它的结果值是 42，它的副作用是将 42 赋值给 a。

组合赋值运算符，如 += 和 -= 等也是如此。例如，a = b += 2 首先执行 b += 2（即 b = b + 2），然后结果再被赋值给 a。

多个赋值语句串联时（链式赋值，chained assignment），赋值表达式（和语句）的结果值就能派上用场，比如：

```
var a, b, c;

a = b = c = 42;
```

这里 c = 42 的结果值为 42（副作用是将 c 赋值 42），然后 b = 42 的结果值为 42（副作用是将 b 赋值 42），最后是 a = 42（副作用是将 a 赋值 42）。

链式赋值常常被误用，例如 var a = b = 42，看似和前面的例子差不多，实则不然。如果变量 b 没有在作用域中象 var b 这样声明过，则 var a = b = 42 不会对变量 b 进行声明。在严格模式中这样会产生错误，或者会无意中创建一个全局变量（参见《你不知道的 JavaScript（上卷）》的"作用域和闭包"部分）。

另一个需要注意的问题是：

```
function vowels(str) {
    var matches;

    if (str) {
        // 提取所有元音字母
        matches = str.match( /[aeiou]/g );

        if (matches) {
            return matches;
        }
    }
}

vowels( "Hello World" ); // ["e","o","o"]
```

上面的代码没问题，很多开发人员也喜欢这样做。其实我们可以利用赋值语句的副作用将两个 if 语句合二为一：

```
function vowels(str) {
    var matches;

    // 提取所有元音字母
    if (str && (matches = str.match( /[aeiou]/g ))) {
        return matches;
```

```
        }
    }

    vowels( "Hello World" ); // ["e","o","o"]
```

将 matches = str.match.. 放到（ .. ）中是必要的，原因请参见 5.2 节。

我更偏向后者，因为它更简洁，能体现两个条件的关联性。不过这只是个人偏好，无关对错。

5.1.3　上下文规则

在 JavaScript 语法规则中，有时候同样的语法在不同的情况下会有不同的解释。这些语法规则孤立起来会很难理解。

这里我们不一一列举，只介绍一些常见情况。

1. 大括号

下面两种情况会用到大括号 { .. }（随着 JavaScript 的演进会出现更多类似的情况）。

(1) 对象常量

用大括号定义对象常量（object literal）：

```
// 假定函数bar()已经定义

var a = {
    foo: bar()
};
```

{ .. } 被赋值给 a，因而它是一个对象常量。

a 是赋值的对象，称为"左值"（l-value）。{ .. } 是所赋的值（即本例中赋给变量 a 的值），称为"右值"（r-value）。

(2) 标签

如果将上例中的 var a = 去掉会发生什么情况呢？

```
// 假定函数bar()已经定义
```

```
{
    foo: bar()
}
```

很多开发人员以为这里的 { .. } 只是一个孤立的对象常量，没有赋值。事实上不是这样。

{ .. } 在这里只是一个普通的代码块。JavaScript 中这种情况并不多见（在其他语言中则常见得多），但语法上是完全合法的，特别是和 let（块作用域声明）在一起时非常有用（参见《你不知道的 JavaScript（上卷）》的"作用域和闭包"部分）。

{ .. } 和 for/while 循环以及 if 条件语句中代码块的作用基本相同。

但 foo: bar() 这样奇怪的语法为什么也合法呢？

这里涉及 JavaScript 中一个不太为人知（也不建议使用）的特性，叫作"标签语句"（labeled statement）。foo 是语句 bar() 的标签（后面没有 ;，参见 5.3 节）。标签语句具体是做什么用的呢？

如果 JavaScript 有 goto 语句，理论上我们可以使用 goto foo 跳转到 foo 处执行。goto 被公认为是一种极为糟糕的编码方式，它会让代码变得晦涩难懂（也叫作 spaghetti code），好在 JavaScript 不支持 goto。

然而 JavaScript 通过标签跳转能够实现 goto 的部分功能。continue 和 break 语句都可以带一个标签，因此能够像 goto 那样进行跳转。例如：

```
// 标签为foo的循环
foo: for (var i=0; i<4; i++) {
    for (var j=0; j<4; j++) {
        // 如果j和i相等,继续外层循环
        if (j == i) {
            // 跳转到foo的下一个循环
            continue foo;
        }

        // 跳过奇数结果
        if ((j * i) % 2 == 1) {
            // 继续内层循环(没有标签的)
            continue;
        }

        console.log( i, j );
    }
}
// 1 0
// 2 0
// 2 1
// 3 0
// 3 2
```

continue foo 并不是指"跳转到标签 foo 所在位置继续执行",而是"执行 foo 循环的下一轮循环"。所以这里的 foo 并非 goto。

上例中 continue 跳过了循环 3 1, continue foo(带标签的循环跳转,labeled-loop jump)跳过了循环 1 1 和 2 2。

带标签的循环跳转一个更大的用处在于,和 break ___ 一起使用可以实现从内层循环跳转到外层循环。没有它们的话实现起来有时会非常麻烦:

```
// 标签为foo的循环
foo: for (var i=0; i<4; i++) {
    for (var j=0; j<4; j++) {
        if ((i * j) >= 3) {
            console.log( "stopping!", i, j );
            break foo;
        }

        console.log( i, j );
    }
}
// 0 0
// 0 1
// 0 2
// 0 3
// 1 0
// 1 1
// 1 2
// Stopping! 1 3
```

break foo 不是指"跳转到标签 foo 所在位置继续执行",而是"跳出标签 foo 所在的循环 / 代码块,继续执行后面的代码"。因此它并非传统意义上的 goto。

上例中如果使用不带标签的 break,就可能需要用到一两个函数调用和共享作用域的变量等,这样代码会更难懂,使用带标签的 break 可能更好一些。

标签也能用于非循环代码块,但只有 break 才可以。我们可以对带标签的代码块使用 break ___,但是不能对带标签的非循环代码块使用 continue ___,也不能对不带标签的代码块使用 break:

```
// 标签为bar的代码块
function foo() {
        bar: {
                console.log( "Hello" );
```

```
                break bar;
                console.log( "never runs" );
            }
            console.log( "World" );
        }

        foo();
        // Hello
        // World
```

带标签的循环 / 代码块十分少见，也不建议使用。例如，循环跳转也可以通过函数调用来实现。不过在某些情况下它们也能派上用场，这时请务必将注释写清楚！

JSON 被普遍认为是 JavaScript 语言的一个真子集，{"a":42} 这样的 JSON 字符串会被当作合法的 JavaScript 代码（请注意 JSON 属性名必须使用双引号！）。其实不是！如果在控制台中输入 {"a":42} 会报错。

因为标签不允许使用双引号，所以 "a" 并不是一个合法的标签，因此后面不能带 :。

JSON 的确是 JavaScript 语法的一个子集，但是 JSON 本身并不是合法的 JavaScript 语法。

这里存在一个十分常见的误区，即如果通过 <script src=..> 标签加载 JavaScript 文件，其中只包含 JSON 数据（比如某个 API 返回的结果），那它就会被当作合法的 JavaScript 代码来解析，只不过其内容无法被程序代码访问到。JSON-P（将 JSON 数据封装为函数调用，比如 foo({"a":42})）通过将 JSON 数据传递给函数来实现对其的访问。

{"a":42} 作为 JSON 值没有任何问题，但是在作为代码执行时会产生错误，因为它会被当作一个带有非法标签的语句块来执行。foo({"a":42}) 就没有这个问题，因为 {"a":42} 在这里是一个传递给 foo(..) 的对象常量。所以准确地说，JSON-P 能将 JSON 转换为合法的 JavaScript 语法。

2. 代码块

还有一个坑常被提到（涉及强制类型转换，参见第 4 章）：

```
[] + {}; // "[object Object]"
{} + []; // 0
```

表面上看 + 运算符根据第一个操作数（[] 或 {}）的不同会产生不同的结果，实则不然。

第一行代码中，{} 出现在 + 运算符表达式中，因此它被当作一个值（空对象）来处理。第 4 章讲过 [] 会被强制类型转换为 ""，而 {} 会被强制类型转换为 "[object Object]"。

但在第二行代码中，{} 被当作一个独立的空代码块（不执行任何操作）。代码块结尾不需要分号，所以这里不存在语法上的问题。最后 + [] 将 [] 显式强制类型转换（参见第 4 章）为 0。

3. 对象解构

从 ES6 开始，{ .. } 也可用于"解构赋值"（destructuring assignment，详情请参见本系列的
《你不知道的 JavaScript（下卷）》的"ES6 & Beyond"部分），特别是对象的解构。例如：

```
function getData() {
    // ..
    return {
        a: 42,
        b: "foo"
    };
}

var { a, b } = getData();

console.log( a, b ); // 42 "foo"
```

{ a , b } = .. 就是 ES6 中的解构赋值，相当于下面的代码：

```
var res = getData();
var a = res.a;
var b = res.b;
```

{ a , b } 实际上是 { a: a, b: b } 的简化版本，两者均可，只不过 { a, b }
更简洁。

{ .. } 还可以用作函数命名参数（named function argument）的对象解构（object destructuring），
方便隐式地用对象属性赋值：

```
function foo({ a, b, c }) {
    // 不再需要这样：
    // var a = obj.a, b = obj.b, c = obj.c
    console.log( a, b, c );
}

foo( {
    c: [1,2,3],
    a: 42,
    b: "foo"
} );    // 42 "foo" [1, 2, 3]
```

在不同的上下文中 { .. } 的作用不尽相同，这也是词法和语法的区别所在。掌握这些细节
有助于我们了解 JavaScript 引擎解析代码的方式。

4. else if 和可选代码块

很多人误以为 JavaScript 中有 else if，因为我们可以这样来写代码：

```
if (a) {
    // ..
}
else if (b) {
    // ..
}
else {
    // ..
}
```

事实上 JavaScript 没有 else if，但 if 和 else 只包含单条语句的时候可以省略代码块的
{ }。下面的代码你一定不会陌生：

```
if (a) doSomething( a );
```

很多 JavaScript 代码检查工具建议对单条语句也应该加上 { }，如：

```
if (a) { doSomething( a ); }
```

else 也是如此，所以我们经常用到的 else if 实际上是这样的：

```
if (a) {
    // ..
}
else {
    if (b) {
        // ..
    }
    else {
        // ..
    }
}
```

if (b) { .. } else { .. } 实际上是跟在 else 后面的一个单独的语句，所以带不带 { } 都
可以。换句话说，else if 不符合前面介绍的编码规范，else 中是一个单独的 if 语句。

else if 极为常见，能省掉一层代码缩进，所以很受青睐。但这只是我们自己发明的用法，
切勿想当然地认为这些都属于 JavaScript 语法的范畴。

5.2　运算符优先级

第 4 章中介绍过，JavaScript 中的 && 和 || 运算符返回它们其中一个操作数的值，而非
true 或 false。在一个运算符两个操作数的情况下这比较好理解：

```
var a = 42;
var b = "foo";

a && b; // "foo"
a || b; // 42
```

那么两个运算符三个操作数呢?

```
var a = 42;
var b = "foo";
var c = [1,2,3];

a && b || c; // ???
a || b && c; // ???
```

想知道结果就需要了解超过一个运算符时表达式的执行顺序。

这些规则被称为"运算符优先级"(operator precedence)。

估计大多数读者都会认为自己已经掌握了运算符优先级。这里我们秉承本系列丛书的一贯宗旨,将对这个主题进行深入探讨,希望读者从中能有新的收获。

回顾前面的例子:

```
var a = 42, b;
b = ( a++, a );

a;  // 43
b;  // 43
```

如果去掉()会出现什么情况?

```
var a = 42, b;
b = a++, a;

a;  // 43
b;  // 42
```

为什么上面两个例子中 b 的值会不一样?

原因是,运算符,的优先级比 = 低。所以 b = a++, a 其实可以理解为 (b = a++), a。前面说过 a++ 有后续副作用(after side effect),所以 b 的值是 ++ 对 a 做递增之前的值 42。

这只是一个简单的例子。请务必记住,用,来连接一系列语句的时候,它的优先级最低,其他操作数的优先级都比它高。

回顾前面的一个例子:

```
if (str && (matches = str.match( /[aeiou]/g ))) {
    // ..
}
```

这里对赋值语句使用()是必要的,因为 && 运算符的优先级高于 =,如果没有()对其中的表达式进行绑定(bind)的话,就会执行作 (str && matches) = str.match..。这样会出错,由于 (str && matches) 的结果并不是一个变量,而是一个 undefined 值,因此它不能

出现在 = 运算符的左边！

下面再来看一个更复杂的例子（本章后面几节都将用到）：

```
var a = 42;
var b = "foo";
var c = false;

var d = a && b || c ? c || b ? a : c && b : a;

d;        // ??
```

应该没有人会写出这样恐怖的代码，这只是用来举例说明多个运算符串联时可能出现的一些常见问题。

上例的结果是 42，当然只要运行一下代码就能够知道答案，但是弄明白其中的来龙去脉更有意思。

首先我们要搞清楚 (a && b || c) 执行的是 (a && b) || c 还是 a && (b || c)？它们之间有什么区别？

```
(false && true) || true;     // true
false && (true || true);     // false
```

事实证明它们是有区别的，false && true || true 的执行顺序如下：

```
false && true || true;       // true
(false && true) || true;     // true
```

&& 先执行，然后是 ||。

那执行顺序是否就一定是从左到右呢？不妨将运算符颠倒一下看看：

```
true || false && false;       // true

(true || false) && false;    // false
true || (false && false);    // true
```

这说明 && 运算符先于 || 执行，而且执行顺序并非我们所设想的从左到右。原因就在于运算符优先级。

每门语言都有自己的运算符优先级。遗憾的是，对 JavaScript 运算符优先级有深入了解的开发人员并不多。

如果我们明白其中的道理，上面的例子就是小菜一碟。不过估计很多读者看到上面几个例子时还是需要细细琢磨一番。

遗憾的是，JavaScript 规范对运算符优先级并没有一个集中的介绍，因此我们需要从语法规则中间逐一了解。下面列出一些常见并且有用的优先级规则，以方便查阅。完整列表请参见 MDN 网站（https://developer.mozilla.org/en-US/docs/Web/JavaScript/Reference/Operators/Operator_Precedence）上的"优先级列表"。

5.2.1 短路

第 4 章中的附注栏提到过 && 和 || 运算符的"短路"（short circuiting）特性。下面我们将对此进行详细介绍。

对 && 和 || 来说，如果从左边的操作数能够得出结果，就可以忽略右边的操作数。我们将这种现象称为"短路"（即执行最短路径）。

以 a && b 为例，如果 a 是一个假值，足以决定 && 的结果，就没有必要再判断 b 的值。同样对于 a || b，如果 a 是一个真值，也足以决定 || 的结果，也就没有必要再判断 b 的值。

"短路"很方便，也很常用，如：

```
function doSomething(opts) {
    if (opts && opts.cool) {
        // ..
    }
}
```

opts && opts.cool 中的 opts 条件判断如同一道安全保护，因为如果 opts 未赋值（或者不是一个对象），表达式 opts.cool 会出错。通过使用短路特性，opts 条件判断未通过时 opts.cool 就不会执行，也就不会产生错误！

|| 运算符也一样：

```
function doSomething(opts) {
    if (opts.cache || primeCache()) {
        // ..
    }
}
```

这里首先判断 opts.cache 是否存在，如果是则无需调用 primeCache() 函数，这样可以避免执行不必要的代码。

5.2.2 更强的绑定

回顾一下前面多个运算符串联在一起的例子：

```
a && b || c ? c || b ? a : c && b : a
```

其中 ? : 运算符的优先级比 && 和 || 高还是低呢？执行顺序是这样？

```
a && b || (c ? c || (b ? a : c) && b : a)
```

还是这样？

```
(a && b || c) ? (c || b) ? a : (c && b) : a
```

答案是后者。因为 && 运算符的优先级高于 ||，而 || 的优先级又高于 ? :。

因此表达式 (a && b || c) 先于包含它的 ? : 运算符执行。另一种说法是 && 和 || 比 ? : 的绑定更强。反过来，如果 c ? c... 的绑定更强，执行顺序就会变成 a && b || (c ? c..)。

5.2.3　关联

&& 和 || 运算符先于 ? : 执行，那么如果多个相同优先级的运算符同时出现，又该如何处理呢？它们的执行顺序是从左到右还是从右到左？

一般说来，运算符的关联（associativity）不是从左到右就是从右到左，这取决于组合（grouping）是从左开始还是从右开始。

请注意：关联和执行顺序不是一回事。

但它为什么又和执行顺序相关呢？原因是表达式可能会产生副作用，比如函数调用：

```
var a = foo() && bar();
```

这里 foo() 首先执行，它的返回结果决定了 bar() 是否执行。所以如果 bar() 在 foo() 之前执行，整个结果会完全不同。

这里遵循从左到右的顺序（JavaScript 的默认执行顺序），与 && 的关联无关。因为上例中只有一个 && 运算符，所以不涉及组合和关联。

而 a && b && c 这样的表达式就涉及组合（隐式），这意味着 a && b 或 b && c 会先执行。

从技术角度来说，因为 && 运算符是左关联（|| 也是），所以 a && b && c 会被处理为 (a && b) && c。不过右关联 a && (b && c) 的结果也一样。

 如果 && 是右关联的话会被处理为 a && (b && c)。但这并不意味着 c 会在 b 之前执行。右关联不是指从右往左执行，而是指从右往左组合。任何时候，不论是组合还是关联，严格的执行顺序都应该是从左到右，a，b，然后 c。

所以，&& 和 || 运算符是不是左关联这个问题本身并不重要，只要对此有一个准确的定义

即可。

但情况并非总是这样。一些运算符在左关联和右关联时的表现截然不同。

比如 ? :（即三元运算符或者条件运算符）：

```
a ? b : c ? d : e;
```

? : 是右关联，它的组合顺序是以下哪一种呢？

- a ? b : (c ? d : e)

- (a ? b : c) ? d : e

答案是 a ? b : (c ? d : e)。和 && 以及 || 运算符不同，右关联在这里会影响返回结果，因为 (a ? b : c) ? d : e 对有些值（并非所有值）的处理方式会有所不同。

举个例子：

```
true ? false : true ? true : true;        // false

true ? false : (true ? true : true);      // false
(true ? false : true) ? true : true;      // true
```

在某些情况下，返回的结果没有区别，但其中却有十分微妙的差别。例如：

```
true ? false : true ? true : false;       // false

true ? false : (true ? true : false);     // false
(true ? false : true) ? true : false;     // false
```

这里返回的结果一样，运算符组合看似没起什么作用。然而实际情况是：

```
var a = true, b = false, c = true, d = true, e = false;

a ? b : (c ? d : e); // false, 执行 a 和 b
(a ? b : c) ? d : e; // false, 执行 a, b 和 e
```

这里我们可以看出，? : 是右关联，并且它的组合方式会影响返回结果。

另一个右关联（组合）的例子是 = 运算符。本章前面介绍过一个串联赋值的例子：

```
var a, b, c;

a = b = c = 42;
```

它首先执行 c = 42，然后是 b = ..，最后是 a = ..。因为是右关联，所以它实际上是这样来处理的：a = (b = (c = 42))。

再看看本章前面那个更为复杂的赋值表达式的例子：

```
var a = 42;
var b = "foo";
var c = false;

var d = a && b || c ? c || b ? a : c && b : a;

d;        // 42
```

掌握了优先级和关联等相关知识之后，就能够根据组合规则将上面的代码分解如下：

```
((a && b) || c) ? ((c || b) ? a : (c && b)) : a
```

也可以通过缩进显式让代码更容易理解：

```
(
   (a && b)
     ||
   c
)
   ?
(
   (c || b)
     ?
   a
     :
   (c && b)
)
   :
   a
```

现在来逐一执行。

(1) (a && b) 结果为 "foo"。

(2) "foo" || c 结果为 "foo"。

(3) 第一个 ? 中，"foo" 为真值。

(4) (c || b) 结果为 "foo"。

(5) 第二个 ? 中，"foo" 为真值。

(6) a 的值为 42。

因此，最后结果为 42。

5.2.4 释疑

现在你应该对运算符优先级（和关联）有了更深入的了解，多个运算符串联的代码也不在话下。

但是我们仍然面临着一个重要问题，即是不是理解和遵守了运算符优先级和关联规则就万事大吉了？在必要时是否应该使用 ( ) 来自行控制运算符的组合和执行顺序？

换句话说，尽管这些规则是可以学习和掌握的，但其中也不乏问题和陷阱。如果完全依赖它们来编码，就很容易掉进陷阱。那么是否应该经常使用（）来自行控制运算符的执行而不再依赖系统的自动操作呢？

正如第 4 章中的隐式强制类型转换，这个问题仁者见仁，智者见智。对于两者，大多数人的看法都是：要么完全依赖规则编码，要么完全使用显式和自行控制的方式。

对于这个问题，我并没有一个明确的答案。它们各自的优缺点本书都已予以介绍，希望能有助于你加深理解，从而做出自己的判断。

我认为，针对该问题有个折中之策，即在编写程序时要将两者结合起来，既要依赖运算符优先级 / 关联规则，也要适当使用（）自行控制方式。对第 4 章中的隐式强制类型转换也是如此，我们应该安全合理地运用它们，而非无节制地滥用。

例如，如果 if (a && b && c) .. 没问题，我就不会使用 if ((a && b) && c) ..，因为这样过于繁琐。

然而，如果需要串联两个 ? : 运算符的话，我就会使用（）来自行控制运算符的组合，让代码更清晰易读。

所以我的建议和第 4 章中一样：如果运算符优先级 / 关联规则能够令代码更为简洁，就使用运算符优先级 / 关联规则；而如果（）有助于提高代码可读性，就使用（）。

5.3　自动分号

有时 JavaScript 会自动为代码行补上缺失的分号，即自动分号插入（Automatic Semicolon Insertion，ASI）。

因为如果缺失了必要的 ;，代码将无法运行，语言的容错性也会降低。ASI 能让我们忽略那些不必要的 ;。

请注意，ASI 只在换行符处起作用，而不会在代码行的中间插入分号。

如果 JavaScript 解析器发现代码行可能因为缺失分号而导致错误，那么它就会自动补上分号。并且，只有在代码行末尾与换行符之间除了空格和注释之外没有别的内容时，它才会这样做。

例如：

```
var a = 42, b
c;
```

如果 b 和 c 之间出现 , 的话（即使另起一行），c 会被作为 var 语句的一部分来处理。在上例中，JavaScript 判断 b 之后应该有 ;，所以 c; 被处理为一个独立的表达式语句。

又比如：

```
var a = 42, b = "foo";

a
b    // "foo"
```

上述代码同样合法，不会产生错误，因为 ASI 也适用于表达式语句。

ASI 在某些情况下很有用，比如：

```
var a = 42;

do {
    // ..
} while (a) // <-- 这里应该有;
a;
```

语法规定 do..while 循环后面必须带 ;，而 while 和 for 循环后则不需要。大多数开发人员都不记得这一点，此时 ASI 就会自动补上分号。

本章前面讲过，语句代码块结尾不用带 ;，所以不需要用到 ASI：

```
var a = 42;

while (a) {
    // ..
} // <-- 这里可以没有;
a;
```

其他涉及 ASI 的情况是 break、continue、return 和 yield（ES6）等关键字：

```
function foo(a) {
    if (!a) return
    a *= 2;
    // ..
}
```

由于 ASI 会在 return 后面自动加上 ;，所以这里 return 语句并不包括第二行的 a *= 2。
return 语句的跨度可以是多行，但是其后必须有换行符以外的代码：

```
function foo(a) {
    return (
        a * 2 + 3 / 12
    );
}
```

上述规则对 break、continue 和 yield 也同样适用。

纠错机制

是否应该完全依赖 ASI 来编码，这是 JavaScript 社区中最具争议性的话题之一（除此之外还有 Tab 和空格之争）。

大多数情况下，分号并非必不可少，不过 for(..) .. 循环头部的两个分号是必需的。

正方认为 ASI 机制大有裨益，能省略掉那些不必要的 ;，让代码更简洁。此外，ASI 让许多 ; 变得可有可无，因此只要代码没问题，有没有 ; 都一样。

反方则认为 ASI 机制问题太多，对于缺乏经验的初学者尤其如此，因为自动插入 ; 会无意中改变代码的逻辑。还有一些开发人员认为省略分号本身就是错误的，应该通过 linter 这样的工具来找出这些错误，而不是依赖 JavaScript 引擎来改正错误。

仔细阅读规范就会发现，ASI 实际上是一个"纠错"（error correction）机制。这里的错误是指解析器错误。换句话说，ASI 的目的在于提高解析器的容错性。

究竟哪些情况需要容错呢？我认为，解析器报错就意味着代码有问题。对 ASI 来说，解析器报错的唯一原因就是代码中缺失了必要的分号。

我认为在代码中省略那些"不必要的分号"就意味着"这些代码解析器无法解析，但是仍然可以运行"。

仅仅为了追求"代码的美观"，省去一些键盘输入，这样做不免有点得不偿失。

这与空格和 Tab 之争还不是一回事，后者仅涉及代码的美观问题，前者则关系到原则问题：是遵循语法规则来编码，还是打规则的擦边球。

换个角度来看，依赖于 ASI 实际上是将换行符当作有意义的"空格"来对待。在一些语言（如 Python）中空格是有意义的，但这对 JavaScript 是否适用呢？

我建议在所有需要的地方加上分号，将对 ASI 的依赖降到最低。

以上观点并非一家之言。JavaScript 的作者 Brendan Eich 早在 2012 年就说过这样的话：

> ASI 是一个语法纠错机制。若将换行符当作有意义的字符来对待，就会遇到很多问题。多希望在 1995 年 5 月的那十天里（ECMAScript 规范制定期间），我让换行符承载了更多的意义。但切勿认为 ASI 真的会将换行符当作有意义的字符。

5.4　错误

JavaScript 不仅有各种类型的运行时错误（TypeError、ReferenceError、SyntaxError 等），它的语法中也定义了一些编译时错误。

在编译阶段发现的代码错误叫作"早期错误"（early error）。语法错误是早期错误的一种（如 a = ,）。另外，语法正确但不符合语法规则的情况也存在。

这些错误在代码执行之前是无法用 try..catch 来捕获的，相反，它们还会导致解析 / 编译失败。

规范没有明确规定浏览器（和开发工具）应该如何处理报错，因此下面的报错处理（包括错误类型和错误信息）在不同的浏览器中可能会有所不同。

举个简单的例子：正则表达式常量中的语法。这里 JavaScript 语法没有问题，但非法的正则表达式也会产生早期错误：

```
var a = /+foo/;     // 错误！
```

语法规定赋值对象必须是一个标识符（identifier，或者 ES6 中的解构表达式），因此下面的 42 会报错：

```
var a;
42 = a;     // 错误！
```

ES5 规范的严格模式定义了很多早期错误。比如在严格模式中，函数的参数不能重名：

```
function foo(a,b,a) { }                 // 没问题

function bar(a,b,a) { "use strict"; }   // 错误！
```

再如，对象常量不能包含多个同名属性：

```
(function(){
    "use strict";

    var a = {
        b: 42,
        b: 43
    };          // 错误！
})();
```

从语义角度来说，这些错误并非词法错误，而是语法错误，因为它们在词法上是正确的。只不过由于没有 GrammarError 类型，一些浏览器选择用 SyntaxError 来代替。

提前使用变量

ES6 规范定义了一个新概念，叫作 TDZ（Temporal Dead Zone，暂时性死区）。

TDZ 指的是由于代码中的变量还没有初始化而不能被引用的情况。

对此，最直观的例子是 ES6 规范中的 let 块作用域：

```
{
    a = 2;        // ReferenceError!
    let a;
}
```

a = 2 试图在 let a 初始化 a 之前使用该变量（其作用域在 { .. } 内），这里就是 a 的 TDZ，会产生错误。

有意思的是，对未声明变量使用 typeof 不会产生错误（参见第 1 章），但在 TDZ 中却会报错：

```
{
    typeof a;     // undefined
    typeof b;     // ReferenceError! (TDZ)
    let b;
}
```

5.5 函数参数

另一个 TDZ 违规的例子是 ES6 中的参数默认值（参见本系列的《你不知道的 JavaScript（下卷）》的 "ES6 & Beyond" 部分）：

```
var b = 3;

function foo( a = 42, b = a + b + 5 ) {
    // ..
}
```

b = a + b + 5 在参数 b（= 右边的 b，而不是函数外的那个）的 TDZ 中访问 b，所以会出错。而访问 a 却没有问题，因为此时刚好跨出了参数 a 的 TDZ。

在 ES6 中，如果参数被省略或者值为 undefined，则取该参数的默认值：

```
function foo( a = 42, b = a + 1 ) {
    console.log( a, b );
}

foo();                  // 42 43
foo( undefined );       // 42 43
foo( 5 );               // 5 6
foo( void 0, 7 );       // 42 7
foo( null );            // null 1
```

表达式 a + 1 中 null 被强制类型转换为 0。详情请参见第 4 章。

对 ES6 中的参数默认值而言，参数被省略或被赋值为 undefined 效果都一样，都是取该参数的默认值。然而某些情况下，它们之间还是有区别的：

```
function foo( a = 42, b = a + 1 ) {
    console.log(
        arguments.length, a, b,
        arguments[0], arguments[1]
    );
}

foo();                  // 0 42 43 undefined undefined
foo( 10 );              // 1 10 11 10 undefined
foo( 10, undefined );   // 2 10 11 10 undefined
foo( 10, null );        // 2 10 null 10 null
```

虽然参数 a 和 b 都有默认值，但是函数不带参数时，arguments 数组为空。

相反，如果向函数传递 undefined 值，则 arguments 数组中会出现一个值为 undefined 的单元，而不是默认值。

ES6 参数默认值会导致 arguments 数组和相对应的命名参数之间出现偏差，ES5 也会出现这种情况：

```
function foo(a) {
    a = 42;
    console.log( arguments[0] );
}

foo( 2 );   // 42 (linked)
foo();      // undefined (not linked)
```

向函数传递参数时，arguments 数组中的对应单元会和命名参数建立关联（linkage）以得到相同的值。相反，不传递参数就不会建立关联。

但是，在严格模式中并没有建立关联这一说：

```
function foo(a) {
    "use strict";
    a = 42;
    console.log( arguments[0] );
}

foo( 2 );   // 2 (not linked)
foo();      // undefined (not linked)
```

因此，在开发中不要依赖这种关联机制。实际上，它是 JavaScript 语言引擎底层实现的一个抽象泄漏（leaky abstraction），并不是语言本身的特性。

arguments 数组已经被废止（特别是在 ES6 引入剩余参数 ... 之后，参见本系列的《你不知道的 JavaScript（下卷）》的 "ES6 & Beyond" 部分），不过它并非一无是处。

在 ES6 之前，获得函数所有参数的唯一途径就是 arguments 数组。此外，即使将命名参数和 arguments 数组混用也不会出错，只需遵守一个原则，即不要同时访问命名参数和其对应的 arguments 数组单元。

```
function foo(a) {
    console.log( a + arguments[1] ); // 安全!
}

foo( 10, 32 );  // 42
```

5.6 try..finally

try..catch 对我们来说可能已经非常熟悉了。但你是否知道 try 可以和 catch 或者 finally 配对使用，并且必要时两者可同时出现？

finally 中的代码总是会在 try 之后执行，如果有 catch 的话则在 catch 之后执行。也可以将 finally 中的代码看作一个回调函数，即无论出现什么情况最后一定会被调用。

如果 try 中有 return 语句会出现什么情况呢？return 会返回一个值，那么调用该函数并得到返回值的代码是在 finally 之前还是之后执行呢？

```
function foo() {
        try {
                return 42;
        }
        finally {
                console.log( "Hello" );
        }

        console.log( "never runs" );
}

console.log( foo() );
// Hello
// 42
```

这里 return 42 先执行，并将 foo() 函数的返回值设置为 42。然后 try 执行完毕，接着执行 finally。最后 foo() 函数执行完毕，console.log(..) 显示返回值。

try 中的 throw 也是如此：

```
function foo() {
        try {
                throw 42;
        }
        finally {
                console.log( "Hello" );
        }

        console.log( "never runs" );
}

console.log( foo() );
// Hello
// Uncaught Exception: 42
```

如果 finally 中抛出异常（无论是有意还是无意），函数就会在此处终止。如果此前 try 中已经有 return 设置了返回值，则该值会被丢弃：

```
function foo() {
        try {
                return 42;
        }
        finally {
                throw "Oops!";
        }

        console.log( "never runs" );
}

console.log( foo() );
// Uncaught Exception: Oops!
```

continue 和 break 等控制语句也是如此：

```
for (var i=0; i<10; i++) {
        try {
                continue;
        }
        finally {
                console.log( i );
        }
}
// 0 1 2 3 4 5 6 7 8 9
```

continue 在每次循环之后，会在 i++ 执行之前执行 console.log(i)，所以结果是 0..9 而非 1..10。

 ES6 中新加入了 yield（参见本书的"异步和性能"部分），可以将其视为 return 的中间版本。然而与 return 不同的是，yield 在 generator（ES6 的另一个新特性）重新开始时才结束，这意味着 try { .. yield .. } 并未结束，因此 finally 不会在 yield 之后立即执行。

finally 中的 return 会覆盖 try 和 catch 中 return 的返回值：

```
function foo() {
        try {
                return 42;
        }
        finally {
                // 没有返回语句,所以没有覆盖
        }
}

function bar() {
        try {
                return 42;
        }
        finally {
                // 覆盖前面的 return 42
                return;
        }
}

function baz() {
        try {
                return 42;
        }
        finally {
                // 覆盖前面的 return 42
                return "Hello";
        }
}

foo();  // 42
bar();  // undefined
baz();  // Hello
```

通常来说，在函数中省略 return 的结果和 return; 及 return undefined; 是一样的，但是在 finally 中省略 return 则会返回前面的 return 设定的返回值。

事实上，还可以将 finally 和带标签的 break 混合使用（参见 5.1.3 节）。例如：

```
function foo() {
        bar: {
                try {
                        return 42;
                }
                finally {
                        // 跳出标签为bar的代码块
                        break bar;
                }
        }

        console.log( "Crazy" );
```

```
        return "Hello";
    }

    console.log( foo() );
    // Crazy
    // Hello
```

但切勿这样操作。利用 finally 加带标签的 break 来跳过 return 只会让代码变得晦涩难懂，即使加上注释也是如此。

5.7 switch

现在来简单介绍一下 switch，可以把它看作 if..else if..else.. 的简化版本：

```
switch (a) {
    case 2:
            // 执行一些代码
            break;
    case 42:
            // 执行另外一些代码
            break;
    default:
            // 执行缺省代码
}
```

这里 a 与 case 表达式逐一进行比较。如果匹配就执行该 case 中的代码，直到 break 或者 switch 代码块结束。

这看似并无特别之处，但其中存在一些不太为人所知的陷阱。

首先，a 和 case 表达式的匹配算法与 ===（参见第 4 章）相同。通常 case 语句中的 switch 都是简单值，所以这并没有问题。

然而，有时可能会需要通过强制类型转换来进行相等比较（即 ==，参见第 4 章），这时就需要做一些特殊处理：

```
    var a = "42";

    switch (true) {
        case a == 10:
                console.log( "10 or '10'" );
                break;
        case a == 42;
                console.log( "42 or '42'" );
                break;
        default:
                // 永远执行不到这里
    }
    // 42 or '42'
```

除简单值以外，case 中还可以出现各种表达式，它会将表达式的结果值和 true 进行比较。因为 a == 42 的结果为 true，所以条件成立。

尽管可以使用 ==，但 switch 中 true 和 true 之间仍然是严格相等比较。即如果 case 表达式的结果为真值，但不是严格意义上的 true（参见第 4 章），则条件不成立。所以，在这里使用 || 和 && 等逻辑运算符就很容易掉进坑里：

```
var a = "hello world";
var b = 10;

switch (true) {
        case (a || b == 10):
                // 永远执行不到这里
                break;
        default:
                console.log( "Oops" );
}
// Oops
```

因为 (a || b == 10) 的结果是 "hello world" 而非 true，所以严格相等比较不成立。此时可以通过强制表达式返回 true 或 false，如 case !!(a || b == 10):（参见第 4 章）。

最后，default 是可选的，并非必不可少（虽然惯例如此）。break 相关规则对 default 仍然适用：

```
var a = 10;

switch (a) {
        case 1:
        case 2:
                // 永远执行不到这里
        default:
                console.log( "default" );
        case 3:
                console.log( "3" );
                break;
        case 4:
                console.log( "4" );
}
// default
// 3
```

 正如之前介绍的，case 中的 break 也可以带标签。

上例中的代码是这样执行的，首先遍历并找到所有匹配的 case，如果没有匹配则执行

default 中的代码。因为其中没有 break，所以继续执行已经遍历过的 case 3 代码块，直到 break 为止。

理论上来说，这种情况在 JavaScript 中是可能出现的，但在实际情况中，开发人员一般不会这样来编码。如果确实需要这样做，就应该仔细斟酌并做好注释。

5.8 小结

JavaScript 语法规则中的许多细节需要我们多花点时间和精力来了解。从长远来看，这有助于更深入地掌握这门语言。

语句和表达式在英语中都能找到类比——语句就像英语中的句子，而表达式就像短语。表达式可以是简单独立的，否则可能会产生副作用。

JavaScript 语法规则之上是语义规则（也称作上下文）。例如，{ } 在不同情况下的意思不尽相同，可以是语句块、对象常量、解构赋值（ES6）或者命名函数参数（ES6）。

JavaScript 详细定义了运算符的优先级（运算符执行的先后顺序）和关联（多个运算符的组合方式）。只要熟练掌握了这些规则，就能对如何合理地运用它们作出自己的判断。

ASI（自动分号插入）是 JavaScript 引擎的代码解析纠错机制，它会在需要的地方自动插入分号来纠正解析错误。问题在于这是否意味着大多数的分号都不是必要的（可以省略），或者由于分号缺失导致的错误是否都可以交给 JavaScript 引擎来处理。

JavaScript 中有很多错误类型，分为两大类：早期错误（编译时错误，无法被捕获）和运行时错误（可以通过 try..catch 来捕获）。所有语法错误都是早期错误，程序有语法错误则无法运行。

函数参数和命名参数之间的关系非常微妙。尤其是 arguments 数组，它的抽象泄漏给我们挖了不少坑。因此，尽量不要使用 arguments，如果非用不可，也切勿同时使用 arguments 和其对应的命名参数。

finally 中代码的处理顺序需要特别注意。它们有时能派上很大用场，但也容易引起困惑，特别是在和带标签的代码块混用时。总之，使用 finally 旨在让代码更加简洁易读，切忌弄巧成拙。

switch 相对于 if..else if.. 来说更为简洁。需要注意的一点是，如果对其理解得不够透彻，稍不注意就很容易出错。

混合环境 JavaScript

除了本部分之前介绍过的核心的语言机制，JavaScript 程序在实际运行中可能还会出现一些差异。如果 JavaScript 程序仅仅是在引擎中运行的话，它会严格遵循规范并且是可以预测的。但是 JavaScript 程序几乎总是在宿主环境中运行，这使得它在一定程度上变得不可预测。

例如，当你的代码和其他第三方代码一起运行，或者当你的代码在不同的 JavaScript 引擎（并非仅仅是浏览器）上运行时，有些地方就会出现差异。

下面将就此进行简单的介绍。

A.1　Annex B（ECMAScript）

JavaScript 语言的官方名称是 ECMAScript（指的是管理它的 ECMA 标准），这一点不太为人所知。那么 JavaScript 又是指什么呢？ JavaScript 是该语言的通用称谓，更确切地说，它是该规范在浏览器上的实现。

官方 ECMAScript 规范包括 Annex B，其中介绍了由于浏览器兼容性问题导致的与官方规范的差异。

可以这样来理解：这些差异只存在于浏览器中。如果代码只在浏览器中运行，就不会发现任何差异。否则（如果代码也在 Node.js、Rhino 等环境中运行），或者你也不确定的时候，就需要小心对待。

下面是主要的兼容性差异。

- 在非严格模式中允许八进制数值常量存在，如 `0123`（即十进制的 83）。
- `window.escape(..)` 和 `window.unescape(..)` 让你能够转义（escape）和回转（unescape）带有 `%` 分隔符的十六进制字符串。例如，`window.escape( "? foo=97%&bar=3%" )` 的结果为 `"%3Ffoo%3D97%25%26bar%3D3%25"`。
- `String.prototype.substr` 和 `String.prototype.substring` 十分相似，除了后者的第二个参数是结束位置索引（非自包含），而 `substr` 的第二个参数是长度（需要包含的字符数）。

Web ECMAScript

Web ECMAScript 规范（https://javascript.spec.whatwg.org）中介绍了官方 ECMAScript 规范和目前基于浏览器的 JavaScript 实现之间的差异。

换句话说，其中的内容对浏览器来说是"必需的"（考虑到兼容性），但是并未包含在官方规范的"Annex B"部分（到本书写作时）。

- `<!--` 和 `-->` 是合法的单行注释分隔符。
- `String.prototype` 中返回 HTML 格式字符串的附加方法：`anchor(..)`、`big(..)`、`blink(..)`、`bold(..)`、`fixed(..)`、`fontcolor(..)`、`fontsize(..)`、`italics(..)`、`link(..)`、`small(..)`、`strike(..)` 和 `sub(..)`。

以上内容在实际开发中很少使用，也不推荐，我们更倾向于使用其他的内建 DOM API 和自定义工具集。

- RegExp 扩展：`RegExp.$1 .. RegExp.$9`（匹配组）和 `RegExp.lastMatch/RegExp["$&"]`（最近匹配）。
- `Function.prototype` 附加方法：`Function.prototype.arguments`（别名为 `arguments` 对象）和 `Function.caller`（别名为 `arguments.caller`）。

`arguments` 和 `arguments.caller` 均已被废止，所以尽量不使用它们，也不要使用它们的别名。

一些十分细微且很不常见的差异这里就不介绍了。如有需要，可参考文档 "Annex B" 和 "Web ECMAScript"。

通常来说，出现这些差异的情况很少，所以无需特别担心。只要在使用它们的时候特别注意即可。

A.2 宿主对象

JavaScript 中有关变量的规则定义得十分清楚，但也不乏一些例外情况，比如自动定义的变量，以及由宿主环境（浏览器等）创建并提供给 JavaScript 引擎的变量——所谓的“宿主对象”（包括内建对象和函数）。

例如：

```
var a = document.createElement( "div" );

typeof a;                        // "object"--正如所料
Object.prototype.toString.call( a ); // "[object HTMLDivElement]"

a.tagName;                       // "DIV"
```

上例中，a 不仅仅是一个 object，还是一个特殊的宿主对象，因为它是一个 DOM 元素。其内部的 [[Class]] 值（为 "HTMLDivElement"）来自预定义的属性（通常也是不可更改的）。

另外一个难点在 4.2.3 节中的“假值对象”部分曾介绍过：一些对象在强制转换为 boolean 时，会意外地成为假值而非真值，这很让人抓狂。

其他需要注意的宿主对象的行为差异有：

- 无法访问正常的 object 内建方法，如 toString()；
- 无法写覆盖；
- 包含一些预定义的只读属性；
- 包含无法将 this 重载为其他对象的方法；
- 其他……

在针对运行环境进行编码时，宿主对象扮演着一个十分关键的角色，但要特别注意其行为特性，因为它们常常有别于普通的 JavaScript object。

在我们经常打交道的宿主对象中，console 及其各种方法（log(..)、error(..) 等）是比较值得一提的。console 对象由宿主环境提供，以便从代码中输出各种值。

console 在浏览器中是输出到开发工具控制台，而在 Node.js 和其他服务器端 JavaScript 环境中，则是指向 JavaScript 环境系统进程的标准输出（stdout）和标准错误输出（stderr）。

A.3　全局 DOM 变量

你可能已经知道，声明一个全局变量（使用 var 或者不使用）的结果并不仅仅是创建一个全局变量，而且还会在 global 对象（在浏览器中为 window）中创建一个同名属性。

还有一个不太为人所知的事实是：由于浏览器演进的历史遗留问题，在创建带有 id 属性的 DOM 元素时也会创建同名的全局变量。例如：

```
<div id="foo"></div>
```

以及：

```
if (typeof foo == "undefined") {
    foo = 42;          // 永远也不会运行
}

console.log( foo );  // HTML元素
```

你可能认为只有 JavaScript 代码才能创建全局变量，并且习惯使用 typeof 或 .. in window 来检测全局变量。但是如上例所示，HTML 页面中的内容也会产生全局变量，并且稍不注意就很容易让全局变量检查错误百出。

这也是尽量不要使用全局变量的一个原因。如果确实要用，也要确保变量名的唯一性，从而避免与其他地方的变量产生冲突，包括 HTML 和其他第三方代码。

A.4　原生原型

一个广为人知的 JavaScript 的最佳实践是：不要扩展原生原型。

如果向 Array.prototype 中加入新的方法和属性，假设它们确实有用，设计和命名都很得当，那它最后很有可能会被加入到 JavaScript 规范当中。这样一来你所做的扩展就会与之冲突。

我自己就曾遇到过这样一个例子。

当时我正在为一些网站开发一个嵌入式构件，该构件基于 jQuery（基本上所有的框架都会犯这样的错误）。基本上它在所有的网站上都可以运行，但是在某个网站上却彻底无法运行。

经过差不多一个星期的分析调试之后，我发现这个网站有一段遗留代码，如下：

```
// Netscape 4没有Array.push
Array.prototype.push = function(item) {
    this[this.length-1] = item;
};
```

除了注释以外（谁还会关心 Netscape 4 呢？），上述代码似乎没有问题，是吧？

问题在于 Array.prototype.push 随后被加入到了规范中，并且和这段代码不兼容。标准的 push(..) 可以一次加入多个值。而这段代码中的 push 方法则只会处理第一个值。

几乎所有 JavaScript 框架的代码都使用 push(..) 来处理多个值。我的问题则是 CSS 选择器引擎（CSS selector）。可想而知其他很多地方也会有这样的问题。

最初编写这个方法的开发人员将其命名为 push 没有问题，但是并未预见到需要处理多个值的情况。这相当于挖了一个坑，而大约 10 年之后，我无意间掉了进去。

从中我们可以吸取几个教训。

首先，不要扩展原生方法，除非你确信代码在运行环境中不会有冲突。如果对此你并非 100% 确定，那么进行扩展是非常危险的。这需要你自己仔细权衡利弊。

其次，在扩展原生方法时需要加入判断条件（因为你可能无意中覆盖了原来的方法）。对于前面的例子，下面的处理方式要更好一些：

```
if (!Array.prototype.push) {
    // Netscape 4没有Array.push
    Array.prototype.push = function(item) {
        this[this.length-1] = item;
    };
}
```

其中，if 语句用来确保当 JavaScript 运行环境中没有 push() 方法时才将扩展加入。这应该可以解决我的问题。但它并非万全之策，并且存在着一定的隐患。

如果网站代码中的 push(..) 原本就不打算处理多个值的情况，那么标准的 push(..) 出台后会导致代码运行出错。

如果在 if 判断前引入了其他第三方的 push(..) 方法，并且该方法的功能不同，也会导致代码运行出错。

这里突出了一个不太为 JavaScript 开发人员注意的问题：在各种第三方代码混合运行的环境中，是否应该只使用现有的原生方法？

答案是否定的，但是实际上不太行得通。通常你无法重新定义所有会用到的原生方法，同时确保它们的安全。即使可以，这种做法也是一种浪费。

那么是否应该既检测原生方法是否存在，又要测试它能否执行我们想要的功能？如果测试没通过，是不是意味着代码要停止执行？

```
// 不要信任 Array.prototype.push
(function(){
```

```
if (Array.prototype.push) {
    var a = [];
    a.push(1,2);
    if (a[0] === 1 && a[1] === 2) {
        // 测试通过,可以放心使用!
        return;
    }
}

throw Error(
    "Array#push() is missing/broken!"
);
})();
```

理论上说这个方法不错,但实际上不可能为每个原生函数都做这样的测试。

那应该怎么办呢?我们是否应该逐一做测试?还是假设一切没问题,等出现问题时再处理?

这里没有标准答案。实际上,只要我们自己不去扩展原生原型,就不会遇到这类问题。

如果你和第三方代码都遵循以上原则,那么你的程序是安全的。否则就要更加谨慎小心地对待程序,以防任何可能出现的类似问题。

针对各种运行环境做单元和回归测试能够早点发现问题,却不能够完全杜绝问题。

shim/polyfill

通常来说,在老版本的(不符合规范的)运行环境中扩展原生方法是唯一安全的,因为环境不太可能发生变化——支持新规范的新版本浏览器会完全替代老版本浏览器,而非在老版本上做扩展。

如果能够预见哪些方法会在将来成为新的标准,如 Array.prototype.foobar,那么就可以完全放心地使用当前的扩展版本,不是吗?

```
if (!Array.prototype.foobar) {
    // 幼稚
    Array.prototype.foobar = function() {
        this.push( "foo", "bar" );
    };
}
```

如果规范中已经定义了 Array.prototype.foobar,并且其功能和上面的代码类似,那就没有什么问题。这种情况一般称为 polyfill(或者 shim)。

polyfill 能有效地为不符合最新规范的老版本浏览器填补缺失的功能,让你能够通过可靠的代码来支持所有你想要支持的运行环境。

ES5-Shim（https://github.com/es-shims/es5-shim）是一个完整的 shim/polyfill 集合，能够为你的项目提供 ES5 基本规范支持。同样，ES6-Shim（https://github.com/es-shims/es6-shim）提供了对 ES6 基本规范的支持。虽然我们可以通过 shim/polyfill 来填补新的 API，但是无法填补新的语法。可以使用 Traceur（https://github.com/google/traceur-compiler/wiki/GettingStarted）这样的工具来实现新旧语法之间的转换。

对于将来可能成为标准的功能，按照大部分人赞同的方式来预先实现能和将来的标准兼容的 polyfill，我们称为 prollyfill（probably fill）。

真正的问题在于一些标准功能无法被完整地 polyfill/prollyfill。

JavaScript 社区存在这样的争论，即是否可以对一个功能做不完整的 polyfill（将无法 polyfill 的部分文档化），或者不做则已，要做就要达到 100% 符合规范。

很多开发人员可以接受一些不完整的 polyfill（如 Object.create(..)），因为缺失的部分也不会被用到。

一些人认为在 polyfill/shim 中的 if 判断里需要加入兼容性测试，并且只在被测试的功能不存在或者未通过测试时才将其替换。这也是区别 shim（有兼容性测试）和 polyfill（检查功能是否存在）的方式。

对此并没有一个绝对正确的答案。即便在老版本的运行环境中使用了"安全"的做法，对原生功能进行扩展也无法做到 100% 安全。依赖第三方代码中的原生功能也是如此，因为这些功能有可能被扩展了。

因此，在处理这些情况的时候需要格外小心，要编写健壮的代码，并且写好文档。

A.5 `<script>`

绝大部分网站 /Web 应用程序的代码都存放在多个文件中，通常可以在网页中使用 `<script src=..></script>` 来加载这些文件，或者使用 `<script> .. </script>` 来包含内联代码（inline-code）。

这些文件和内联代码是相互独立的 JavaScript 程序还是一个整体呢？

答案（也许会令人惊讶）是它们的运行方式更像是相互独立的 JavaScript 程序，但是并非总是如此。

它们共享 `global` 对象（在浏览器中则是 `window`），也就是说这些文件中的代码在共享的命名空间中运行，并相互交互。

如果某个 script 中定义了函数 foo()，后面的 script 代码就可以访问并调用 foo()，就像 foo() 在其内部被声明过一样。

但是全局变量作用域的提升机制（hoisting，参见《你不知道的 JavaScript（上卷）》的"作用域和闭包"部分）在这些边界中不适用，因此无论是 <script> .. </script> 还是 <script src=..></script>，下面的代码都无法运行（因为 foo() 还未被声明）。

```
<script>foo();</script>

<script>
  function foo() { .. }
</script>
```

但是下面的两段代码则没问题：

```
<script>
  foo();
  function foo() { .. }
</script>
```

和：

```
<script>
  function foo() { .. }
</script>

<script>foo();</script>
```

如果 script 中的代码（无论是内联代码还是外部代码）发生错误，它会像独立的 JavaScript 程序那样停止，但是后续的 script 中的代码（仍然共享 global）依然会接着运行，不会受影响。

你可以使用代码来动态创建 script，将其加入到页面的 DOM 中，效果是一样的：

```
var greeting = "Hello World";

var el = document.createElement( "script" );

el.text = "function foo(){ alert( greeting );\
 } setTimeout( foo, 1000 );";

document.body.appendChild( el );
```

如果将 el.src 的值设置为一个文件 URL，就可以通过 <script src=..></script> 动态加载外部文件。

内联代码和外部文件中的代码之间有一个区别，即在内联代码中不可以出现 </script> 字符串，一旦出现即被视为代码块结束。因此对于下面这样的代码需要非常小心：

```
<script>
  var code = "<script>alert( 'Hello World' )</script>";
</script>
```

上述代码看似没什么问题，但是字符串常量中的 </script> 将会被当作结束标签来处理，因此会导致错误。常用的变通方法是：

```
"</sc" + "ript>";
```

另外需要注意的一点是，我们是根据代码文件的字符集属性（UTF-8、ISO-8859-8 等）来解析外部文件中的代码（或者默认字符集），而内联代码则使用其所在页面文件的字符集（或者默认字符集）。

 内联代码的 script 标签没有 charset 属性。

script 标签的一个已废止的用法是在内联代码中包含 HTML 或 XHTML 格式的注释，如：

```
<script>
<!--
alert( "Hello" );
//-->
</script>

<script>
<!--//--><![CDATA[//><!--
alert( "World" );
//--><!]]>
</script>
```

现在我们已经不需要这样做了，所以不要再继续使用它们。

 <!-- 和 --> （HTML 格式的注释）在 JavaScript 中被定义为合法的单行注释分隔符（var x = 2; 是另一行合法注释），这是老的技术导致的（详见 A.1 节的 "Web ECMAScript" 部分），切勿再使用它们。

A.6 保留字

ES5 规范在 7.6.1 节中定义了一些 "保留字"，我们不能将它们用作变量名。这些保留字有四类："关键字""预留关键字"、null 常量和 true/false 布尔常量。

像 function 和 switch 都是关键字。预留关键字包括 enum 等，它们中很多已经在 ES6 中被用到（如 class、extend 等）。另外还有一些在严格模式中使用的保留字，如 interface。

一个名为 "art4theSould" 的 StackOverflow 用户将这些保留字编成了一首有趣的小诗：

> Let this long package float,
> Goto private class if short.
> While protected with debugger case,
> Continue volatile interface.
> Instanceof super synchronized throw,
> Extends final export throws.
>
> Try import double enum?
> -False, boolean, abstract function,
> Implements typeof transient break!
> Void static, default do,
> Switch int native new.
> Else, delete null public var
> In return for const, true, char
> ...Finally catch byte.

这首诗中包含了 ES3 中的保留字（byte、long 等），它们在 ES5 中已经不再是保留字。

在 ES5 之前，保留字也不能用来作为对象常量中的属性名称或者键值，但是现在已经没有这个限制。

例如，下面的情况是不允许的：

```
var import = "42";
```

但是下面的情况是允许的：

```
var obj = { import: "42" };
console.log( obj.import );
```

需要注意的是，在一些版本较老的浏览器中（主要是 IE），这些规则并不完全适用，有时候将保留字作为对象属性还是会出错。所以需要在所有要支持的浏览器中仔细测试。

A.7 实现中的限制

JavaScript 规范对于函数中参数的个数，以及字符串常量的长度等并没有限制；但是由于 JavaScript 引擎实现各异，规范在某些地方有一些限制。

例如：

```
function addAll() {
        var sum = 0;
        for (var i=0; i < arguments.length; i++) {
                sum += arguments[i];
        }
        return sum;
}

var nums = [];
for (var i=1; i < 100000; i++) {
        nums.push(i);
}

addAll( 2, 4, 6 );           // 12
addAll.apply( null, nums );  // 应该是：499950000
```

在一些 JavaScript 引擎中你会得到正确答案 499950000，而另外一些引擎（如 Safari 6.x）中则会产生错误"RangeError: Maximum call stack size exceeded"。

下面列出一些已知的限制：

- 字符串常量中允许的最大字符数（并非只是针对字符串值）；
- 可以作为参数传递到函数中的数据大小（也称为栈大小，以字节为单位）；
- 函数声明中的参数个数；
- 未经优化的调用栈（例如递归）的最大层数，即函数调用链的最大长度；
- JavaScript 程序以阻塞方式在浏览器中运行的最长时间（秒）；
- 变量名的最大长度。

我们不会经常碰到这些限制，但应该对它们有所了解，特别是不同的 JavaScript 引擎的限制各异。

A.8 小结

JavaScript 语言本身有一个统一的标准，在所有浏览器/引擎中的实现也是可靠的。这是好事！

但是 JavaScript 很少独立运行。通常运行环境中还有第三方代码，有时代码甚至会运行在浏览器之外的引擎/环境中。

只要我们对这些问题多加注意，就能够提高代码的可靠性和健壮性。

第二部分
异步和性能

单 业 译

序

多年以来，老板信任我，让我负责面试。如果我们在寻找一个具备 JavaScript 技能的雇员，我的第一个问题就是……好吧，其实就是问问面试者是否需要上厕所或者喝点什么，因为舒适很重要。不过一旦面试者完成了这个液体输入或输出的过程，我就要开始判断他是否了解 JavaScript，还是只了解 jQuery。

不是说 jQuery 哪里不好。jQuery 让你不需要真正了解 JavaScript 就可以做很多事情，这是功能，而不是 bug。但是，如果工作内容需要 JavaScript 性能和维护方面的高级技能，那么应聘的人就应了解如何把像 jQuery 这样的库组合起来。你得能够像这些库一样驾驭 JavaScript 的核心。

如果要整体了解一个人的核心 JavaScript 技能，我最感兴趣的是他们会如何使用闭包（你已经读过这一系列中的《你不知道的 JavaScript（上卷）》了吧？）以及如何充分利用异步，这一点把我们引向了这本书。

首先第一道菜是回调，这是异步编程的面包和黄油（基础）。当然，靠面包和黄油并不足以完成令人非常满意的大餐，接下来的课程就是美味异常的 Promise！

如果还不了解 Promise，现在正是学习的时候。Promise 现在已经是 JavaScript 和 DOM 提供异步返回值的正式方法。所有未来的异步 DOM API 都会使用它们，而且很多已经这么做了，所以做好准备吧！写作本文的时候，多数主流浏览器中已经发布了 Promise，IE 很快也会提供支持。享用 Promise 之后，希望你的胃里还有空间留给下一道美食——生成器。

没有大张旗鼓的宣传，生成器就已经悄悄进入了 Chrome 和 Firefox 的稳定版本，这是因为，坦白地说，它们的复杂性要高于其趣味性。或者说，在看到它们与 Promise 合作之前，我一直都是这么认为的。可之后呢，它们成了提高可读性和可维护性的重要工具。

甜品是……嗯，我不想破坏了惊喜，但是，准备好展望 JavaScript 的未来吧！这本书涵盖的功能会让你对并发和异步有越来越多的控制。

好吧，我不再妨碍你享用这本书了——让精彩继续吧！如果在看此序之前你已经阅读了本书的部分内容，那么请给你自己加 10 个异步分！这 10 分是你应得的。

——Jake Archibald，
Google Chrome 开发大使

第 1 章

异步：现在与将来

使用像 JavaScript 这样的语言编程时，很重要但常常被误解的一点是，如何表达和控制持续一段时间的程序行为。

这不仅仅是指从 for 循环开始到结束的过程，当然这也需要持续一段时间（几微秒或几毫秒）才能完成。它是指程序的一部分现在运行，而另一部分则在将来运行——现在和将来之间有段间隙，在这段间隙中，程序没有活跃执行。

实际上，所有重要的程序（特别是 JavaScript 程序）都需要通过这样或那样的方法来管理这段时间间隙，这时可能是在等待用户输入、从数据库或文件系统中请求数据、通过网络发送数据并等待响应，或者是在以固定时间间隔执行重复任务（比如动画）。在诸如此类的场景中，程序都需要管理这段时间间隙的状态。地铁门上不也总是贴着一句警示语——"小心空隙"（指地铁门与站台之间的空隙）。

事实上，程序中现在运行的部分和将来运行的部分之间的关系就是异步编程的核心。

毫无疑问，从一开始，JavaScript 就涉及异步编程。但是，多数 JavaScript 开发者从来没有认真思考过自己程序中的异步到底是如何出现的，以及其为什么会出现，也没有探索过处理异步的其他方法。一直以来，低调的回调函数就算足够好的方法了。目前为止，还有很多人坚持认为回调函数完全够用。

但是，作为在浏览器、服务器以及其他能够想到的任何设备上运行的一流编程语言，JavaScript 面临的需求日益扩大。为了满足这些需求，JavaScript 的规模和复杂性也在持续增长，对异步的管理也越来越令人痛苦，这一切都迫切需要更强大、更合理的异步方法。

目前为止，所有这些讨论看起来都还比较抽象，不过我向你保证，随着本书内容的推进，对这个问题的讨论会越来越完整和具体。在接下来的几章中，我们会探讨各种新出现的 JavaScript 异步编程技术。

但是，在此之前，我们首先需要深入理解异步的概念及其在 JavaScript 中的运作模式。

1.1 分块的程序

可以把 JavaScript 程序写在单个 .js 文件中，但是这个程序几乎一定是由多个块构成的。这些块中只有一个是现在执行，其余的则会在将来执行。最常见的块单位是函数。

大多数 JavaScript 新手程序员都会遇到的问题是：程序中将来执行的部分并不一定在现在运行的部分执行完之后就立即执行。换句话说，现在无法完成的任务将会异步完成，因此并不会出现人们本能地认为会出现的或希望出现的阻塞行为。

考虑：

```
// ajax(..)是某个库中提供的某个Ajax函数
var data = ajax( "http://some.url.1" );

console.log( data );
// 啊哦！data通常不会包含Ajax结果
```

你可能已经了解，标准 Ajax 请求不是同步完成的，这意味着 ajax(..) 函数还没有返回任何值可以赋给变量 data。如果 ajax(..) 能够阻塞到响应返回，那么 data = .. 赋值就会正确工作。

但我们并不是这么使用 Ajax 的。现在我们发出一个异步 Ajax 请求，然后在将来才能得到返回的结果。

从现在到将来的"等待"，最简单的方法（但绝对不是唯一的，甚至也不是最好的！）是使用一个通常称为回调函数的函数：

```
// ajax(..)是某个库中提供的某个Ajax函数
ajax( "http://some.url.1", function myCallbackFunction(data){

    console.log( data ); // 耶！这里得到了一些数据！

} );
```

 可能你已经听说过，可以发送同步 Ajax 请求。尽管技术上说是这样，但是，在任何情况下都不应该使用这种方式，因为它会锁定浏览器 UI（按钮、菜单、滚动条等），并阻塞所有的用户交互。这是一个可怕的想法，一定要避免。

你有不同的意见？我知道，但为了避免回调函数引起的混乱并不足以成为使用阻塞式同步 Ajax 的理由。

举例来说，考虑一下下面这段代码：

```
function now() {
    return 21;
}

function later() {
    answer = answer * 2;
    console.log( "Meaning of life:", answer );
}

var answer = now();

setTimeout( later, 1000 ); // Meaning of life: 42
```

这个程序有两个块：现在执行的部分，以及将来执行的部分。这两块的内容很明显，但这里我们还是要明确指出来。

现在：

```
function now() {
    return 21;
}

function later() { .. }

var answer = now();

setTimeout( later, 1000 );
```

将来：

```
answer = answer * 2;
console.log( "Meaning of life:", answer );
```

现在这一块在程序运行之后就会立即执行。但是，setTimeout(..) 还设置了一个事件（定时）在将来执行，所以函数 later() 的内容会在之后的某个时间（从现在起 1000 毫秒之后）执行。

任何时候，只要把一段代码包装成一个函数，并指定它在响应某个事件（定时器、鼠标点击、Ajax 响应等）时执行，你就是在代码中创建了一个将来执行的块，也由此在这个程序中引入了异步机制。

异步控制台

并没有什么规范或一组需求指定 console.* 方法族如何工作——它们并不是 JavaScript 正式

的一部分，而是由宿主环境（请参考本书的"类型和语法"部分）添加到 JavaScript 中的。

因此，不同的浏览器和 JavaScript 环境可以按照自己的意愿来实现，有时候这会引起混淆。

尤其要提出的是，在某些条件下，某些浏览器的 console.log(..) 并不会把传入的内容立即输出。出现这种情况的主要原因是，在许多程序（不只是 JavaScript）中，I/O 是非常低速的阻塞部分。所以，（从页面 /UI 的角度来说）浏览器在后台异步处理控制台 I/O 能够提高性能，这时用户甚至可能根本意识不到其发生。

下面这种情景不是很常见，但也可能发生，从中（不是从代码本身而是从外部）可以观察到这种情况：

```
var a = {
    index: 1
};

// 然后
console.log( a ); // ??

// 再然后
a.index++;
```

我们通常认为恰好在执行到 console.log(..) 语句的时候会看到 a 对象的快照，打印出类似于 { index: 1 } 这样的内容，然后在下一条语句 a.index++ 执行时将其修改，这句的执行会严格在 a 的输出之后。

多数情况下，前述代码在开发者工具的控制台中输出的对象表示与期望是一致的。但是，这段代码运行的时候，浏览器可能会认为需要把控制台 I/O 延迟到后台，在这种情况下，等到浏览器控制台输出对象内容时，a.index++ 可能已经执行，因此会显示 { index: 2 }。

到底什么时候控制台 I/O 会延迟，甚至是否能够被观察到，这都是游移不定的。如果在调试的过程中遇到对象在 console.log(..) 语句之后被修改，可你却看到了意料之外的结果，要意识到这可能是这种 I/O 的异步化造成的。

> 如果遇到这种少见的情况，最好的选择是在 JavaScript 调试器中使用断点，而不要依赖控制台输出。次优的方案是把对象序列化到一个字符串中，以强制执行一次"快照"，比如通过 JSON.stringify(..)。

1.2 事件循环

现在我们来澄清一件事情（可能令人震惊）：尽管你显然能够编写异步 JavaScript 代码（就像前面我们看到的定时代码），但直到最近（ES6），JavaScript 才真正内建有直接的异步概念。

什么？！这种说法似乎很疯狂，对不对？但事实就是这样。JavaScript 引擎本身所做的只不过是在需要的时候，在给定的任意时刻执行程序中的单个代码块。

"需要"，谁的需要？这正是关键所在！

JavaScript 引擎并不是独立运行的，它运行在宿主环境中，对多数开发者来说通常就是 Web 浏览器。经过最近几年（不仅于此）的发展，JavaScript 已经超出了浏览器的范围，进入了其他环境，比如通过像 Node.js 这样的工具进入服务器领域。实际上，JavaScript 现如今已经嵌入到了从机器人到电灯泡等各种各样的设备中。

但是，所有这些环境都有一个共同"点"（thread，也指线程。不论真假与否，这都不算一个很精妙的异步笑话），即它们都提供了一种机制来处理程序中多个块的执行，且执行每块时调用 JavaScript 引擎，这种机制被称为事件循环。

换句话说，JavaScript 引擎本身并没有时间的概念，只是一个按需执行 JavaScript 任意代码片段的环境。"事件"（JavaScript 代码执行）调度总是由包含它的环境进行。

所以，举例来说，如果你的 JavaScript 程序发出一个 Ajax 请求，从服务器获取一些数据，那你就在一个函数（通常称为回调函数）中设置好响应代码，然后 JavaScript 引擎会通知宿主环境："嘿，现在我要暂停执行，你一旦完成网络请求，拿到了数据，就请调用这个函数。"

然后浏览器就会设置侦听来自网络的响应，拿到要给你的数据之后，就会把回调函数插入到事件循环，以此实现对这个回调的调度执行。

那么，什么是事件循环？

先通过一段伪代码了解一下这个概念：

```
// eventLoop是一个用作队列的数组
//（先进，先出）
var eventLoop = [ ];
var event;

// "永远"执行
while (true) {
    // 一次tick
    if (eventLoop.length > 0) {
        // 拿到队列中的下一个事件
        event = eventLoop.shift();

        // 现在,执行下一个事件
        try {
            event();
        }
        catch (err) {
            reportError(err);
```

```
            }
        }
    }
```

这当然是一段极度简化的伪代码，只用来说明概念。不过它应该足以用来帮助大家有更好的理解。

你可以看到，有一个用 while 循环实现的持续运行的循环，循环的每一轮称为一个 tick。对每个 tick 而言，如果在队列中有等待事件，那么就会从队列中摘下一个事件并执行。这些事件就是你的回调函数。

一定要清楚，setTimeout(..) 并没有把你的回调函数挂在事件循环队列中。它所做的是设定一个定时器。当定时器到时后，环境会把你的回调函数放在事件循环中，这样，在未来某个时刻的 tick 会摘下并执行这个回调。

如果这时候事件循环中已经有 20 个项目了会怎样呢？你的回调就会等待。它得排在其他项目后面——通常没有抢占式的方式支持直接将其排到队首。这也解释了为什么 setTimeout(..) 定时器的精度可能不高。大体说来，只能确保你的回调函数不会在指定的时间间隔之前运行，但可能会在那个时刻运行，也可能在那之后运行，要根据事件队列的状态而定。

所以换句话说就是，程序通常分成了很多小块，在事件循环队列中一个接一个地执行。严格地说，和你的程序不直接相关的其他事件也可能会插入到队列中。

 前面提到的"直到最近"是指 ES6 从本质上改变了在哪里管理事件循环。本来它几乎已经是一种正式的技术模型了，但现在 ES6 精确指定了事件循环的工作细节，这意味着在技术上将其纳入了 JavaScript 引擎的势力范围，而不是只由宿主环境来管理。这个改变的一个主要原因是 ES6 中 Promise 的引入，因为这项技术要求对事件循环队列的调度运行能够直接进行精细控制（参见 1.4.3 节中对 setTimeout(..0) 的讨论），具体内容会在第 3 章中介绍。

1.3　并行线程

术语"异步"和"并行"常常被混为一谈，但实际上它们的意义完全不同。记住，异步是关于现在和将来的时间间隙，而并行是关于能够同时发生的事情。

并行计算最常见的工具就是进程和线程。进程和线程独立运行，并可能同时运行：在不同的处理器，甚至不同的计算机上，但多个线程能够共享单个进程的内存。

与之相对的是，事件循环把自身的工作分成一个个任务并顺序执行，不允许对共享内存的并行访问和修改。通过分立线程中彼此合作的事件循环，并行和顺序执行可以共存。

并行线程的交替执行和异步事件的交替调度，其粒度是完全不同的。

举例来说：

```
function later() {
    answer = answer * 2;
    console.log( "Meaning of life:", answer );
}
```

尽管 later() 的所有内容被看作单独的一个事件循环队列表项，但如果考虑到这段代码是运行在一个线程中，实际上可能有很多个不同的底层运算。比如，answer = answer * 2 需要先加载 answer 的当前值，然后把 2 放到某处并执行乘法，取得结果之后保存回 answer 中。

在单线程环境中，线程队列中的这些项目是底层运算确实是无所谓的，因为线程本身不会被中断。但如果是在并行系统中，同一个程序中可能有两个不同的线程在运转，这时很可能就会得到不确定的结果。

考虑：

```
var a = 20;

function foo() {
    a = a + 1;
}

function bar() {
    a = a * 2;
}

// ajax(..)是某个库中提供的某个Ajax函数
ajax( "http://some.url.1", foo );
ajax( "http://some.url.2", bar );
```

根据 JavaScript 的单线程运行特性，如果 foo() 运行在 bar() 之前，a 的结果是 42，而如果 bar() 运行在 foo() 之前的话，a 的结果就是 41。

如果共享同一数据的 JavaScript 事件并行执行的话，那么问题就变得更加微妙了。考虑 foo() 和 bar() 中代码运行的线程分别执行的是以下两段伪代码任务，然后思考一下如果它们恰好同时运行的话会出现什么情况。

线程 1（X 和 Y 是临时内存地址）：

```
foo():
    a. 把a的值加载到X
    b. 把1保存在Y
    c. 执行X加Y,结果保存在X
    d. 把X的值保存在a
```

线程 2（X 和 Y 是临时内存地址）：

```
bar():
  a. 把a的值加载到X
  b. 把2保存在Y
  c. 执行X乘Y,结果保存在X
  d. 把X的值保存在a
```

现在，假设两个线程并行执行。你可能已经发现了这个程序的问题，是吧？它们在临时步骤中使用了共享的内存地址 X 和 Y。

如果按照以下步骤执行，最终结果将会是什么样呢？

```
1a  (把a的值加载到X       ==> 20)
2a  (把a的值加载到X       ==> 20)
1b  (把1保存在Y    ==> 1)
2b  (把2保存在Y    ==> 2)
1c  (执行X加Y,结果保存在X              ==> 22)
1d  (把X的值保存在a     ==> 22)
2c  (执行X乘Y,结果保存在X                ==> 44)
2d  (把X的值保存在a     ==> 44)
```

a 的结果将是 44。但如果按照以下顺序执行呢？

```
1a  (把a的值加载到X       ==> 20)
2a  (把a的值加载到X       ==> 20)
2b  (把2保存在Y    ==> 2)
1b  (把1保存在Y    ==> 1)
2c  (执行X乘Y,结果保存在X                ==> 20)
1c  (执行X加Y,结果保存在X               ==> 21)
1d  (把X的值保存在a     ==> 21)
2d  (把X的值保存在a     ==> 21)
```

a 的结果将是 21。

所以，多线程编程是非常复杂的。因为如果不通过特殊的步骤来防止这种中断和交错运行的话，可能会得到出乎意料的、不确定的行为，通常这很让人头疼。

JavaScript 从不跨线程共享数据，这意味着不需要考虑这一层次的不确定性。但是这并不意味着 JavaScript 总是确定性的。回忆一下前面提到的，foo() 和 bar() 的相对顺序改变可能会导致不同结果（41 或 42）。

 可能目前还不是很明显，但并不是所有的不确定性都是有害的。这有时无关紧要，但有时又是要刻意追求的结果。关于这一点，本章和后面几章会给出更多示例。

完整运行

由于 JavaScript 的单线程特性，foo()（以及 bar()）中的代码具有原子性。也就是说，一且 foo() 开始运行，它的所有代码都会在 bar() 中的任意代码运行之前完成，或者相反。这称为完整运行（run-to-completion）特性。

实际上，如果 foo() 和 bar() 中的代码更长，完整运行的语义就会更加清晰，比如：

```
var a = 1;
var b = 2;

function foo() {
    a++;
    b = b * a;
    a = b + 3;
}

function bar() {
    b--;
    a = 8 + b;
    b = a * 2;
}

// ajax(..)是某个库中提供的某个Ajax函数
ajax( "http://some.url.1", foo );
ajax( "http://some.url.2", bar );
```

由于 foo() 不会被 bar() 中断，bar() 也不会被 foo() 中断，所以这个程序只有两个可能的输出，取决于这两个函数哪个先运行——如果存在多线程，且 foo() 和 bar() 中的语句可以交替运行的话，可能输出的数目将会增加不少！

块 1 是同步的（现在运行），而块 2 和块 3 是异步的（将来运行），也就是说，它们的运行在时间上是分隔的。

块 1：

```
var a = 1;
var b = 2;
```

块 2（foo()）：

```
a++;
b = b * a;
a = b + 3;
```

块 3（bar()）：

```
b--;
a = 8 + b;
b = a * 2;
```

块 2 和块 3 哪个先运行都有可能，所以如下所示，这个程序有两个可能输出。

输出 1：

```
var a = 1;
var b = 2;

// foo()
a++;
b = b * a;
a = b + 3;

// bar()
b--;
a = 8 + b;
b = a * 2;

a; // 11
b; // 22
```

输出 2：

```
var a = 1;
var b = 2;

// bar()
b--;
a = 8 + b;
b = a * 2;

// foo()
a++;
b = b * a;
a = b + 3;

a; // 183
b; // 180
```

同一段代码有两个可能输出意味着还是存在不确定性！但是，这种不确定性是在函数（事件）顺序级别上，而不是多线程情况下的语句顺序级别（或者说，表达式运算顺序级别）。换句话说，这一确定性要高于多线程情况。

在 JavaScript 的特性中，这种函数顺序的不确定性就是通常所说的竞态条件（race condition），foo() 和 bar() 相互竞争，看谁先运行。具体来说，因为无法可靠预测 a 和 b 的最终结果，所以才是竞态条件。

如果 JavaScript 中的某个函数由于某种原因不具有完整运行特性，那么可能的结果就会多得多，对吧？实际上，ES6 就引入了这么一个东西（参见第 4 章），现在还不必为此操心，以后还会再探讨这一部分！

1.4　并发

现在让我们来设想一个展示状态更新列表（比如社交网络新闻种子）的网站，其随着用户
向下滚动列表而逐渐加载更多内容。要正确地实现这一特性，需要（至少）两个独立的
"进程"同时运行（也就是说，是在同一段时间内，并不需要在同一时刻）。

> 这里的"进程"之所以打上引号，是因为这并不是计算机科学意义上的真正
> 操作系统级进程。这是虚拟进程，或者任务，表示一个逻辑上相关的运算序
> 列。之所以使用"进程"而不是"任务"，是因为从概念上来讲，"进程"的
> 定义更符合这里我们使用的意义。

第一个"进程"在用户向下滚动页面触发 onscroll 事件时响应这些事件（发起 Ajax 请求
要求新的内容）。第二个"进程"接收 Ajax 响应（把内容展示到页面）。

显然，如果用户滚动页面足够快的话，在等待第一个响应返回并处理的时候可能会看到两
个或更多 onscroll 事件被触发，因此将得到快速触发彼此交替的 onscroll 事件和 Ajax 响
应事件。

两个或多个"进程"同时执行就出现了并发，不管组成它们的单个运算是否并行执行（在
独立的处理器或处理器核心上同时运行）。可以把并发看作"进程"级（或者任务级）的
并行，与运算级的并行（不同处理器上的线程）相对。

> 并发也引出了这些"进程"之间可能的彼此交互的概念。我们会在后面
> 介绍。

在给定的时间窗口内（用户滚动页面的几秒钟内），我们看看把各个独立的"进程"表示
为一系列事件 / 运算是什么样的：

"进程" 1（onscroll 事件）：

```
onscroll, 请求1
onscroll, 请求2
onscroll, 请求3
onscroll, 请求4
onscroll, 请求5
onscroll, 请求6
onscroll, 请求7
```

"进程" 2（Ajax 响应事件）：

```
响应1
响应2
响应3
响应4
响应5
响应6
响应7
```

很可能某个 onscroll 事件和某个 Ajax 响应事件恰好同时可以处理。举例来说，假设这些事件的时间线是这样的：

```
onscroll，请求1
onscroll，请求2                响应1
onscroll，请求3                响应2
响应3
onscroll，请求4
onscroll，请求5
onscroll，请求6                响应4
onscroll，请求7

响应6
响应5
响应7
```

但是，本章前面介绍过事件循环的概念，JavaScript 一次只能处理一个事件，所以要么是onscroll，请求 2 先发生，要么是响应 1 先发生，但是不会严格地同时发生。这就像学校食堂的孩子们，不管在门外多么拥挤，最终他们都得站成一队才能拿到自己的午饭！

下面列出了事件循环队列中所有这些交替的事件：

```
onscroll，请求1        <--- 进程1启动
onscroll，请求2
响应1                  <--- 进程2启动
onscroll，请求3
响应2
响应3
onscroll，请求4
onscroll，请求5
onscroll，请求6
响应4
onscroll，请求7        <--- 进程1结束
响应6
响应5
响应7                  <--- 进程2结束
```

"进程" 1 和"进程" 2 并发运行（任务级并行），但是它们的各个事件是在事件循环队列中依次运行的。

另外，注意到响应 6 和响应 5 的返回是乱序的了吗？

单线程事件循环是并发的一种形式（当然还有其他形式，后面会介绍）。

1.4.1 非交互

两个或多个"进程"在同一个程序内并发地交替运行它们的步骤/事件时，如果这些任务彼此不相关，就不一定需要交互。如果进程间没有相互影响的话，不确定性是完全可以接受的。

举例来说：

```
var res = {};

function foo(results) {
    res.foo = results;
}

function bar(results) {
    res.bar = results;
}

// ajax(..)是某个库提供的某个Ajax函数
ajax( "http://some.url.1", foo );
ajax( "http://some.url.2", bar );
```

foo() 和 bar() 是两个并发执行的"进程"，按照什么顺序执行是不确定的。但是，我们构建程序的方式使得无论按哪种顺序执行都无所谓，因为它们是独立运行的，不会相互影响。

这并不是竞态条件 bug，因为不管顺序如何，代码总会正常工作。

1.4.2 交互

更常见的情况是，并发的"进程"需要相互交流，通过作用域或 DOM 间接交互。正如前面介绍的，如果出现这样的交互，就需要对它们的交互进行协调以避免竞态的出现。

下面是一个简单的例子，两个并发的"进程"通过隐含的顺序相互影响，这个顺序有时会被破坏：

```
var res = [];

function response(data) {
    res.push( data );
}

// ajax(..)是某个库中提供的某个Ajax函数
ajax( "http://some.url.1", response );
ajax( "http://some.url.2", response );
```

这里的并发"进程"是这两个用来处理 Ajax 响应的 response() 调用。它们可能以任意顺序运行。

我们假定期望的行为是 res[0] 中放调用 "http://some.url.1" 的结果，res[1] 中放调用
"http://some.url.2" 的结果。有时候可能是这样，但有时候却恰好相反，这要视哪个调
用先完成而定。

这种不确定性很有可能就是一个竞态条件 bug。

 在这些情况下，你对可能做出的假定要持十分谨慎的态度。比如，开发者可
能会观察到对 "http://some.url.2" 的响应速度总是显著慢于对 "http://
some.url.1" 的响应，这可能是由它们所执行任务的性质决定的（比如，一
个执行数据库任务，而另一个只是获取静态文件），所以观察到的顺序总是
符合预期。即使两个请求都发送到同一个服务器，也总会按照固定的顺序响
应，但对于响应返回浏览器的顺序，却没有人可以真正保证。

所以，可以协调交互顺序来处理这样的竞态条件：

```
var res = [];

function response(data) {
    if (data.url == "http://some.url.1") {
        res[0] = data;
    }
    else if (data.url == "http://some.url.2") {
        res[1] = data;
    }
}

// ajax(..)是某个库中提供的某个Ajax函数
ajax( "http://some.url.1", response );
ajax( "http://some.url.2", response );
```

不管哪一个 Ajax 响应先返回，我们都要通过查看 data.url（当然，假定从服务器总会返
回一个！）判断应该把响应数据放在 res 数组中的什么位置上。res[0] 总是包含 "http://
some.url.1" 的结果，res[1] 总是包含 "http://some.url.2" 的结果。通过简单的协调，就
避免了竞态条件引起的不确定性。

从这个场景推出的方法也可以应用于多个并发函数调用通过共享 DOM 彼此之间交互的
情况，比如一个函数调用更新某个 <div> 的内容，另外一个更新这个 <div> 的风格或属性
（比如使这个 DOM 元素一有内容就显示出来）。可能你并不想在这个 DOM 元素在拿到内
容之前显示出来，所以这种协调必须要保证正确的交互顺序。

有些并发场景如果不做协调，就总是（并非偶尔）会出错。考虑：

```
var a, b;

function foo(x) {
```

```
        a = x * 2;
        baz();
    }

    function bar(y) {
        b = y * 2;
        baz();
    }

    function baz() {
        console.log(a + b);
    }

    // ajax(..)是某个库中的某个Ajax函数
    ajax( "http://some.url.1", foo );
    ajax( "http://some.url.2", bar );
```

在这个例子中，无论 foo() 和 bar() 哪一个先被触发，总会使 baz() 过早运行（a 或者 b 仍处于未定义状态）；但对 baz() 的第二次调用就没有问题，因为这时候 a 和 b 都已经可用了。

要解决这个问题有多种方法。这里给出了一种简单方法：

```
    var a, b;

    function foo(x) {
        a = x * 2;
        if (a && b) {
            baz();
        }
    }

    function bar(y) {
        b = y * 2;
        if (a && b) {
            baz();
        }
    }

    function baz() {
        console.log( a + b );
    }

    // ajax(..)是某个库中的某个Ajax函数
    ajax( "http://some.url.1", foo );
    ajax( "http://some.url.2", bar );
```

包裹 baz() 调用的条件判断 if (a && b) 传统上称为门（gate），我们虽然不能确定 a 和 b 到达的顺序，但是会等到它们两个都准备好再进一步打开门（调用 baz()）。

另一种可能遇到的并发交互条件有时称为竞态（race），但是更精确的叫法是门闩（latch）。它的特性可以描述为"只有第一名取胜"。在这里，不确定性是可以接受的，因为它明确指出了这一点是可以接受的：需要"竞争"到终点，且只有唯一的胜利者。

请思考下面这段有问题的代码：

```
var a;

function foo(x) {
    a = x * 2;
    baz();
}

function bar(x) {
    a = x / 2;
    baz();
}

function baz() {
    console.log( a );
}

// ajax(..)是某个库中的某个Ajax函数
ajax( "http://some.url.1", foo );
ajax( "http://some.url.2", bar );
```

不管哪一个（foo()或 bar()）后被触发，都不仅会覆盖另外一个给 a 赋的值，也会重复调用 baz()（很可能并不是想要的结果）。

所以，可以通过一个简单的门闩协调这个交互过程，只让第一个通过：

```
var a;

function foo(x) {
    if (!a) {
        a = x * 2;
        baz();
    }
}

function bar(x) {
    if (!a) {
        a = x / 2;
        baz();
    }
}

function baz() {
    console.log( a );
}

// ajax(..)是某个库中的某个Ajax函数
ajax( "http://some.url.1", foo );
ajax( "http://some.url.2", bar );
```

条件判断 if (!a) 使得只有 foo() 和 bar() 中的第一个可以通过，第二个（实际上是任何后续的）调用会被忽略。也就是说，第二名没有任何意义！

出于简化演示的目的，在所有这些场景中，我们一直都使用了全局变量，但这对于此处的论证完全不是必需的。只要相关的函数（通过作用域）能够访问到这些变量，就会按照预期工作。依赖于词法作用域变量（参见本系列的《你不知道的JavaScript（上卷）》的"作用域和闭包"部分），实际上前面例子中那样的全局变量，对于这些类别的并发协调是一个明显的负面因素。随着后面几章内容的展开，我们会看到还有其他种类的更清晰的协调方式。

1.4.3 协作

还有一种并发合作方式，称为并发协作（cooperative concurrency）。这里的重点不再是通过共享作用域中的值进行交互（尽管显然这也是允许的！）。这里的目标是取到一个长期运行的"进程"，并将其分割成多个步骤或多批任务，使得其他并发"进程"有机会将自己的运算插入到事件循环队列中交替运行。

举例来说，考虑一个需要遍历很长的结果列表进行值转换的Ajax响应处理函数。我们会使用Array#map(..)让代码更简洁：

```
var res = [];

// response(..)从Ajax调用中取得结果数组
function response(data) {
    // 添加到已有的res数组
    res = res.concat(
        // 创建一个新的变换数组把所有data值加倍
        data.map( function(val){
            return val * 2;
        } )
    );
}

// ajax(..)是某个库中提供的某个Ajax函数
ajax( "http://some.url.1", response );
ajax( "http://some.url.2", response );
```

如果 "http://some.url.1" 首先取得结果，那么整个列表会立刻映射到 res 中。如果记录有几千条或更少，这不算什么。但是如果有像1000万条记录的话，就可能需要运行相当一段时间了（在高性能笔记本上需要几秒钟，在移动设备上需要更长时间，等等）。

这样的"进程"运行时，页面上的其他代码都不能运行，包括不能有其他的 response(..) 调用或 UI 刷新，甚至是像滚动、输入、按钮点击这样的用户事件。这是相当痛苦的。

所以，要创建一个协作性更强更友好且不会霸占事件循环队列的并发系统，你可以异步地批处理这些结果。每次处理之后返回事件循环，让其他等待事件有机会运行。

这里给出一种非常简单的方法：

```
var res = [];

// response(..)从Ajax调用中取得结果数组
function response(data) {
    // 一次处理1000个
    var chunk = data.splice( 0, 1000 );

    // 添加到已有的res组
    res = res.concat(
        // 创建一个新的数组把chunk中所有值加倍
        chunk.map( function(val){
            return val * 2;
        } )
    );

    // 还有剩下的需要处理吗?
    if (data.length > 0) {
        // 异步调度下一次批处理
        setTimeout( function(){
            response( data );
        }, 0 );
    }
}

// ajax(..)是某个库中提供的某个Ajax函数
ajax( "http://some.url.1", response );
ajax( "http://some.url.2", response );
```

我们把数据集合放在最多包含 1000 条项目的块中。这样，我们就确保了"进程"运行时间会很短，即使这意味着需要更多的后续"进程"，因为事件循环队列的交替运行会提高站点 /App 的响应（性能）。

当然，我们并没有协调这些"进程"的顺序，所以结果的顺序是不可预测的。如果需要排序的话，就要使用和前面提到类似的交互技术，或者本书后面章节将要介绍的技术。

这里使用 setTimeout(..0)（hack）进行异步调度，基本上它的意思就是"把这个函数插入到当前事件循环队列的结尾处"。

严格说来，setTimeout(..0) 并不直接把项目插入到事件循环队列。定时器会在有机的时候插入事件。举例来说，两个连续的 setTimeout(..0) 调用不能保证会严格按照调用顺序处理，所以各种情况都有可能出现，比如定时器漂移，在这种情况下，这些事件的顺序就不可预测。在 Node.js 中，类似的方法是 process.nextTick(..)。尽管它们使用方便（通常性能也更高），但并没有（至少到目前为止）直接的方法可以适应所有环境来确保异步事件的顺序。下一小节我们会深入讨论这个话题。

1.5　任务

在 ES6 中，有一个新的概念建立在事件循环队列之上，叫作任务队列（job queue）。这个概念给大家带来的最大影响可能是 Promise 的异步特性（参见第 3 章）。

遗憾的是，目前为止，这是一个没有公开 API 的机制，因此要展示清楚有些困难。所以我们目前只从概念上进行描述，等到第 3 章讨论 Promise 的异步特性时，你就会理解这些动作是如何协调和处理的。

因此，我认为对于任务队列最好的理解方式就是，它是挂在事件循环队列的每个 tick 之后的一个队列。在事件循环的每个 tick 中，可能出现的异步动作不会导致一个完整的新事件添加到事件循环队列中，而会在当前 tick 的任务队列末尾添加一个项目（一个任务）。

这就像是在说："哦，这里还有一件事将来要做，但要确保在其他任何事情发生之前就完成它。"

事件循环队列类似于一个游乐园游戏：玩过了一个游戏之后，你需要重新到队尾排队才能再玩一次。而任务队列类似于玩过了游戏之后，插队接着继续玩。

一个任务可能引起更多任务被添加到同一个队列末尾。所以，理论上说，任务循环（job loop）可能无限循环（一个任务总是添加另一个任务，以此类推），进而导致程序没有足够资源，无法转移到下一个事件循环 tick。从概念上看，这和代码中的无限循环（就像 while(true)..）的体验几乎是一样的。

任务和 setTimeout(..0) hack 的思路类似，但是其实现方式的定义更加良好，对顺序的保证性更强：尽可能早的将来。

设想一个调度任务（直接地，不要 hack）的 API，称其为 schedule(..)。考虑：

```
console.log( "A" );

setTimeout( function(){
    console.log( "B" );
}, 0 );

// 理论上的"任务API"
schedule( function(){
    console.log( "C" );

    schedule( function(){
        console.log( "D" );
    } );
} );
```

可能你认为这里会打印出 A B C D，但实际打印的结果是 A C D B。因为任务处理是在当前事件循环 tick 结尾处，且定时器触发是为了调度下一个事件循环 tick（如果可用的话！）。

在第 3 章中,我们将会看到,Promise 的异步特性是基于任务的,所以一定要清楚它和事件循环特性的关系。

1.6　语句顺序

代码中语句的顺序和 JavaScript 引擎执行语句的顺序并不一定要一致。这个陈述可能看起来似乎会很奇怪,所以我们要简单解释一下。

但在此之前,以下这一点我们应该完全清楚:这门语言的规则和语法(参见本系列的《你不知道的 JavaScript(上卷)》的"作用域和闭包"部分)已经从程序的角度在语序方面规定了可预测和非常可靠的特性。所以,接下来我们要讨论的内容你应该无法在自己的 JavaScript 程序中观察到。

如果你观察到了类似于我们将要展示的编译器对语句的重排序,那么这很明显违反了规范,而这一定是由所使用的 JavaScript 引擎中的 bug 引起的——该 bug 应该被报告和修正!但是更可能的情况是,当你怀疑 JavaScript 引擎做了什么疯狂的事情时,实际上却是你自己代码中的 bug(可能是竞态条件)引起的。所以首先要检查自己的代码,并且要反复检查。通过使用断点和单步执行一行一行地遍历代码,JavaScript 调试器就是用来发现这样 bug 的最强大工具。

考虑:

```
var a, b;

a = 10;
b = 30;

a = a + 1;
b = b + 1;

console.log( a + b ); // 42
```

这段代码中没有显式的异步(除了前面介绍过的很少见的异步 I/O!),所以很可能它的执行过程是从上到下一行行进行的。

但是,JavaScript 引擎在编译这段代码之后(是的,JavaScript 是需要编译的,参见本系列的《你不知道的 JavaScript(上卷)》的"作用域和闭包"部分!)可能会发现通过(安全地)重新安排这些语句的顺序有可能提高执行速度。重点是,只要这个重新排序是不可见的,一切都没问题。

比如,引擎可能会发现,其实这样执行会更快:

```
var a, b;

a = 10;
a++;

b = 30;
b++;

console.log( a + b ); // 42
```

或者这样：

```
var a, b;

a = 11;
b = 31;

console.log( a + b ); // 42
```

或者其至这样：

```
// 因为a和b不会被再次使用
// 我们可以inline，从而完全不需要它们！
console.log( 42 ); // 42
```

前面的所有情况中，JavaScript 引擎在编译期间执行的都是安全的优化，最后可见的结果都是一样的。

但是这里有一种场景，其中特定的优化是不安全的，因此也是不允许的（当然，不用说这其实也根本不能称为优化）：

```
var a, b;

a = 10;
b = 30;

// 我们需要a和b处于递增之前的状态！
console.log( a * b ); // 300

a = a + 1;
b = b + 1;

console.log( a + b ); // 42
```

还有其他一些例子，其中编译器重新排序会产生可见的副作用（因此必须禁止），比如会产生副作用的函数调用（特别是 getter 函数），或 ES6 代理对象（参考本系列的《你不知道的 JavaScript（下卷）》的 "ES6 & Beyond" 部分）。

考虑：

```
function foo() {
    console.log( b );
    return 1;
}

var a, b, c;

// ES5.1 getter字面量语法
c = {
    get bar() {
        console.log( a );
        return 1;
    }
};

a = 10;
b = 30;

a += foo();          // 30
b += c.bar;          // 11

console.log( a + b );   // 42
```

如果不是因为代码片段中的语句 console.log(..)（只是作为一种方便的形式说明可见的副作用），JavaScript 引擎如果愿意的话，本来可以自由地把代码重新排序如下：

```
// ...

a = 10 + foo();
b = 30 + c.bar;

// ...
```

尽管 JavaScript 语义让我们不会见到编译器语句重排序可能导致的噩梦，这是一种幸运，但是代码编写的方式（从上到下的模式）和编译后执行的方式之间的联系非常脆弱，理解这一点也非常重要。

编译器语句重排序几乎就是并发和交互的微型隐喻。作为一个一般性的概念，清楚这一点能够使你更好地理解异步 JavaScript 代码流问题。

1.7　小结

实际上，JavaScript 程序总是至少分为两个块：第一块现在运行；下一块将来运行，以响应某个事件。尽管程序是一块一块执行的，但是所有这些块共享对程序作用域和状态的访问，所以对状态的修改都是在之前累积的修改之上进行的。

一旦有事件需要运行，事件循环就会运行，直到队列清空。事件循环的每一轮称为一个 tick。用户交互、IO 和定时器会向事件队列中加入事件。

任意时刻，一次只能从队列中处理一个事件。执行事件的时候，可能直接或间接地引发一个或多个后续事件。

并发是指两个或多个事件链随时间发展交替执行，以至于从更高的层次来看，就像是同时在运行（尽管在任意时刻只处理一个事件）。

通常需要对这些并发执行的"进程"（有别于操作系统中的进程概念）进行某种形式的交互协调，比如需要确保执行顺序或者需要防止竞态出现。这些"进程"也可以通过把自身分割为更小的块，以便其他"进程"插入进来。

第 2 章

回调

在第 1 章里，我们探讨了与 JavaScript 异步编程相关的概念和术语。我们的关注点是理解处理所有事件（异步函数调用）的单线程（一次一个）事件循环队列。我们还介绍了多个并发模式以不同的方式解释同时运行的事件链或"进程"（任务、函数调用，等等）之间的关系（如果有的话！）。

第 1 章的所有例子都是把函数当作独立不可分割的运作单元来使用的。在函数内部，语句以可预测的顺序执行（在编译器以上的层级！），但是在函数顺序这一层级，事件（也就是异步函数调用）的运行顺序可以有多种可能。

在所有这些示例中，函数都是作为回调（callback）使用的，因为它是事件循环"回头调用"到程序中的目标，队列处理到这个项目的时候会运行它。

你肯定已经注意到了，到目前为止，回调是编写和处理 JavaScript 程序异步逻辑的最常用方式。确实，回调是这门语言中最基础的异步模式。

无数 JavaScript 程序，甚至包括一些最为高深和复杂的，所依赖的异步基础也仅限于回调（当然，它们使用了第 1 章介绍的各种并发交互模式）。回调函数是 JavaScript 的异步主力军，并且它们不辱使命地完成了自己的任务。

但是……回调函数也不是没有缺点。很多开发者因为更好的异步模式 promise（promise 也是"承诺、希望"的意思，此处一语双关）而激动不已。但是，只有理解了某种抽象的目标和原理，才能有效地应用这种抽象机制。

本章将深入探讨这两点，以便弄懂为什么更高级的异步模式（后续章节和附录 B 中将会讨论）是必需和备受期待的。

2.1 continuation

让我们回到第 1 章中给出的异步回调的例子，为了突出重点，以下稍作了修改：

```
// A
ajax( "..", function(..){
    // C
} );
// B
```

// A 和 // B 表示程序的前半部分（也就是现在的部分），而 // C 标识了程序的后半部分
（也就是将来的部分）。前半部分立刻执行，然后是一段时间不确定的停顿。在未来的某个
时刻，如果 Ajax 调用完成，程序就会从停下的位置继续执行后半部分。

换句话说，回调函数包裹或者说封装了程序的延续（continuation）。

让我们进一步简化这段代码：

```
// A
setTimeout( function(){
    // C
}, 1000 );
// B
```

请在这里稍作停留，思考一下你自己会如何（向对 JavaScript 运作机制不甚了解的某位人
士）描述这段程序的运行方式。然后试着把你的描述大声说出来。这有助于你理解我接下
来要展示的要点。

大多数人刚才可能想到或说出的内容会类似于“执行 A，然后设定一个延时等待 1000 毫
秒，到时后马上执行 C”。你的描述准确度如何呢？

也可能进一步修改为“执行 A，设定延时 1000 毫秒，然后执行 B，然后定时到时后执行
C”。这比第一个版本要更精确一些。你能指出其中的区别吗？

尽管第二个版本更精确一些，但是在匹配大脑对这段代码的理解和代码对于 JavaScript 引
擎的意义方面，两个版本对这段代码的解释都有不足。这种不匹配既微妙又显著，也正是
理解回调作为异步表达和管理方式的缺陷的关键所在。

一旦我们以回调函数的形式引入了单个 continuation（或者几十个，就像很多程序所做的那
样！），我们就容许了大脑工作方式和代码执行方式的分歧。一旦这两者出现分歧（这远
不是这种分歧出现的唯一情况，我想你明白这一点！），我们就得面对这样一个无法逆转
的事实：代码变得更加难以理解、追踪、调试和维护。

2.2　顺序的大脑

我非常确定大多数人都听到过别人自称"能一心多用"。人们试图让自己成为多任务执行者的努力有各种方式，包括从搞笑（比如小孩玩的拍脑袋然后揉肚子这样声东击西的游戏招数）到日常生活（边走路边嚼口香糖），再到十分危险的行为（边开车边发短信）。

但是，我们真的能一心多用吗？我们真的能同时执行两个有意识的、故意的动作，并对二者进行思考或推理吗？我们最高级的大脑功能是以并行多线程的形式运行的吗？

答案可能出乎你的意料：很可能并不是这样。

看起来我们的大脑并不是以这样的方式构建起来的。很多人（特别是 A 型人）可能不愿意承认，但我们更多是单任务执行者。实际上，在任何特定的时刻，我们只能思考一件事情。

我这里所说的并不是所有我们不自觉、无意识地自动完成的脑功能，比如心跳、呼吸和眨眼等。对维持生命来说，这些是至关重要的，但我们并不需要有意识地分配脑力来执行这些任务。谢天谢地，当我们忙于在 3 分钟内第 15 次查看社交网络更新时，我们的大脑在后台（多线程！）执行了所有这些重要任务。

我们在讨论的是此时处于意识前端的那些任务。对我来说，此时此刻的任务就是编写本书。就在此刻，我还在执行任何其他更高级的脑功能吗？不，并没有。我很容易分心，并且频繁地分心——写前面几段的时候就分心了几十次！

我们在假装并行执行多个任务时，实际上极有可能是在进行快速的上下文切换，比如与朋友或家人电话聊天的同时还试图打字。换句话说，我们是在两个或更多任务之间快速连续地来回切换，同时处理每个任务的微小片段。我们切换得如此之快，以至于对外界来说，我们就像是在并行地执行所有任务。

这听起来是不是和异步事件并发机制（比如 JavaScript 中的形式）很相似呢？！如果你还没意识到的话，就回头把第 1 章再读一遍吧！

实际上，把广博复杂的神经学简化（即误用）为一种这里我足以讨论的形式就是，我们大脑的工作方式有点类似于事件循环队列。

如果把我打出来的每个字母（或单词）看作一个异步事件，那么在这一句中我的大脑就有几十次机会被其他某个事件打断，比如因为我的感官甚至随机思绪。

我不会在每次可能被打断的时候都转而投入到其他"进程"中（这值得庆幸，否则我根本没法写完本书！）。但是，中断的发生经常频繁到让我觉得我的大脑几乎是不停地切换到不同的上下文（即"进程"）中。很可能 JavaScript 引擎也是这种感觉。

2.2.1　执行与计划

好吧，所以我们的大脑可以看作类似于单线程运行的事件循环队列，就像 JavaScript 引擎那样。这个比喻看起来很贴切。

但是，我们的分析还需要比这更加深入细致一些。显而易见的是，在我们如何计划各种任务和我们的大脑如何实际执行这些计划之间，还存在着很大的差别。

再一次用此书的写作进行类比。此刻，我心里大致的计划是写啊写啊一直写，依次完成我脑海中已经按顺序排好的一系列要点。我并没有将任何中断或非线性的行为纳入到我的写作计划中。然而，尽管如此，实际上我的大脑还是在不停地切换状态。

虽然在执行的层级上，我们的大脑是以异步事件方式运作的，但我们的任务计划似乎还是以顺序、同步的方式进行："我要先去商店，然后买点牛奶，然后去一下干洗店。"

你会注意到，这个较高层级的思考（计划）过程看起来并不怎么符合异步事件方式。实际上，我们认真思考的时候很少是以事件的形式进行的。取而代之的是，我们按照顺序（A，然后 B，然后 C）仔细计划着，并且会假定有某种形式的临时阻塞来保证 B 会等待 A 完成，C 会等待 B 完成。

开发者编写代码的时候是在计划一系列动作的发生。优秀的开发者会认真计划。"我需要把 z 设为 x 的值，然后把 x 设为 y 的值"，等等。

编写同步代码的时候，语句是一条接一条执行的，其工作方式非常类似于待办任务清单。

```
// 交换x和y(通过临时变量z)
z = x;
x = y;
y = z;
```

这三条语句是同步执行的，所以 x = y 会等待 z = x 执行完毕，然后 y = z 等待 x = y 执行完毕。换个说法就是，这三条语句临时绑定按照特定顺序一个接一个地执行。谢天谢地，这里我们不需要处理异步事件的细节。如果需要的话，代码马上就会变得复杂得多！

所以，如果说同步的大脑计划能够很好地映射到同步代码语句，那么我们的大脑在规划异步代码方面又是怎样的呢？

答案是代码（通过回调）表达异步的方式并不能很好地映射到同步的大脑计划行为。

实际上你能想象按照以下思路来计划待办任务吗？

> "我要去商店，但是路上肯定会接到电话。'嗨，妈妈。'然后她开始说话的时候，我要在 GPS 上查找商店的地址，但是 GPS 加载需要几秒钟时间，于是我把收音机的音量关小，以便听清妈妈讲话。接着我意识到忘了穿外套，外面有点冷，不

过没关系，继续开车，继续和妈妈打电话。这时候安全带警告响起，提醒我系好安全带。'是的，妈妈，我系着安全带呢。我一直都有系啊！'啊，GPS终于找到方向了，于是……"

如果我们这样计划一天中要做什么以及按什么顺序来做的话，事实就会像听上去那样荒谬。但是，在实际执行方面，我们的大脑就是这么运作的。记住，不是多任务，而是快速的上下文切换。

对我们程序员来说，编写异步事件代码，特别是当回调是唯一的实现手段时，困难之处就在于这种思考 / 计划的意识流对我们中的绝大多数来说是不自然的。

我们的思考方式是一步一步的，但是从同步转换到异步之后，可用的工具（回调）却不是按照一步一步的方式来表达的。

这就是为什么精确编写和追踪使用回调的异步 JavaScript 代码如此之难：因为这并不是我们大脑进行计划的运作方式。

 唯一比不知道代码为什么崩溃更可怕的事情是，不知道为什么一开始它是工作的！这就是经典的"纸牌屋"心理："它可以工作，可我不知道为什么，所以谁也别碰它！"你可能听说过"他人即地狱"（萨特）这种说法，对程序员来说则是"他人的代码即地狱"。而我深信不疑的是："不理解自己的代码才是地狱。"回调就是主要元凶之一。

2.2.2　嵌套回调与链式回调

考虑：

```
listen( "click", function handler(evt){
    setTimeout( function request(){
        ajax( "http://some.url.1", function response(text){
            if (text == "hello") {
                handler();
            }
            else if (text == "world") {
                request();
            }
        } );
    }, 500) ;
} );
```

你很可能非常熟悉这样的代码。这里我们得到了三个函数嵌套在一起构成的链，其中每个函数代表异步序列（任务，"进程"）中的一个步骤。

这种代码常常被称为回调地狱（callback hell），有时也被称为毁灭金字塔（pyramid of

doom，得名于嵌套缩进产生的横向三角形状）。

但实际上回调地狱与嵌套和缩进几乎没有什么关系。它引起的问题要比这些严重得多。本章后面的内容会就此类问题的现象和原因展开讨论。

一开始我们在等待 click 事件，然后等待定时器启动，然后等待 Ajax 响应返回，之后可能再重头开始。

一眼看去，这段代码似乎很自然地将其异步性映射到了顺序大脑计划。

首先（现在）我们有：

```
listen( "..", function handler(..){
    // ..
} );
```

然后是将来，我们有：

```
setTimeout( function request(..){
    // ..
}, 500) ;
```

接着还是将来，我们有：

```
ajax( "..", function response(..){
    // ..
} );
```

最后（最晚的将来），我们有：

```
if ( .. ) {
    // ..
}
else ..
```

但以这种方式线性地追踪这段代码还有几个问题。

首先，例子中的步骤是按照 1、2、3、4……的顺序，这只是一个偶然。实际的异步 JavaScript 程序中总是有很多噪声，使得代码更加杂乱。在大脑的演习中，我们需要熟练地绕过这些噪声，从一个函数跳到下一个函数。对于这样满是回调的代码，理解其中的异步流不是不可能，但肯定不自然，也不容易，即使经过大量的练习也是如此。

另外，其中还有一个隐藏更深的错误，但在代码例子中，这个错误并不明显。我们另外设计一个场景（伪代码）来展示这一点：

```
doA( function(){
    doB();
```

```
    doC( function(){
        doD();
    } );

    doE();
} );

doF();
```

尽管有经验的你能够正确确定实际的运行顺序,但我敢打赌,这比第一眼看上去要复杂一些,需要费一番脑筋才能想清楚。实际运行顺序是这样的:

- doA()
- doF()
- doB()
- doC()
- doE()
- doD()

你第一眼看到前面这段代码就分析出正确的顺序了吗?

好吧,有些人可能会认为我的函数命名有意误导了大家,所以不怎么公平。我发誓,我只是按照从上到下的出场顺序命名的。不过还是让我再试一次吧:

```
doA( function(){
    doC();

    doD( function(){
        doF();
    } )

    doE();
} );

doB();
```

现在,我是按照实际执行顺序来命名的。但我还是敢打赌,即使对这种情况有了经验,也不能自然而然地就追踪到代码的执行顺序 A → B → C → D → E → F。显然,你需要在代码中不停地上下移动视线,对不对?

但即使你能够很轻松地得出结论,还是有一个可能导致严重问题的风险。你能够指出这一点吗?

如果 doA(..) 或 doD(..) 实际并不像我们假定的那样是异步的,情况会如何呢?啊,那顺序就更麻烦了。如果它们是同步的(或者根据程序当时的状态,只在某些情况下是同步的),那么现在运行顺序就是 A → C → D → F → E → B。

现在你听到的背景中模糊的声音就是无数 JavaScript 开发者的掩面叹息。

问题是出在嵌套上吗？是它导致跟踪异步流如此之难吗？确实，部分原因是这样。

但是，让我们不用嵌套再把前面的嵌套事件 / 超时 /Ajax 的例子重写一遍吧：

```
listen( "click", handler );

function handler() {
    setTimeout( request, 500 );
}

function request(){
    ajax( "http://some.url.1", response );
}

function response(text){
    if (text == "hello") {
        handler();
    }
    else if (text == "world") {
        request();
    }
}
```

这种组织形式的代码不像前面以嵌套 / 缩进的形式组织的代码那么容易识别了，但是它和回调地狱一样脆弱，易受影响。为什么？

在线性（顺序）地追踪这段代码的过程中，我们不得不从一个函数跳到下一个，再跳到下一个，在整个代码中跳来跳去以"查看"流程。而且别忘了，这还是简化的形式，只考虑了最优情况。我们都知道，真实的异步 JavaScript 程序代码要混乱得多，这使得这种追踪的难度会成倍增加。

还有一点需要注意：要把步骤 2、步骤 3 和步骤 4 连接在一起让它们顺序执行，只用回调的话，代价可以接受的唯一方式是把步骤 2 硬编码到步骤 1 中，步骤 3 硬编码到步骤 2 中，步骤 4 硬编码到步骤 3 中，以此类推。如果实际上步骤 2 总会引出步骤 3 是一个固定条件的话，硬编码本身倒不一定是坏事。

但是，硬编码肯定会使代码更脆弱一些，因为它并没有考虑可能导致步骤执行顺序偏离的异常情况。比如，如果步骤 2 失败，就永远不会到达步骤 3，不管是重试步骤 2，还是跳转到其他错误处理流程，等等。

这些问题都可以通过在每个步骤中手工硬编码来解决，但这样的代码通常是重复的，并且在程序中的其他异步流中或其他步骤中无法复用。

尽管我们的大脑能够以顺序的方式（这个，然后这个，然后这个）计划一系列任务，但大脑运作的事件化的本质使得控制流的恢复 / 重试 / 复制几乎不费什么力气。如果你出外办事的时候发现把购物清单落在了家里，那么这一天并不会因为你没有预知到这一点就成为世界末日了。你的大脑很容易就能针对这个小意外做出计划：回家拿清单，然后立刻返回商店就是了。

但是，手工硬编码（即使包含了硬编码的出错处理）回调的脆弱本性可就远没有这么优雅了。一旦你指定（也就是预先计划）了所有的可能事件和路径，代码就会变得非常复杂，以至于无法维护和更新。

这才是回调地狱的真正问题所在！嵌套和缩进基本上只是转移注意力的枝节而已。

如果这还不够的话，我们还没有提及两个或更多回调 continuation 同时发生的情况，或者如果步骤 3 进入了带有 gate 或 latch 的并行回调的分支，还有……不行，我脑子转不动了，你怎么样？！

现在你抓住重点了吗？我们的顺序阻塞式的大脑计划行为无法很好地映射到面向回调的异步代码。这就是回调方式最主要的缺陷：对于它们在代码中表达异步的方式，我们的大脑需要努力才能同步得上。

2.3 信任问题

顺序的人脑计划和回调驱动的异步 JavaScript 代码之间的不匹配只是回调问题的一部分。还有一些更深入的问题需要考虑。

让我们再次思考一下程序中把回调当作 continuation（也就是后半部分）的概念：

```
// A
ajax( "..", function(..){
    // C
} );
// B
```

// A 和 // B 发生于现在，在 JavaScript 主程序的直接控制之下。而 // C 会延迟到将来发生，并且是在第三方的控制下——在本例中就是函数 ajax(..)。从根本上来说，这种控制的转移通常不会给程序带来很多问题。

但是，请不要被这个小概率迷惑而认为这种控制切换不是什么大问题。实际上，这是回调驱动设计最严重（也是最微妙）的问题。它以这样一个思路为中心：有时候 ajax(..)（也就是你交付回调 continuation 的第三方）不是你编写的代码，也不在你的直接控制下。多数情况下，它是某个第三方提供的工具。

我们把这称为控制反转（inversion of control），也就是把自己程序一部分的执行控制交给某个第三方。在你的代码和第三方工具（一组你希望有人维护的东西）之间有一份并没有明确表达的契约。

2.3.1　五个回调的故事

可能现在还不能很明显地看出为什么这是一个大问题。让我构造一个有点夸张的场景来说明这种信任风险吧。

假设你是一名开发人员，为某个销售昂贵电视的网站建立商务结账系统。你已经做好了结账系统的各个界面。在最后一页，当用户点击"确定"就可以购买电视时，你需要调用（假设由某个分析追踪公司提供的）第三方函数以便跟踪这个交易。

你注意到，可能是为了提高性能，他们提供了一个看似用于异步追踪的工具，这意味着你需要传入一个回调函数。在传入的这个 continuation 中，你需要提供向客户收费和展示感谢页面的最终代码。

代码可能是这样：

```
analytics.trackPurchase( purchaseData, function(){
    chargeCreditCard();
    displayThankyouPage();
} );
```

很简单，是不是？你写好代码，通过测试，一切正常，然后就进行产品部署。皆大欢喜！

六个月过去了，没有任何问题。你几乎已经忘了自己写过这么一段代码。某个上班之前的早晨，你像往常一样在咖啡馆里享用一杯拿铁。突然，你的老板惊慌失措地打电话过来，让你放下咖啡赶紧到办公室。

到了办公室，你得知你们的一位高级客户购买了一台电视，信用卡却被刷了五次，他很生气，这可以理解。客服已经道歉并启动了退款流程。但是，你的老板需要知道这样的事情为何会出现。"这种情况你没有测试过吗？！"

你甚至都不记得自己写过这段代码。但是，你得深入研究这些代码，并开始寻找问题产生的原因。

通过分析日志，你得出一个结论：唯一的解释就是那个分析工具出于某种原因把你的回调调用了五次而不是一次。他们的文档中完全没有提到这种情况。

沮丧的你联系他们的客服，而客服显然和你一样吃惊。他们保证，一定会向开发者提交此事，之后再给你回复。第二天，你收到一封很长的信，是解释他们的发现的，于是你立刻将其转发给你的老板。

显然，分析公司的开发者开发了一些实验性的代码，在某种情况下，会在五秒钟内每秒重试一次传入的回调函数，然后才会因超时而失败。他们从来没打算把这段代码提交到产品中，但不知道为什么却这样做了，他们很是尴尬，充满了歉意。他们以漫长的篇幅解释了他们是如何确定出错点的，并保证绝不会再发生同样的事故，等等。

然后呢?

你和老板讨论此事,他对这种状况却不怎么满意。他坚持认为,你不能再信任他们了(你们受到了伤害)。对此你也只能无奈接受,并且你需要找到某种方法来保护结账代码,保证不再出问题。

经过修补之后,你实现了像下面这样的简单临时代码,大家似乎也很满意:

```
var tracked = false;

analytics.trackPurchase( purchaseData, function(){
    if (!tracked) {
        tracked = true;
        chargeCreditCard();
        displayThankyouPage();
    }
} );
```

 经过第 1 章之后,这段代码对你来说应该很熟悉,因为这里我们其实就是创建了一个 latch 来处理对回调的多个并发调用。

但是,后来有一个 QA 工程师问道:"如果他们根本不调用这个回调怎么办?"哎呦!之前你们双方都没有想到这一点。

然后,你开始沿着这个兔子洞深挖下去,考虑着他们调用你的回调时所有可能的出错情况。这里粗略列出了你能想到的分析工具可能出错的情况:

• 调用回调过早(在追踪之前);
• 调用回调过晚(或没有调用);
• 调用回调的次数太少或太多(就像你遇到过的问题!);
• 没有把所需的环境 / 参数成功传给你的回调函数;
• 吞掉可能出现的错误或异常;
• ……

这感觉就像是一个麻烦列表,实际上它就是。你可能已经开始慢慢意识到,对于被传给你无法信任的工具的每个回调,你都将不得不创建大量的混乱逻辑。

现在你应该更加明白回调地狱是多像地狱了吧。

2.3.2　不只是别人的代码

有些人可能会质疑这件事情是否真像我声称的那么严重。可能你没有真正和第三方工具打过很多交道，如果并不是完全没有的话。可能你使用的是带版本的 API 或者自托管的库，所以其行为不会在你不知道的情况下被改变。

请思考这一点：你能够真正信任理论上（在自己的代码库中）你可以控制的工具吗？

不妨这样考虑：多数人都同意，至少在某种程度上我们应该在内部函数中构建一些防御性的输入参数检查，以便减少或阻止无法预料的问题。

过分信任输入：

```
function addNumbers(x,y) {
    // +是可以重载的,通过类型转换,也可以是字符串连接
    // 所以根据传入参数的不同,这个运算并不是严格安全的
    return x + y;
}

addNumbers( 21, 21 );   // 42
addNumbers( 21, "21" ); // "2121"
```

针对不信任输入的防御性代码：

```
function addNumbers(x,y) {
    // 确保输入为数字
    if (typeof x != "number" || typeof y != "number") {
        throw Error( "Bad parameters" );
    }

    // 如果到达这里,可以通过+安全的进行数字相加
    return x + y;
}

addNumbers( 21, 21 );   // 42
addNumbers( 21, "21" ); // Error: "Bad parameters"
```

依旧安全但更友好一些的：

```
function addNumbers(x,y) {
    // 确保输入为数字
    x = Number( x );
    y = Number( y );

    // +安全进行数字相加
    return x + y;
}

addNumbers( 21, 21 );   // 42
addNumbers( 21, "21" ); // 42
```

不管你怎么做，这种类型的检查 / 规范化的过程对于函数输入是很常见的，即使是对于理论上完全可以信任的代码。大体上说，这等价于那条地缘政治原则："信任，但要核实。"

所以，据此是不是可以推断出，对于异步函数回调的组成，我们应该要做同样的事情，而不只是针对外部代码，甚至是我们知道在我们自己控制下的代码？当然应该。

但是，回调并没有为我们提供任何东西来支持这一点。我们不得不自己构建全部的机制，而且通常为每个异步回调重复这样的工作最后都成了负担。

回调最大的问题是控制反转，它会导致信任链的完全断裂。

如果你的代码中使用了回调，尤其是但也不限于使用第三方工具，而且你还没有应用某种逻辑来解决所有这些控制反转导致的信任问题，那你的代码现在已经有了 bug，即使它们还没有给你造成损害。隐藏的 bug 也是 bug。

确实是地狱。

2.4　尝试挽救回调

回调设计存在几个变体，意在解决前面讨论的一些信任问题（不是全部！）。这种试图从回调模式内部挽救它的意图是勇敢的，但却注定要失败。

举例来说，为了更优雅地处理错误，有些 API 设计提供了分离回调（一个用于成功通知，一个用于出错通知）：

```
function success(data) {
    console.log( data );
}

function failure(err) {
    console.error( err );
}

ajax( "http://some.url.1", success, failure );
```

在这种设计下，API 的出错处理函数 failure() 常常是可选的，如果没有提供的话，就是假定这个错误可以吞掉。

ES6 Promise API 使用的就是这种分离回调设计。第 3 章会介绍 ES6 Promise 的更多细节。

还有一种常见的回调模式叫作"error-first 风格"（有时候也称为"Node 风格"，因为几乎所有 Node.js API 都采用这种风格），其中回调的第一个参数保留用作错误对象（如果有的话）。如果成功的话，这个参数就会被清空 / 置假（后续的参数就是成功数据）。不过，如果产生了错误结果，那么第一个参数就会被置起 / 置真（通常就不会再传递其他结果）：

```
function response(err,data) {
    // 出错?
    if (err) {
        console.error( err );
    }
    // 否则认为成功
    else {
        console.log( data );
    }
}

ajax( "http://some.url.1", response );
```

在这两种情况下，都应该注意到以下几点。

首先，这并没有像表面看上去那样真正解决主要的信任问题。这并没有涉及阻止或过滤不想要的重复调用回调的问题。现在事情更糟了，因为现在你可能同时得到成功或者失败的结果，或者都没有，并且你还是不得不编码处理所有这些情况。

另外，不要忽略这个事实：尽管这是一种你可以采用的标准模式，但是它肯定更加冗长和模式化，可复用性不高，所以你还得不厌其烦地给应用中的每个回调添加这样的代码。

那么回调函数完全不被调用的信任问题该怎么解决？如果这是个问题的话（可能应该是个问题！），你可能需要设置一个超时来取消事件。可以构造一个工具（这里展示的只是一个"验证概念"版本）来帮助实现这一点：

```
function timeoutify(fn,delay) {
    var intv = setTimeout( function(){
            intv = null;
            fn( new Error( "Timeout!" ) );
        }, delay )
    ;

    return function() {
        // 还没有超时?
        if (intv) {
            clearTimeout( intv );
            fn.apply( this, arguments );
        }
    };
}
```

以下是使用方式：

```
// 使用"error-first 风格" 回调设计
function foo(err,data) {
    if (err) {
        console.error( err );
```

```
    }
    else {
        console.log( data );
    }
}

ajax( "http://some.url.1", timeoutify( foo, 500 ) );
```

还有一个信任问题是调用过早。在特定应用的术语中，这可能实际上是指在某个关键任务
完成之前调用回调。但是更通用地来说，对于既可能在现在（同步）也可能在将来（异
步）调用你的回调的工具来说，这个问题是明显的。

这种由同步或异步行为引起的不确定性几乎总会带来极大的 bug 追踪难度。在某些圈子
里，人们用虚构的十分疯狂的恶魔 Zalgo 来描述这种同步 / 异步噩梦。常常会有"不要放
出 Zalgo"这样的呼喊，而这也引出了一条非常有效的建议：永远异步调用回调，即使就
在事件循环的下一轮，这样，所有回调就都是可预测的异步调用了。

 关于 Zalgo 的更多信息，可以参考 Oren Golan 的"Don't Release Zalgo!"以
及 Issac Z. Schlueter 的"Designing APIs for Asynchrony"。

考虑：

```
function result(data) {
    console.log( a );
}

var a = 0;

ajax( "..pre-cached-url..", result );
a++;
```

这段代码会打印出 0（同步回调调用）还是 1（异步回调调用）呢？这要视情况而定。

你可以看出 Zalgo 的不确定性给 JavaScript 程序带来的威胁。所以听上去有点傻的"不要
放出 Zalgo"实际上十分常用，并且也是有用的建议。永远要异步。

如果你不确定关注的 API 会不会永远异步执行怎么办呢？可以创建一个类似于这个"验证
概念"版本的 asyncify(..) 工具：

```
function asyncify(fn) {
    var orig_fn = fn,
        intv = setTimeout( function(){
            intv = null;
            if (fn) fn();
        }, 0 )
    ;
```

```
        fn = null;

        return function() {
            // 触发太快,在定时器intv触发指示异步转换发生之前?
            if (intv) {
                fn = orig_fn.bind.apply(
                    orig_fn,
                    // 把封装器的this添加到bind(..)调用的参数中,
                    // 以及克里化(currying)所有传入参数
                    [this].concat( [].slice.call( arguments ) )
                );
            }
            // 已经是异步
            else {
                // 调用原来的函数
                orig_fn.apply( this, arguments );
            }
        };
    }
```

可以像这样使用 asyncify(..):

```
    function result(data) {
        console.log( a );
    }

    var a = 0;

    ajax( "..pre-cached-url..", asyncify( result ) );
    a++;
```

不管这个 Ajax 请求已经在缓存中并试图对回调立即调用,还是要从网络上取得,进而在将来异步完成,这段代码总是会输出 1,而不是 0——result(..) 只能异步调用,这意味着 a++ 有机会在 result(..) 之前运行。

好啊,又"解决"了一个信任问题! 但这是低效的,而且也会带来膨胀的重复代码,使你的项目变得笨重。

这就是回调的故事,讲了一遍又一遍。它们可以实现所有你想要的功能,但是你需要努力才行。这些努力通常比你追踪这样的代码能够或者应该付出的要多得多。

可能现在你希望有内建的 API 或其他语言机制来解决这些问题。最终,ES6 带着一些极好的答案登场了,所以,继续读下去吧!

2.5　小结

回调函数是 JavaScript 异步的基本单元。但是随着 JavaScript 越来越成熟,对于异步编程领域的发展,回调已经不够用了。

第一，大脑对于事情的计划方式是线性的、阻塞的、单线程的语义，但是回调表达异步流程的方式是非线性的、非顺序的，这使得正确推导这样的代码难度很大。难于理解的代码是坏代码，会导致坏 bug。

我们需要一种更同步、更顺序、更阻塞的的方式来表达异步，就像我们的大脑一样。

第二，也是更重要的一点，回调会受到控制反转的影响，因为回调暗中把控制权交给第三方（通常是不受你控制的第三方工具！）来调用你代码中的 continuation。这种控制转移导致一系列麻烦的信任问题，比如回调被调用的次数是否会超出预期。

可以发明一些特定逻辑来解决这些信任问题，但是其难度高于应有的水平，可能会产生更笨重、更难维护的代码，并且缺少足够的保护，其中的损害要直到你受到 bug 的影响才会被发现。

我们需要一个通用的方案来解决这些信任问题。不管我们创建多少回调，这一方案都应可以复用，且没有重复代码的开销。

我们需要比回调更好的机制。到目前为止，回调提供了很好的服务，但是未来的 JavaScript 需要更高级、功能更强大的异步模式。本书接下来的几章会深入探讨这些新型技术。

第 3 章

Promise

在第 2 章里，我们确定了通过回调表达程序异步和管理并发的两个主要缺陷：缺乏顺序性和可信任性。既然已经对问题有了充分的理解，那么现在是时候把注意力转向可以解决这些问题的模式了。

我们首先想要解决的是控制反转问题，其中，信任很脆弱，也很容易失去。

回忆一下，我们用回调函数来封装程序中的 continuation，然后把回调交给第三方（甚至可能是外部代码），接着期待其能够调用回调，实现正确的功能。

通过这种形式，我们要表达的意思是："这是将来要做的事情，要在当前的步骤完成之后发生。"

但是，如果我们能够把控制反转再反转回来，会怎样呢？如果我们不把自己程序的 continuation 传给第三方，而是希望第三方给我们提供了解其任务何时结束的能力，然后由我们自己的代码来决定下一步做什么，那将会怎样呢？

这种范式就称为 Promise。

随着开发者和规范撰写者绝望地清理他们的代码和设计中由回调地狱引发的疯狂行为，Promise 风暴已经开始席卷 JavaScript 世界。

实际上，绝大多数 JavaScript/DOM 平台新增的异步 API 都是基于 Promise 构建的。所以学习研究 Promise 应该是个好主意，你以为如何呢？！

本章经常会使用"立即"一词，通常用来描述某个 Promise 决议（resolution）动作。但是，基本上在所有情况下，这个"立即"指任务队列行为（参见第 1 章）方面的意义，而不是指严格同步的现在。

3.1 什么是 Promise

开发人员在学习新技术或新模式时，通常第一步就是"给我看看代码"。对我们来说，先跳进去学习细节是很自然的。

但是，事实证明，只了解 API 会丢失很多抽象的细节。Promise 属于这样一类工具：通过某人使用它的方式，很容易分辨他是真正理解了这门技术，还是仅仅学习和使用 API 而已。

所以，在展示 Promise 代码之前，我想先从概念上完整地解释 Promise 到底是什么。希望这能够更好地指导你今后将 Promise 理论集成到自己的异步流中。

明确这一点之后，我们先来查看一下关于 Promise 定义的两个不同类比。

3.1.1 未来值

设想一下这样一个场景：我走到快餐店的柜台，点了一个芝士汉堡。我交给收银员 1.47 美元。通过下订单并付款，我已经发出了一个对某个值（就是那个汉堡）的请求。我已经启动了一次交易。

但是，通常我不能马上就得到这个汉堡。收银员会交给我某个东西来代替汉堡：一张带有订单号的收据。订单号就是一个 IOU（I owe you，我欠你的）承诺（promise），保证了最终我会得到我的汉堡。

所以我得好好保留我的收据和订单号。我知道这代表了我未来的汉堡，所以不需要担心，只是现在我还是很饿！

在等待的过程中，我可以做点其他的事情，比如给朋友发个短信："嗨，要来和我一起吃午饭吗？我正要吃芝士汉堡。"

我已经在想着未来的芝士汉堡了，尽管现在我还没有拿到手。我的大脑之所以可以这么做，是因为它已经把订单号当作芝士汉堡的占位符了。从本质上讲，这个占位符使得这个值不再依赖时间。这是一个未来值。

终于，我听到服务员在喊"订单 113"，然后愉快地拿着收据走到柜台，把收据交给收银员，换来了我的芝士汉堡。

换句话说，一旦我需要的值准备好了，我就用我的承诺值（value-promise）换取这个值本身。

但是，还可能有另一种结果。他们叫到了我的订单号，但当我过去拿芝士汉堡的时候，收银员满是歉意地告诉我："不好意思，芝士汉堡卖完了。"除了作为顾客对这种情况感到愤怒之外，我们还可以看到未来值的一个重要特性：它可能成功，也可能失败。

每次点芝士汉堡，我都知道最终要么得到一个芝士汉堡，要么得到一个汉堡包售罄的坏消息，那我就得找点别的当午饭了。

 在代码中，事情并非这么简单。这是因为，用类比的方式来说就是，订单号可能永远不会被叫到。在这种情况下，我们就永远处于一种未决议状态。后面会讨论如何处理这种情况。

1. 现在值与将来值

要把以上内容应用到代码里的话，前面的描述有点过于抽象，所以这里再具体说明一下。

但在具体解释 Promise 的工作方式之前，先来推导通过我们已经理解的方式——回调——如何处理未来值。

当编写代码要得到某个值的时候，比如通过数学计算，不管你有没有意识到，你都已经对这个值做出了一些非常基本的假设，那就是，它已经是一个具体的现在值：

```
var x, y = 2;

console.log( x + y ); // NaN  <-- 因为x还没有设定
```

运算 x + y 假定了 x 和 y 都已经设定。用术语简单地解释就是，这里我们假定 x 和 y 的值都是已决议的。

期望运算符 + 本身能够神奇地检测并等待 x 和 y 都决议好（也就是准备好）再进行运算是没有意义的。如果有的语句现在完成，而有的语句将来完成，那就会在程序里引起混乱，对不对？

如果两条语句的任何一个（或全部）可能还没有完成，你怎么可能追踪这两条语句的关系呢？如果语句 2 依赖于语句 1 的完成，那么就只有两个输出：要么语句 1 马上完成，一切顺利执行；要么语句 1 还未完成，语句 2 因此也将会失败。

学完第 1 章之后，如果这种情况你听起来很熟悉的话，非常好！

让我们回到 x + y 这个算术运算。设想如果可以通过一种方式表达："把 x 和 y 加起来，但如果它们中的任何一个还没有准备好，就等待两者都准备好。一旦可以就马上执行加运算。"

可能你已经想到了回调。好吧，那么……

```
function add(getX,getY,cb) {
    var x, y;
    getX( function(xVal){
        x = xVal;
        // 两个都准备好了?
        if (y != undefined) {
            cb( x + y );          // 发送和
        }
    } );
    getY( function(yVal){
        y = yVal;
        // 两个都准备好了?
        if (x != undefined) {
            cb( x + y );          // 发送和
        }
    } );
}

// fetchX() 和fetchY()是同步或者异步函数
add( fetchX, fetchY, function(sum){
    console.log( sum ); // 是不是很容易?
} );
```

先暂停片刻，认真思考一下这段代码的优美度（或缺少优美度，别急着喝彩）。

尽管其中的丑陋不可否认，但这种异步模式体现出了一些非常重要的东西。

在这段代码中，我们把 x 和 y 当作未来值，并且表达了一个运算 add(..)。这个运算（从外部看）不在意 x 和 y 现在是否都已经可用。换句话说，它把现在和将来归一化了，因此我们可以确保这个 add(..) 运算的输出是可预测的。

通过使用这个时间上一致的 add(..)——从现在到将来的时间，它的行为都是一致的——大大简化了对这段异步代码的追踪。

说得更直白一些就是，为了统一处理现在和将来，我们把它们都变成了将来，即所有的操作都成了异步的。

当然，这个粗糙的基于回调的方法还有很多不足。要体会追踪未来值的益处而不需要考虑其在时间方面是否可用，这只是很小的第一步。

2. Promise 值

本章后面一定会深入介绍很多 Promise 的细节，因此这里如果读起来有些困惑的话，不必担心。我们先来大致看一下如何通过 Promise 函数表达这个 x + y 的例子：

```
function add(xPromise,yPromise) {
    // Promise.all([ .. ])接受一个promise数组并返回一个新的promise,
    // 这个新promise等待数组中的所有promise完成
    return Promise.all( [xPromise, yPromise] )

    // 这个promise决议之后,我们取得收到的X和Y值并加在一起
    .then( function(values){
        // values是来自于之前决议的promise的消息数组
        return values[0] + values[1];
    } );
}

// fetchX()和fetchY()返回相应值的promise,可能已经就绪,
// 也可能以后就绪
add( fetchX(), fetchY() )

// 我们得到一个这两个数组的和的promise
// 现在链式调用 then(..)来等待返回promise的决议
.then( function(sum){
    console.log( sum ); // 这更简单!
} );
```

这段代码中有两层 Promise。

fetchX() 和 fetchY() 是直接调用的,它们的返回值(promise!)被传给 add(..)。这些 promise 代表的底层值的可用时间可能是现在或将来,但不管怎样,promise 归一保证了行为的一致性。我们可以按照不依赖于时间的方式追踪值 X 和 Y。它们是未来值。

第二层是 add(..)(通过 Promise.all([..]))创建并返回的 promise。我们通过调用 then(..) 等待这个 promise。add(..) 运算完成后,未来值 sum 就准备好了,可以打印出来。我们把等待未来值 X 和 Y 的逻辑隐藏在了 add(..) 内部。

 在 add(..) 内部,Promise.all([..]) 调用创建了一个 promise(这个 promise 等待 promiseX 和 promiseY 的决议)。链式调用 .then(..) 创建了另外一个 promise。这个 promise 由 return values[0] + values[1] 这一行立即决议(得到加运算的结果)。因此,链 add(..) 调用终止处的调用 then(..)——在代码结尾处——实际上操作的是返回的第二个 promise,而不是由 Promise.all([..]) 创建的第一个 promise。还有,尽管第二个 then(..) 后面没有链接任何东西,但它实际上也创建了一个新的 promise,如果想要观察或者使用它的话就可以看到。本章后面会详细介绍这种 Promise 链。

就像芝士汉堡订单一样,Promise 的决议结果可能是拒绝而不是完成。拒绝值和完成的 Promise 不一样:完成值总是编程给出的,而拒绝值,通常称为拒绝原因(rejection reason),可能是程序逻辑直接设置的,也可能是从运行异常隐式得出的值。

通过 Promise，调用 then(..) 实际上可以接受两个函数，第一个用于完成情况（如前所示），第二个用于拒绝情况：

```
add( fetchX(), fetchY() )
.then(
    // 完成处理函数
    function(sum) {
        console.log( sum );
    },
    // 拒绝处理函数
    function(err) {
        console.error( err ); // 烦!
    }
);
```

如果在获取 X 或 Y 的过程中出错，或者在加法过程中出错，add(..) 返回的就是一个被拒绝的 promise，传给 then(..) 的第二个错误处理回调就会从这个 promise 中得到拒绝值。

从外部看，由于 Promise 封装了依赖于时间的状态——等待底层值的完成或拒绝，所以 Promise 本身是与时间无关的。因此，Promise 可以按照可预测的方式组成（组合），而不用关心时序或底层的结果。

另外，一旦 Promise 决议，它就永远保持在这个状态。此时它就成为了不变值（immutable value），可以根据需求多次查看。

> Promise 决议后就是外部不可变的值，我们可以安全地把这个值传递给第三方，并确信它不会被有意无意地修改。特别是对于多方查看同一个 Promise 决议的情况，尤其如此。一方不可能影响另一方对 Promise 决议的观察结果。不可变性听起来似乎一个学术话题，但实际上这是 Promise 设计中最基础和最重要的因素，我们不应该随意忽略这一点。

这是关于 Promise 需要理解的最强大也最重要的一个概念。经过大量的工作，你本可以通过丑陋的回调组合专门创建出类似的效果，但这真的不是一个有效的策略，特别是你不得不一次又一次重复操作。

Promise 是一种封装和组合未来值的易于复用的机制。

3.1.2 完成事件

如前所述，单独的 Promise 展示了未来值的特性。但是，也可以从另外一个角度看待 Promise 的决议：一种在异步任务中作为两个或更多步骤的流程控制机制，时序上的 this-then-that。

假定要调用一个函数 foo(..) 执行某个任务。我们不知道也不关心它的任何细节。这个函数可能立即完成任务，也可能需要一段时间才能完成。

我们只需要知道 foo(..) 什么时候结束，这样就可以进行下一个任务。换句话说，我们想要通过某种方式在 foo(..) 完成的时候得到通知，以便可以继续下一步。

在典型的 JavaScript 风格中，如果需要侦听某个通知，你可能就会想到事件。因此，可以把对通知的需求重新组织为对 foo(..) 发出的一个完成事件（completion event，或 continuation 事件）的侦听。

 是叫完成事件还是叫 continuation 事件，取决于你的视角。你是更关注 foo(..) 发生了什么，还是更关注 foo(..) 之后发生了什么？两种视角都是合理有用的。事件通知告诉我们 foo(..) 已经完成，也告诉我们现在可以继续进行下一步。确实，传递过去的回调将在事件通知发生时被调用，这个回调本身之前就是我们之前所说的 continuation。完成事件关注 foo(..) 更多一些，这也是目前主要的关注点，所以在后面的内容中，我们将其称为完成事件。

使用回调的话，通知就是任务（foo(..)）调用的回调。而使用 Promise 的话，我们把这个关系反转了过来，侦听来自 foo(..) 的事件，然后在得到通知的时候，根据情况继续。

首先，考虑以下伪代码：

```
foo(x) {
    // 开始做点可能耗时的工作
}

foo( 42 )

on (foo "completion") {
    // 可以进行下一步了!
}

on (foo "error") {
    // 啊,foo(..)中出错了
}
```

我们调用 foo(..)，然后建立了两个事件侦听器，一个用于 "completion"，一个用于 "error"——foo(..) 调用的两种可能结果。从本质上讲，foo(..) 并不需要了解调用代码订阅了这些事件，这样就很好地实现了关注点分离。

遗憾的是，这样的代码需要 JavaScript 环境提供某种魔法，而这种环境并不存在（实际上也有点不实际）。以下是在 JavaScript 中更自然的表达方法：

```
function foo(x) {
    // 开始做点可能耗时的工作
```

```
    // 构造一个listener事件通知处理对象来返回

    return listener;
}

var evt = foo( 42 );

evt.on( "completion", function(){
    // 可以进行下一步了!
} );

evt.on( "failure", function(err){
    // 啊,foo(..)中出错了
} );
```

foo(..) 显式创建并返回了一个事件订阅对象,调用代码得到这个对象,并在其上注册了
两个事件处理函数。

相对于面向回调的代码,这里的反转是显而易见的,而且这也是有意为之。这里没有把回
调传给 foo(..),而是返回一个名为 evt 的事件注册对象,由它来接受回调。

如果你回想一下第 2 章的话,应该还记得回调本身就表达了一种控制反转。所以对回调模
式的反转实际上是对反转的反转,或者称为反控制反转——把控制返还给调用代码,这也
是我们最开始想要的效果。

一个很重要的好处是,可以把这个事件侦听对象提供给代码中多个独立的部分;在
foo(..) 完成的时候,它们都可以独立地得到通知,以执行下一步:

```
var evt = foo( 42 );

// 让bar(..)侦听foo(..)的完成
bar( evt );

// 并且让baz(..)侦听foo(..)的完成
baz( evt );
```

对控制反转的恢复实现了更好的关注点分离,其中 bar(..) 和 baz(..) 不需要牵扯到
foo(..) 的调用细节。类似地,foo(..) 不需要知道或关注 bar(..) 和 baz(..) 是否存在,
或者是否在等待 foo(..) 的完成通知。

从本质上说,evt 对象就是分离的关注点之间一个中立的第三方协商机制。

Promise "事件"
你可能已经猜到,事件侦听对象 evt 就是 Promise 的一个模拟。

在基于 Promise 的方法中,前面的代码片段会让 foo(..) 创建并返回一个 Promise 实例,而
且这个 Promise 会被传递到 bar(..) 和 baz(..)。

我们侦听的 Promise 决议"事件"严格说来并不算是事件（尽管它们实现目标的行为方式确实很像事件），通常也不叫作 "completion" 或 "error"。事实上，我们通过 then(..) 注册一个 "then" 事件。或者可能更精确地说，then(..) 注册 "fullfillment" 和 / 或 "rejection" 事件，尽管我们并不会在代码中直接使用这些术语。

考虑：

```
function foo(x) {
    // 开始做一些可能耗时的工作

    // 构造并返回一个promise
    return new Promise( function(resolve,reject){
        // 最终调用resolve(..)或者reject(..)
        // 这是这个promise的决议回调
    } );

}

var p = foo( 42 );

bar( p );

baz( p );
```

new Promise(function(..){ .. }) 模式通常称为 revealing constructor （http://domenic.me/2014/02/13/the-revealing-constructor-pattern/）。传入的函数会立即执行（不会像 then(..) 中的回调一样异步延迟），它有两个参数，在本例中我们将其分别称为 resolve 和 reject。这些是 promise 的决议函数。resolve(..) 通常标识完成，而 reject(..) 则标识拒绝。

你可能会猜测 bar(..) 和 baz(..) 的内部实现或许如下：

```
function bar(fooPromise) {
    // 侦听foo(..)完成
    fooPromise.then(
        function(){
            // foo(..)已经完毕,所以执行bar(..)的任务
        },
        function(){
            // 啊,foo(..)中出错了!
        }
    );
}

// 对于baz(..)也是一样
```

Promise 决议并不一定要像前面将 Promise 作为未来值查看时一样会涉及发送消息。它也可

以只作为一种流程控制信号，就像前面这段代码中的用法一样。

另外一种实现方式是：

```
function bar() {
    // foo(..)肯定已经完成,所以执行bar(..)的任务
}

function oopsBar() {
    // 啊,foo(..)中出错了,所以bar(..)没有运行
}

// 对于baz()和oopsBaz()也是一样

var p = foo( 42 );

p.then( bar, oopsBar );

p.then( baz, oopsBaz );
```

 如果以前有过基于 Promise 的编码经验的话，那你可能就会不禁认为前面代码的最后两行可以用链接的方式写作 p.then(..).then(..)，而不是 p.then(..); p.then(..)。但是，请注意，那样写的话意义就完全不同了！目前二者的区别可能还不是很清晰，但与目前为止我们看到的相比，这确实是一种不同的异步模式——分割与复制。别担心，对于这一点，本章后面还会深入介绍。

这里没有把 promise p 传给 bar(..) 和 baz(..)，而是使用 promise 控制 bar(..) 和 baz(..) 何时执行，如果执行的话。最主要的区别在于错误处理部分。

在第一段代码的方法里，不论 foo(..) 成功与否，bar(..) 都会被调用。并且如果收到了 foo(..) 失败的通知，它会亲自处理自己的回退逻辑。显然，baz(..) 也是如此。

在第二段代码中，bar(..) 只有在 foo(..) 成功时才会被调用，否则就会调用 oppsBar(..)。baz(..) 也是如此。

这两种方法本身并谈不上对错，只是各自适用于不同的情况。

不管哪种情况，都是从 foo(..) 返回的 promise p 来控制接下来的步骤。

另外，两段代码都以使用 promise p 调用 then(..) 两次结束。这个事实说明了前面的观点，就是 Promise（一旦决议）一直保持其决议结果（完成或拒绝）不变，可以按照需要多次查看。

一旦 p 决议，不论是现在还是将来，下一个步骤总是相同的。

3.2　具有 then 方法的鸭子类型

在 Promise 领域，一个重要的细节是如何确定某个值是不是真正的 Promise。或者更直接地说，它是不是一个行为方式类似于 Promise 的值？

既然 Promise 是通过 new Promise(..) 语法创建的，那你可能就认为可以通过 p instanceof Promise 来检查。但遗憾的是，这并不足以作为检查方法，原因有许多。

其中最主要的是，Promise 值可能是从其他浏览器窗口（iframe 等）接收到的。这个浏览器窗口自己的 Promise 可能和当前窗口 /frame 的不同，因此这样的检查无法识别 Promise 实例。

还有，库或框架可能会选择实现自己的 Promise，而不是使用原生 ES6 Promise 实现。实际上，很有可能你是在早期根本没有 Promise 实现的浏览器中使用由库提供的 Promise。

在本章后面讨论 Promise 决议过程的时候，你就会了解为什么有能力识别和判断类似于 Promise 的值是否是真正的 Promise 仍然很重要。不过，你现在只要先记住我的话，知道这一点很重要就行了。

因此，识别 Promise（或者行为类似于 Promise 的东西）就是定义某种称为 thenable 的东西，将其定义为任何具有 then(..) 方法的对象和函数。我们认为，任何这样的值就是 Promise 一致的 thenable。

根据一个值的形态（具有哪些属性）对这个值的类型做出一些假定。这种类型检查（type check）一般用术语鸭子类型（duck typing）来表示——"如果它看起来像只鸭子，叫起来像只鸭子，那它一定就是只鸭子"（参见本书的"类型和语法"部分）。于是，对 thenable 值的鸭子类型检测就大致类似于：

```
if (
    p !== null &&
    (
        typeof p === "object" ||
        typeof p === "function"
    ) &&
    typeof p.then === "function"
) {
    // 假定这是一个thenable!
}
else {
    // 不是thenable
}
```

除了在多个地方实现这个逻辑有点丑陋之外，其实还有一些更深层次的麻烦。

如果你试图使用恰好有 then(..) 函数的一个对象或函数值完成一个 Promise，但并不希望它被当作 Promise 或 thenable，那就有点麻烦了，因为它会自动被识别为 thenable，并被按照特定的规则处理（参见本章后面的内容）。

即使你并没有意识到这个值有 then(..) 函数也是这样。比如：

```
var o = { then: function(){} };

// 让v [[Prototype]]-link到o
var v = Object.create( o );

v.someStuff = "cool";
v.otherStuff = "not so cool";

v.hasOwnProperty( "then" );    // false
```

v 看起来根本不像 Promise 或 thenable。它只是一个具有一些属性的简单对象。你可能只是想要像对其他对象一样发送这个值。

但你不知道的是，v 还 [[Prototype]] 连接（参见《你不知道的 JavaScript（上卷）》的"this 和对象原型"部分）到了另外一个对象 o，而后者恰好具有一个 then(..) 属性。所以 thenable 鸭子类型检测会把 v 认作一个 thenable。

甚至不需要是直接有意支持的：

```
Object.prototype.then = function(){};
Array.prototype.then = function(){};

var v1 = { hello: "world" };
var v2 = [ "Hello", "World" ];
```

v1 和 v2 都会被认作 thenable。如果有任何其他代码无意或恶意地给 Object.prototype、Array.prototype 或任何其他原生原型添加 then(..)，你无法控制也无法预测。并且，如果指定的是不调用其参数作为回调的函数，那么如果有 Promise 决议到这样的值，就会永远挂住！真是疯狂。

难以置信？可能吧。

但是别忘了，在 ES6 之前，社区已经有一些著名的非 Promise 库恰好有名为 then(..) 的方法。这些库中有一部分选择了重命名自己的方法以避免冲突（这真糟糕！）。而其他的那些库只是因为无法通过改变摆脱这种冲突，就很不幸地被降级进入了"与基于 Promise 的编码不兼容"的状态。

标准决定劫持之前未保留的——听起来是完全通用的——属性名 then。这意味着所有值（或其委托），不管是过去的、现存的还是未来的，都不能拥有 then(..) 函数，不管是有意的还是无意的；否则这个值在 Promise 系统中就会被误认为是一个 thenable，这可能会导致非常难以追踪的 bug。

我并不喜欢最后还得用 thenable 鸭子类型检测作为 Promise 的识别方案。还有其他选择，比如 branding，甚至 anti-branding。可我们所用的似乎是针对最差情况的妥协。但情况也并不完全是一片黯淡。后面我们就会看到，thenable 鸭子类型检测还是有用的。只是要清楚，如果 thenable 鸭子类型误把不是 Promise 的东西识别为了 Promise，可能就是有害的。

3.3 Promise 信任问题

前面已经给出了两个很强的类比，用于解释 Promise 在不同方面能为我们的异步代码做些什么。但如果止步于此的话，我们就错过了 Promise 模式构建的可能最重要的特性：信任。

未来值和完成事件这两个类比在我们之前探讨的代码模式中很明显。但是，我们还不能一眼就看出 Promise 为什么以及如何用于解决 2.3 节列出的所有控制反转信任问题。稍微深入探究一下的话，我们就不难发现它提供了一些重要的保护，重新建立了第 2 章中已经毁掉的异步编码可信任性。

先回顾一下只用回调编码的信任问题。把一个回调传入工具 foo(..) 时可能出现如下问题：

- 调用回调过早；
- 调用回调过晚（或不被调用）；
- 调用回调次数过少或过多；
- 未能传递所需的环境和参数；
- 吞掉可能出现的错误和异常。

Promise 的特性就是专门用来为这些问题提供一个有效的可复用的答案。

3.3.1 调用过早

这个问题主要就是担心代码是否会引入类似 Zalgo 这样的副作用（参见第 2 章）。在这类问题中，一个任务有时同步完成，有时异步完成，这可能会导致竞态条件。

根据定义，Promise 就不必担心这种问题，因为即使是立即完成的 Promise（类似于 new Promise(function(resolve){ resolve(42); })）也无法被同步观察到。

也就是说，对一个 Promise 调用 then(..) 的时候，即使这个 Promise 已经决议，提供给 then(..) 的回调也总会被异步调用（对此的更多讨论，请参见 1.5 节）。

不再需要插入你自己的 setTimeout(..,0) hack，Promise 会自动防止 Zalgo 出现。

3.3.2 调用过晚

和前面一点类似，Promise 创建对象调用 `resolve(..)` 或 `reject(..)` 时，这个 Promise 的 `then(..)` 注册的观察回调就会被自动调度。可以确信，这些被调度的回调在下一个异步事件点上一定会被触发（参见 1.5 节）。

同步查看是不可能的，所以一个同步任务链无法以这种方式运行来实现按照预期有效延迟另一个回调的发生。也就是说，一个 Promise 决议后，这个 Promise 上所有的通过 `then(..)` 注册的回调都会在下一个异步时机点上依次被立即调用（再次提醒，请参见 1.5 节）。这些回调中的任意一个都无法影响或延误对其他回调的调用。

举例来说：

```
p.then( function(){
    p.then( function(){
        console.log( "C" );
    } );
    console.log( "A" );
} );
p.then( function(){
    console.log( "B" );
} );
// A B C
```

这里，`"C"` 无法打断或抢占 `"B"`，这是因为 Promise 的运作方式。

Promise 调度技巧

但是，还有很重要的一点需要指出，有很多调度的细微差别。在这种情况下，两个独立 Promise 上链接的回调的相对顺序无法可靠预测。

如果两个 promise p1 和 p2 都已经决议，那么 `p1.then(..)`; `p2.then(..)` 应该最终会先调用 p1 的回调，然后是 p2 的那些。但还有一些微妙的场景可能不是这样的，比如以下代码：

```
var p3 = new Promise( function(resolve,reject){
    resolve( "B" );
} );

var p1 = new Promise( function(resolve,reject){
    resolve( p3 );
} );

var p2 = new Promise( function(resolve,reject){
    resolve( "A" );
} );

p1.then( function(v){
    console.log( v );
} );
```

```
p2.then( function(v){
    console.log( v );
} );

// A B    <-- 而不是像你可能认为的B A
```

后面我们还会深入介绍,但目前你可以看到,p1 不是用立即值而是用另一个 promise p3 决议,后者本身决议为值 "B"。规定的行为是把 p3 展开到 p1,但是是异步地展开。所以,在异步任务队列中,p1 的回调排在 p2 的回调之后(参见 1.5 节)。

要避免这样的细微区别带来的噩梦,你永远都不应该依赖于不同 Promise 间回调的顺序和调度。实际上,好的编码实践方案根本不会让多个回调的顺序有丝毫影响,可能的话就要避免。

3.3.3 回调未调用

这个问题很常见,Promise 可以通过几种途径解决。

首先,没有任何东西(甚至 JavaScript 错误)能阻止 Promise 向你通知它的决议(如果它决议了的话)。如果你对一个 Promise 注册了一个完成回调和一个拒绝回调,那么 Promise 在决议时总是会调用其中的一个。

当然,如果你的回调函数本身包含 JavaScript 错误,那可能就会看不到你期望的结果,但实际上回调还是被调用了。后面我们会介绍如何在回调出错时得到通知,因为就连这些错误也不会被吞掉。

但是,如果 Promise 本身永远不被决议呢?即使这样,Promise 也提供了解决方案,其使用了一种称为竞态的高级抽象机制:

```
// 用于超时一个Promise的工具
function timeoutPromise(delay) {
    return new Promise( function(resolve,reject){
        setTimeout( function(){
            reject( "Timeout!" );
        }, delay );
    } );
}

// 设置foo()超时
Promise.race( [
    foo(),                  // 试着开始foo()
    timeoutPromise( 3000 )  // 给它3秒钟
] )
.then(
    function(){
        // foo(..)及时完成!
    },
```

```
        function(err){
            // 或者foo()被拒绝,或者只是没能按时完成
            // 查看err来了解是哪种情况
        }
    );
```

关于这个 Promise 超时模式还有更多细节需要考量，后面我们会深入讨论。

很重要的一点是，我们可以保证一个 foo() 有一个输出信号，防止其永久挂住程序。

3.3.4　调用次数过少或过多

根据定义，回调被调用的正确次数应该是 1。"过少"的情况就是调用 0 次，和前面解释过的"未被"调用是同一种情况。

"过多"的情况很容易解释。Promise 的定义方式使得它只能被决议一次。如果出于某种原因，Promise 创建代码试图调用 resolve(..) 或 reject(..) 多次，或者试图两者都调用，那么这个 Promise 将只会接受第一次决议，并默默地忽略任何后续调用。

由于 Promise 只能被决议一次，所以任何通过 then(..) 注册的（每个）回调就只会被调用一次。

当然，如果你把同一个回调注册了不止一次（比如 p.then(f); p.then(f);），那它被调用的次数就会和注册次数相同。响应函数只会被调用一次，但这个保证并不能预防你搬起石头砸自己的脚。

3.3.5　未能传递参数 / 环境值

Promise 至多只能有一个决议值（完成或拒绝）。

如果你没有用任何值显式决议，那么这个值就是 undefined，这是 JavaScript 常见的处理方式。但不管这个值是什么，无论当前或未来，它都会被传给所有注册的（且适当的完成或拒绝）回调。

还有一点需要清楚：如果使用多个参数调用 resovle(..) 或者 reject(..)，第一个参数之后的所有参数都会被默默忽略。这看起来似乎违背了我们前面介绍的保证，但实际上并没有，因为这是对 Promise 机制的无效使用。对于这组 API 的其他无效使用（比如多次重复调用 resolve(..)），也是类似的保护处理，所以这里的 Promise 行为是一致的（如果不是有点令人沮丧的话）。

如果要传递多个值，你就必须要把它们封装在单个值中传递，比如通过一个数组或对象。

对环境来说，JavaScript 中的函数总是保持其定义所在的作用域的闭包（参见《你不知道的 JavaScript（上卷）》的"作用域和闭包"部分），所以它们当然可以继续访问你提供的

环境状态。当然，对于只用回调的设计也是这样，因此这并不是 Promise 特有的优点——但不管怎样，这仍是我们可以依靠的一个保证。

3.3.6　吞掉错误或异常

基本上，这部分是上个要点的再次说明。如果拒绝一个 Promise 并给出一个理由（也就是一个出错消息），这个值就会被传给拒绝回调。

不过在这里还有更多的细节需要研究。如果在 Promise 的创建过程中或在查看其决议结果过程中的任何时间点上出现了一个 JavaScript 异常错误，比如一个 TypeError 或 ReferenceError，那这个异常就会被捕捉，并且会使这个 Promise 被拒绝。

举例来说：

```
var p = new Promise( function(resolve,reject){
    foo.bar();  // foo未定义,所以会出错!
    resolve( 42 );  // 永远不会到达这里 :(
} );

p.then(
    function fulfilled(){
        // 永远不会到达这里 :(
    },
    function rejected(err){
        // err将会是一个来自foo.bar()这一行的TypeError异常对象
    }
);
```

foo.bar() 中发生的 JavaScript 异常导致了 Promise 拒绝，你可以捕捉并对其作出响应。

这是一个重要的细节，因为其有效解决了另外一个潜在的 Zalgo 风险，即出错可能会引起同步响应，而不出错则会是异步的。Promise 甚至把 JavaScript 异常也变成了异步行为，进而极大降低了竞态条件出现的可能。

但是，如果 Promise 完成后在查看结果时（then(..)注册的回调中）出现了 JavaScript 异常错误会怎样呢？即使这些异常不会被丢弃，但你会发现，对它们的处理方式还是有点出乎意料，需要进行一些深入研究才能理解：

```
var p = new Promise( function(resolve,reject){
    resolve( 42 );
} );

p.then(
    function fulfilled(msg){
        foo.bar();
        console.log( msg ); // 永远不会到达这里 :(
    },
    function rejected(err){
```

```
            // 永远也不会到达这里  :(
        }
    );
```

等一下，这看起来像是 foo.bar() 产生的异常真的被吞掉了。别担心，实际上并不是这样。但是这里有一个深藏的问题，就是我们没有侦听到它。p.then(..) 调用本身返回了另外一个 promise，正是这个 promise 将会因 TypeError 异常而被拒绝。

为什么它不是简单地调用我们定义的错误处理函数呢？表面上的逻辑应该是这样啊。如果这样的话就违背了 Promise 的一条基本原则，即 Promise 一旦决议就不可再变。p 已经完成为值 42，所以之后查看 p 的决议时，并不能因为出错就把 p 再变为一个拒绝。

除了违背原则之外，这样的行为也会造成严重的损害。因为假如这个 promise p 有多个then(..) 注册的回调的话，有些回调会被调用，而有些则不会，情况会非常不透明，难以解释。

3.3.7   是可信任的 Promise 吗

基于 Promise 模式建立信任还有最后一个细节需要讨论。

你肯定已经注意到 Promise 并没有完全摆脱回调。它们只是改变了传递回调的位置。我们并不是把回调传递给 foo(..)，而是从 foo(..) 得到某个东西（外观上看是一个真正的 Promise），然后把回调传给这个东西。

但是，为什么这就比单纯使用回调更值得信任呢？如何能够确定返回的这个东西实际上就是一个可信任的 Promise 呢？这难道不是一个（脆弱的）纸牌屋，在里面只能信任我们已经信任的？

关于 Promise 的很重要但是常常被忽略的一个细节是，Promise 对这个问题已经有一个解决方案。包含在原生 ES6 Promise 实现中的解决方案就是 Promise.resolve(..)。

如果向 Promise.resolve(..) 传递一个非 Promise、非 thenable 的立即值，就会得到一个用这个值填充的 promise。下面这种情况下，promise p1 和 promise p2 的行为是完全一样的：

```
var p1 = new Promise( function(resolve,reject){
    resolve( 42 );
} );

var p2 = Promise.resolve( 42 );
```

而如果向 Promise.resolve(..) 传递一个真正的 Promise，就只会返回同一个 promise：

```
var p1 = Promise.resolve( 42 );

var p2 = Promise.resolve( p1 );
```

```
p1 === p2; // true
```

更重要的是，如果向 Promise.resolve(..) 传递了一个非 Promise 的 thenable 值，前者就会试图展开这个值，而且展开过程会持续到提取出一个具体的非类 Promise 的最终值。

考虑：

```
var p = {
    then: function(cb) {
        cb( 42 );
    }
};

// 这可以工作,但只是因为幸运而已
p
.then(
    function fulfilled(val){
        console.log( val ); // 42
    },
    function rejected(err){
        // 永远不会到达这里
    }
);
```

这个 p 是一个 thenable，但并不是一个真正的 Promise。幸运的是，和绝大多数值一样，它是可追踪的。但是，如果得到的是如下这样的值又会怎样呢：

```
var p = {
    then: function(cb,errcb) {
        cb( 42 );
        errcb( "evil laugh" );
    }
};

p
.then(
    function fulfilled(val){
        console.log( val ); // 42
    },

    function rejected(err){
        // 啊,不应该运行!
        console.log( err ); // evil laugh
    }
);
```

这个 p 是一个 thenable，但是其行为和 promise 并不完全一致。这是恶意的吗？还只是因为它不知道 Promise 应该如何运作？说实话，这并不重要。不管是哪种情况，它都是不可信任的。

尽管如此，我们还是都可以把这些版本的 p 传给 Promise.resolve(..)，然后就会得到期望中的规范化后的安全结果：

```
Promise.resolve( p )
.then(
    function fulfilled(val){
        console.log( val ); // 42
    },
    function rejected(err){
        // 永远不会到达这里
    }
);
```

Promise.resolve(..) 可以接受任何 thenable，将其解封为它的非 thenable 值。从 Promise.resolve(..) 得到的是一个真正的 Promise，是一个可以信任的值。如果你传入的已经是真正的 Promise，那么你得到的就是它本身，所以通过 Promise.resolve(..) 过滤来获得可信任性完全没有坏处。

假设我们要调用一个工具 foo(..)，且并不确定得到的返回值是否是一个可信任的行为良好的 Promise，但我们可以知道它至少是一个 thenable。Promise.resolve(..) 提供了可信任的 Promise 封装工具，可以链接使用：

```
// 不要只是这么做：
foo( 42 )
.then( function(v){
    console.log( v );
} );

// 而要这么做：
Promise.resolve( foo( 42 ) )
.then( function(v){
    console.log( v );
} );
```

对于用 Promise.resolve(..) 为所有函数的返回值（不管是不是 thenable）都封装一层。另一个好处是，这样做很容易把函数调用规范为定义良好的异步任务。如果 foo(42) 有时会返回一个立即值，有时会返回 Promise，那么 Promise.resolve(foo(42)) 就能够保证总会返回一个 Promise 结果。而且避免 Zalgo 就能得到更好的代码。

3.3.8　建立信任

很可能前面的讨论现在已经完全"解决"（resolve，英语中也表示"决议"的意思）了你的疑惑：Promise 为什么是可信任的，以及更重要的，为什么对构建健壮可维护的软件来说，这种信任非常重要。

可以用 JavaScript 编写异步代码而无需信任吗？当然可以。JavaScript 开发者近二十年来一直都只用回调编写异步代码。

可一旦开始思考你在其上构建代码的机制具有何种程度的可预见性和可靠性时，你就会开始意识到回调的可信任基础是相当不牢靠。

Promise 这种模式通过可信任的语义把回调作为参数传递，使得这种行为更可靠更合理。通过把回调的控制反转反转回来，我们把控制权放在了一个可信任的系统（Promise）中，这种系统的设计目的就是为了使异步编码更清晰。

3.4   链式流

尽管我们之前对此有过几次暗示，但 Promise 并不只是一个单步执行 this-then-that 操作的机制。当然，那是构成部件，但是我们可以把多个 Promise 连接到一起以表示一系列异步步骤。

这种方式可以实现的关键在于以下两个 Promise 固有行为特性：

- 每次你对 Promise 调用 then(..)，它都会创建并返回一个新的 Promise，我们可以将其链接起来；
- 不管从 then(..) 调用的完成回调（第一个参数）返回的值是什么，它都会被自动设置为被链接 Promise（第一点中的）的完成。

先来解释一下这是什么意思，然后推导一下其如何帮助我们创建流程控制异步序列。考虑如下代码：

```
var p = Promise.resolve( 21 );

var p2 = p.then( function(v){
    console.log( v );   // 21

    // 用值42填充p2
    return v * 2;
} );

// 连接p2
p2.then( function(v){
    console.log( v );   // 42
} );
```

我们通过返回 v * 2(即 42)，完成了第一个调用 then(..) 创建并返回的 promise p2。p2 的 then(..) 调用在运行时会从 return v * 2 语句接受完成值。当然，p2.then(..) 又创建了另一个新的 promise，可以用变量 p3 存储。

但是，如果必须创建一个临时变量 p2（或 p3 等），还是有一点麻烦的。谢天谢地，我们很容易把这些链接到一起：

```
var p = Promise.resolve( 21 );

p
.then( function(v){
    console.log( v );     // 21

    // 用值42完成连接的promise
    return v * 2;
} )
// 这里是链接的promise
.then( function(v){
    console.log( v );     // 42
} );
```

现在第一个 then(..) 就是异步序列中的第一步，第二个 then(..) 就是第二步。这可以一直任意扩展下去。只要保持把先前的 then(..) 连到自动创建的每一个 Promise 即可。

但这里还漏掉了一些东西。如果需要步骤 2 等待步骤 1 异步来完成一些事情怎么办？我们使用了立即返回 return 语句，这会立即完成链接的 promise。

使 Promise 序列真正能够在每一步有异步能力的关键是，回忆一下当传递给 Promise. resolve(..) 的是一个 Promise 或 thenable 而不是最终值时的运作方式。Promise. resolve(..) 会直接返回接收到的真正 Promise，或展开接收到的 thenable 值，并在持续展开 thenable 的同时递归地前进。

从完成（或拒绝）处理函数返回 thenable 或者 Promise 的时候也会发生同样的展开。考虑：

```
var p = Promise.resolve( 21 );

p.then( function(v){
    console.log( v );        // 21

    // 创建一个promise并将其返回
    return new Promise( function(resolve,reject){
        // 用值42填充
        resolve( v * 2 );
    } );
} )
.then( function(v){
    console.log( v );        // 42
} );
```

虽然我们把 42 封装到了返回的 promise 中，但它仍然会被展开并最终成为链接的 promise 的决议，因此第二个 then(..) 得到的仍然是 42。如果我们向封装的 promise 引入异步，一切都仍然会同样工作：

```
var p = Promise.resolve( 21 );

p.then( function(v){
    console.log( v );        // 21
```

```
        // 创建一个promise并返回
        return new Promise( function(resolve,reject){
            // 引入异步!
            setTimeout( function(){
                // 用值42填充
                resolve( v * 2 );
            }, 100 );
        } );

    } )
    .then( function(v){
        // 在前一步中的100ms延迟之后运行
        console.log( v );        // 42
    } );
```

这种强大实在不可思议！现在我们可以构建这样一个序列：不管我们想要多少个异步步骤，每一步都能够根据需要等待下一步（或者不等！）。

当然，在这些例子中，一步步传递的值是可选的。如果不显式返回一个值，就会隐式返回 undefined，并且这些 promise 仍然会以同样的方式链接在一起。这样，每个 Promise 的决议就成了继续下一个步骤的信号。

为了进一步阐释链接，让我们把延迟 Promise 创建（没有决议消息）过程一般化到一个工具中，以便在多个步骤中复用：

```
function delay(time) {
    return new Promise( function(resolve,reject){
        setTimeout( resolve, time );
    } );
}

delay( 100 ) // 步骤1
.then( function STEP2(){
    console.log( "step 2 (after 100ms)" );
    return delay( 200 );
} )
.then( function STEP3(){
    console.log( "step 3 (after another 200ms)" );
} )
.then( function STEP4(){
    console.log( "step 4 (next Job)" );
    return delay( 50 );
} )
.then( function STEP5(){
    console.log( "step 5 (after another 50ms)" );
} )
...
```

调用 delay(200) 创建了一个将在 200ms 后完成的 promise，然后我们从第一个 then(..) 完成回调中返回这个 promise，这会导致第二个 then(..) 的 promise 等待这个 200ms 的 promise。

如前所述，严格地说，这个交互过程中有两个 promise：200ms 延迟 promise，和第二个 then(..) 链接到的那个链接 promise。但是你可能已经发现了，在脑海中把这两个 promise 合二为一之后更好理解，因为 Promise 机制已经自动为你把它们的状态合并在了一起。这样一来，可以把 return delay(200) 看作是创建了一个 promise，并用其替换了前面返回的链接 promise。

但说实话，没有消息传递的延迟序列对于 Promise 流程控制来说并不是一个很有用的示例。我们来考虑如下这样一个更实际的场景。

这里不用定时器，而是构造 Ajax 请求：

```
// 假定工具ajax( {url}, {callback} )存在

// Promise-aware ajax
function request(url) {
    return new Promise( function(resolve,reject){
        // ajax(..)回调应该是我们这个promise的resolve(..)函数
        ajax( url, resolve );
    } );
}
```

我们首先定义一个工具 request(..)，用来构造一个表示 ajax(..) 调用完成的 promise：

```
request( "http://some.url.1/" )
.then( function(response1){
    return request( "http://some.url.2/?v=" + response1 );
} )
.then( function(response2){
    console.log( response2 );
} );
```

开发者常会遇到这样的情况：他们想要通过本身并不支持 Promise 的工具（就像这里的 ajax(..)，它接收的是一个回调）实现支持 Promise 的异步流程控制。虽然原生 ES6 Promise 机制并不会自动为我们提供这个模式，但所有实际的 Promise 库都会提供。通常它们把这个过程称为"提升""promise 化"或者其他类似的名称。我们稍后会再介绍这种技术。

利用返回 Promise 的 request(..)，我们通过使用第一个 URL 调用它来创建链接中的第一步，并且把返回的 promise 与第一个 then(..) 链接起来。

response1 一返回，我们就使用这个值构造第二个 URL，并发出第二个 request(..) 调用。第二个 request(..) 的 promise 返回，以便异步流控制中的第三步等待这个 Ajax 调用完成。最后，response2 一返回，我们就立即打出结果。

我们构建的这个 Promise 链不仅是一个表达多步异步序列的流程控制，还是一个从一个步

骤到下一个步骤传递消息的消息通道。

如果这个 Promise 链中的某个步骤出错了怎么办？错误和异常是基于每个 Promise 的，这意味着可能在链的任意位置捕捉到这样的错误，而这个捕捉动作在某种程度上就相当于在这一位置将整条链"重置"回了正常运作：

```
// 步骤1:
request( "http://some.url.1/" )

// 步骤2:
.then( function(response1){
    foo.bar(); // undefined,出错!

    // 永远不会到达这里
    return request( "http://some.url.2/?v=" + response1 );
} )

// 步骤3:
.then(
    function fulfilled(response2){
        // 永远不会到达这里
    },

    // 捕捉错误的拒绝处理函数
    function rejected(err){
        console.log( err );
        // 来自foo.bar()的错误TypeError
        return 42;
    }
)

// 步骤4:
.then( function(msg){
    console.log( msg );          // 42
} );
```

第 2 步出错后，第 3 步的拒绝处理函数会捕捉到这个错误。拒绝处理函数的返回值（这段代码中是 42），如果有的话，会用来完成交给下一个步骤（第 4 步）的 promise，这样，这个链现在就回到了完成状态。

 正如之前讨论过的，当从完成处理函数返回一个 promise 时，它会被展开并有可能延迟下一个步骤。从拒绝处理函数返回 promise 也是如此，因此如果在第 3 步返回的不是 42 而是一个 promise 的话，这个 promise 可能会延迟第 4 步。调用 then(..) 时的完成处理函数或拒绝处理函数如果抛出异常，都会导致（链中的）下一个 promise 因这个异常而立即被拒绝。

如果你调用 promise 的 then(..)，并且只传入一个完成处理函数，一个默认拒绝处理函数就会顶替上来：

```
var p = new Promise( function(resolve,reject){
    reject( "Oops" );
} );

var p2 = p.then(
    function fulfilled(){
        // 永远不会达到这里
    }
    // 假定的拒绝处理函数,如果省略或者传入任何非函数值
    // function(err) {
    //     throw err;
    // }
);
```

如你所见，默认拒绝处理函数只是把错误重新抛出，这最终会使得 p2（链接的 promise）
用同样的错误理由拒绝。从本质上说，这使得错误可以继续沿着 Promise 链传播下去，直
到遇到显式定义的拒绝处理函数。

> 稍后我们会介绍关于 Promise 错误处理的更多细节，因为还有其他一些微妙
> 的细节需要考虑。

如果没有给 then(..) 传递一个适当有效的函数作为完成处理函数参数，还是会有作为替代
的一个默认处理函数：

```
var p = Promise.resolve( 42 );

p.then(
    // 假设的完成处理函数,如果省略或者传入任何非函数值
    // function(v) {
    //     return v;
    // }
    null,
    function rejected(err){
        // 永远不会到达这里
    }
);
```

你可以看到，默认的完成处理函数只是把接收到的任何传入值传递给下一个步骤
（Promise）而已。

> then(null,function(err){ .. }) 这个模式——只处理拒绝（如果有的话），
> 但又把完成值传递下去——有一个缩写形式的 API：catch(function(err)
> { .. })。下一小节会详细介绍 catch(..)。

让我们来简单总结一下使链式流程控制可行的 Promise 固有特性。

- 调用 Promise 的 then(..) 会自动创建一个新的 Promise 从调用返回。
- 在完成或拒绝处理函数内部，如果返回一个值或抛出一个异常，新返回的（可链接的）Promise 就相应地决议。
- 如果完成或拒绝处理函数返回一个 Promise，它将会被展开，这样一来，不管它的决议值是什么，都会成为当前 then(..) 返回的链接 Promise 的决议值。

尽管链式流程控制是有用的，但是对其最精确的看法是把它看作 Promise 组合到一起的一个附加益处，而不是主要目的。正如前面已经多次深入讨论的，Promise 规范化了异步，并封装了时间相关值的状态，使得我们能够把它们以这种有用的方式链接到一起。

当然，相对于第 2 章讨论的回调的一团乱麻，链接的顺序表达（this-then-this-then-this...）已经是一个巨大的进步。但是，仍然有大量的重复样板代码（then(..) 以及 function() { ... }）。在第 4 章，我们将会看到在顺序流程控制表达方面提升巨大的优美模式，通过生成器实现。

术语：决议、完成以及拒绝

对于术语决议（resolve）、完成（fulfill）和拒绝（reject），在更深入学习 Promise 之前，我们还有一些模糊之处需要澄清。先来研究一下构造器 Promise(..)：

```
var p = new Promise( function(X,Y){
    // X()用于完成
    // Y()用于拒绝
} );
```

你可以看到，这里提供了两个回调（称为 X 和 Y）。第一个通常用于标识 Promise 已经完成，第二个总是用于标识 Promise 被拒绝。这个"通常"是什么意思呢？对于这些参数的精确命名，这又意味着什么呢？

追根究底，这只是你的用户代码和标识符名称，对引擎而言没有意义。所以从技术上说，这无关紧要，foo(..) 或者 bar(..) 还是同样的函数。但是，你使用的文字不只会影响你对这些代码的看法，也会影响团队其他开发者对代码的认识。错误理解精心组织起来的异步代码还不如使用一团乱麻的回调函数。

所以事实上，命名还是有一定的重要性的。

第二个参数名称很容易决定。几乎所有的文献都将其命名为 reject(..)，因为这就是它真实的（也是唯一的！）工作，所以这样的名字是很好的选择。我强烈建议大家要一直使用 reject(..) 这一名称。

但是，第一个参数就有一些模糊了，Promise 文献通常将其称为 resolve(..)。这个词显然和决议（resolution）有关，而决议在各种文献（包括本书）中是用来描述"为 Promise 设定最终值 / 状态"。前面我们已经多次使用"Promise 决议"来表示完成或拒绝 Promise。

但是，如果这个参数是用来特指完成这个 Promise，那为什么不用使用 fulfill(..) 来代替 resolve(..) 以求表达更精确呢？要回答这个问题，我们先来看看两个 Promise API 方法：

```
var fulfilledPr = Promise.resolve( 42 );

var rejectedPr = Promise.reject( "Oops" );
```

Promise.resolve(..) 创建了一个决议为输入值的 Promise。在这个例子中，42 是一个非Promise、非 thenable 的普通值，所以完成后的 promise fullfilledPr 是为值 42 创建的。Promise.reject("Oops") 创建了一个被拒绝的 promise rejectedPr，拒绝理由为 "Oops"。

现在我们来解释为什么单词 resolve（比如在 Promise.resolve(..) 中）如果用于表达结果可能是完成也可能是拒绝的话，既没有歧义，而且也确实更精确：

```
var rejectedTh = {
    then: function(resolved,rejected) {
        rejected( "Oops" );
    }
};

var rejectedPr = Promise.resolve( rejectedTh );
```

本章前面已经介绍过，Promise.resolve(..) 会将传入的真正 Promise 直接返回，对传入的 thenable 则会展开。如果这个 thenable 展开得到一个拒绝状态，那么从 Promise.resolve(..) 返回的 Promise 实际上就是这同一个拒绝状态。

所以对这个 API 方法来说，Promise.resolve(..) 是一个精确的好名字，因为它实际上的结果可能是完成或拒绝。

Promise(..) 构造器的第一个参数回调会展开 thenable（和 Promise.resolve(..) 一样）或真正的 Promise：

```
var rejectedPr = new Promise( function(resolve,reject){
    // 用一个被拒绝的promise完成这个promise
    resolve( Promise.reject( "Oops" ) );
} );

rejectedPr.then(
    function fulfilled(){
        // 永远不会到达这里
    },
    function rejected(err){
        console.log( err ); // "Oops"
```

```
    }
);
```

现在应该很清楚了，Promise(..) 构造器的第一个回调参数的恰当称谓是 resolve(..)。

 前面提到的 reject(..) 不会像 resolve(..) 一样进行展开。如果向 reject(..) 传入一个 Promise/thenable 值，它会把这个值原封不动地设置为拒绝理由。后续的拒绝处理函数接收到的是你实际传给 reject(..) 的那个 Promise/thenable，而不是其底层的立即值。

不过，现在我们再来关注一下提供给 then(..) 的回调。它们（在文献和代码中）应该怎么命名呢？我的建议是 fulfilled(..) 和 rejected(..)：

```
function fulfilled(msg) {
    console.log( msg );
}

function rejected(err) {
    console.error( err );
}

p.then(
    fulfilled,
    rejected
);
```

对 then(..) 的第一个参数来说，毫无疑义，总是处理完成的情况，所以不需要使用标识两种状态的术语 "resolve"。这里提一下，ES6 规范将这两个回调命名为 onFulfilled(..) 和 onRejected(..)，所以这两个术语很准确。

3.5　错误处理

前面已经展示了一些例子，用于说明在异步编程中 Promise 拒绝（调用 reject(..) 有意拒绝或 JavaScript 异常导致的无意拒绝）如何使得错误处理更完善。我们来回顾一下，并明确解释一下前面没有明说的几个细节。

对多数开发者来说，错误处理最自然的形式就是同步的 try..catch 结构。遗憾的是，它只能是同步的，无法用于异步代码模式：

```
function foo() {
    setTimeout( function(){
        baz.bar();
    }, 100 );
}

try {
```

```
        foo();
        // 后面从 `baz.bar()` 抛出全局错误
    }
    catch (err) {
        // 永远不会到达这里
    }
```

try..catch 当然很好，但是无法跨异步操作工作。也就是说，还需要一些额外的环境支持，我们会在第 4 章关于生成器的部分介绍这些环境支持。

在回调中，一些模式化的错误处理方式已经出现，最值得一提的是 error-first 回调风格：

```
function foo(cb) {
    setTimeout( function(){
        try {
            var x = baz.bar();
            cb( null, x ); // 成功!
        }
        catch (err) {
            cb( err );
        }
    }, 100 );
}

foo( function(err,val){
    if (err) {
        console.error( err ); // 烦 :(
    }
    else {
        console.log( val );
    }
} );
```

 只有在 baz.bar() 调用会同步地立即成功或失败的情况下，这里的 try..catch 才能工作。如果 baz.bar() 本身有自己的异步完成函数，其中的任何异步错误都将无法捕捉到。

传给 foo(..) 的回调函数保留第一个参数 err，用于在出错时接收到信号。如果其存在的话，就认为出错；否则就认为是成功。

严格说来，这一类错误处理是支持异步的，但完全无法很好地组合。多级 error-first 回调交织在一起，再加上这些无所不在的 if 检查语句，都不可避免地导致了回调地狱的风险（参见第 2 章）。

我们回到 Promise 中的错误处理，其中拒绝处理函数被传递给 then(..)。Promise 没有采用流行的 error-first 回调设计风格，而是使用了分离回调（split-callback）风格。一个回调用于完成情况，一个回调用于拒绝情况：

```
var p = Promise.reject( "Oops" );

p.then(
    function fulfilled(){
        // 永远不会到达这里
    },
    function rejected(err){
        console.log( err ); // "Oops"
    }
);
```

尽管表面看来，这种出错处理模式很合理，但彻底掌握 Promise 错误处理的各种细微差别常常还是有些难度的。

考虑：

```
var p = Promise.resolve( 42 );

p.then(
    function fulfilled(msg){
        // 数字没有string函数，所以会抛出错误
        console.log( msg.toLowerCase() );
    },
    function rejected(err){
        // 永远不会到达这里
    }
);
```

如果 msg.toLowerCase() 合法地抛出一个错误（事实确实如此！），为什么我们的错误处理函数没有得到通知呢？正如前面解释过的，这是因为那个错误处理函数是为 promise p 准备的，而这个 promise 已经用值 42 填充了。promise p 是不可变的，所以唯一可以被通知这个错误的 promise 是从 p.then(..) 返回的那一个，但我们在此例中没有捕捉。

这应该清晰地解释了为什么 Promise 的错误处理易于出错。这非常容易造成错误被吞掉，而这极少是出于你的本意。

 如果通过无效的方式使用 Promise API，并且出现一个错误阻碍了正常的 Promise 构造，那么结果会得到一个立即抛出的异常，而不是一个被拒绝的 Promise。这里是一些错误使用导致 Promise 构造失败的例子：new Promise(null)、Promise.all()、Promise.race(42)，等等。如果一开始你就没能有效使用 Promise API 真正构造出一个 Promise，那就无法得到一个被拒绝的 Promise！

3.5.1　绝望的陷阱

Jeff Atwood 多年前曾提出：通常编程语言构建的方式是，默认情况下，开发者陷入"绝

望的陷阱"（pit of despair），要为错误付出代价，只有更努力才能做对。他呼吁我们转而构建一个"成功的坑"（pit of success），其中默认情况下你能够得到想要的结果（成功），想出错很难。

毫无疑问，Promise 错误处理就是一个"绝望的陷阱"设计。默认情况下，它假定你想要Promise 状态吞掉所有的错误。如果你忘了查看这个状态，这个错误就会默默地（通常是绝望地）在暗处凋零死掉。

为了避免丢失被忽略和抛弃的 Promise 错误，一些开发者表示，Promise 链的一个最佳实践就是最后总以一个 catch(..) 结束，比如：

```
var p = Promise.resolve( 42 );

p.then(
    function fulfilled(msg){
        // 数字没有string函数,所以会抛出错误
        console.log( msg.toLowerCase() );
    }
)
.catch( handleErrors );
```

因为我们没有为 then(..) 传入拒绝处理函数，所以默认的处理函数被替换掉了，而这仅仅是把错误传递给了链中的下一个 promise。因此，进入 p 的错误以及 p 之后进入其决议（就像 msg.toLowerCase()）的错误都会传递到最后的 handleErrors(..)。

问题解决了，对吧？没那么快！

如果 handleErrors(..) 本身内部也有错误怎么办呢？谁来捕捉它？还有一个没人处理的promise：catch(..) 返回的那一个。我们没有捕获这个 promise 的结果，也没有为其注册拒绝处理函数。

你并不能简单地在这个链尾端添加一个新的 catch(..)，因为它很可能会失败。任何Promise 链的最后一步，不管是什么，总是存在着在未被查看的 Promise 中出现未捕获错误的可能性，尽管这种可能性越来越低。

看起来好像是个无解的问题吧？

3.5.2　处理未捕获的情况

这不是一个容易彻底解决的问题。还有其他（很多人认为是更好的）一些处理方法。

有些 Promise 库增加了一些方法，用于注册一个类似于"全局未处理拒绝"处理函数的东西，这样就不会抛出全局错误，而是调用这个函数。但它们辨识未捕获错误的方法是定义一个某个时长的定时器，比如 3 秒钟，在拒绝的时刻启动。如果 Promise 被拒绝，而在定

时器触发之前都没有错误处理函数被注册，那它就会假定你不会注册处理函数，进而就是未被捕获错误。

在实际使用中，对很多库来说，这种方法运行良好，因为通常多数使用模式在 Promise 拒绝和检查拒绝结果之间不会有很长的延迟。但是这种模式可能会有些麻烦，因为 3 秒这个时间太随意了（即使是经验值），也因为确实有一些情况下会需要 Promise 在一段不确定的时间内保持其拒绝状态。而且你绝对不希望因为这些误报（还没被处理的未捕获错误）而调用未捕获错误处理函数。

更常见的一种看法是：Promsie 应该添加一个 done(..) 函数，从本质上标识 Promsie 链的结束。done(..) 不会创建和返回 Promise，所以传递给 done(..) 的回调显然不会报告一个并不存在的链接 Promise 的问题。

那么会发生什么呢？它的处理方式类似于你可能对未捕获错误通常期望的处理方式：done(..) 拒绝处理函数内部的任何异常都会被作为一个全局未处理错误抛出（基本上是在开发者终端上）。代码如下：

```
var p = Promise.resolve( 42 );

p.then(
    function fulfilled(msg){
        // 数字没有string函数,所以会抛出错误
        console.log( msg.toLowerCase() );
    }
)
.done( null, handleErrors );

// 如果handleErrors(..)引发了自身的异常,会被全局抛出到这里
```

相比没有结束的链接或者任意时长的定时器，这种方案看起来似乎更有吸引力。但最大的问题是，它并不是 ES6 标准的一部分，所以不管听起来怎么好，要成为可靠的普遍解决方案，它还有很长一段路要走。

那我们就这么被卡住了？不完全是。

浏览器有一个特有的功能是我们的代码所没有的：它们可以跟踪并了解所有对象被丢弃以及被垃圾回收的时机。所以，浏览器可以追踪 Promise 对象。如果在它被垃圾回收的时候其中有拒绝，浏览器就能够确保这是一个真正的未捕获错误，进而可以确定应该将其报告到开发者终端。

 在编写本书时候，Chrome 和 Firefox 对于这种（追踪）未捕获拒绝功能都已经有了早期的实验性支持，尽管还不完善。

但是，如果一个 Promise 未被垃圾回收——各种不同的代码模式中很容易不小心出现这种情况——浏览器的垃圾回收嗅探就无法帮助你知晓和诊断一个被你默默拒绝的 Promise。

还有其他办法吗？有。

3.5.3 成功的坑

接下来的内容只是理论上的，关于未来的 Promise 可以变成什么样。我相信它会变得比现在我们所拥有的高级得多。我认为这种改变甚至可能是后 ES6 的，因为我觉得它不会打破与 ES6 Promise 的 web 兼容性。还有，如果你认真对待的话，它可能是可以 polyfill/prollyfill 的。我们来看一下。

- 默认情况下，Promsie 在下一个任务或时间循环 tick 上（向开发者终端）报告所有拒绝，如果在这个时间点上该 Promise 上还没有注册错误处理函数。
- 如果想要一个被拒绝的 Promise 在查看之前的某个时间段内保持被拒绝状态，可以调用 defer()，这个函数优先级高于该 Promise 的自动错误报告。

如果一个 Promise 被拒绝的话，默认情况下会向开发者终端报告这个事实（而不是默认为沉默）。可以选择隐式（在拒绝之前注册一个错误处理函数）或者显式（通过 defer()）禁止这种报告。在这两种情况下，都是由你来控制误报的情况。

考虑：

```
var p = Promise.reject( "Oops" ).defer();

// foo(..)是支持Promise的
foo( 42 )
.then(
    function fulfilled(){
        return p;
    },
    function rejected(err){
        // 处理foo(..)错误
    }
);
...
```

创建 p 的时候，我们知道需要等待一段时间才能使用或查看它的拒绝结果，所以我们就调用 defer()，这样就不会有全局报告出现。为了便于链接，defer() 只是返回这同一个 promise。

从 foo(..) 返回的 promise 立刻就被关联了一个错误处理函数，所以它也隐式消除了出错全局报告。

但是，从 then(..) 调用返回的 promise 没有调用 defer()，也没有关联错误处理函数，所以如果它（从内部或决议处理函数）拒绝的话，就会作为一个未捕获错误被报告到开发者终端。

这种设计就是成功的坑。默认情况下，所有的错误要么被处理要么被报告，这几乎是绝大多数情况下几乎所有开发者会期望的结果。你要么必须注册一个处理函数要么特意选择退出，并表明你想把错误处理延迟到将来。你这时候是在为特殊情况主动承担特殊的责任。

这种方案唯一真正的危险是，如果你 defer() 了一个 Promise，但之后却没有成功查看或处理它的拒绝结果。

但是，你得特意调用 defer() 才能选择进入这个绝望的陷阱（默认情况下总是成功的坑）。所以这是你自己的问题，别人也无能为力。

我认为 Promise 错误处理还是有希望的（后 ES6）。我希望权威组织能够重新思考现状，考虑一下这种修改。同时，你也可以自己实现这一点（这是一道留给大家的挑战性习题！），或者选择更智能的 Promise 库为你实现！

这个错误处理 / 报告的精确模板是在我的 asynquence Promise 抽象库中实现的。本部分的附录 A 中详细讨论了这个库。

3.6 Promise 模式

前文我们无疑已经看到了使用 Promise 链的顺序模式（this-then-this-then-that 流程控制），但是可以基于 Promise 构建的异步模式抽象还有很多变体。这些模式是为了简化异步流程控制，这使得我们的代码更容易追踪和维护，即使在程序中最复杂的部分也是如此。

原生 ES6 Promise 实现中直接支持了两个这样的模式，所以我们可以免费得到它们，用作构建其他模式的基本块。

3.6.1 Promise.all([..])

在异步序列中（Promise 链），任意时刻都只能有一个异步任务正在执行——步骤 2 只能在步骤 1 之后，步骤 3 只能在步骤 2 之后。但是，如果想要同时执行两个或更多步骤（也就是"并行执行"），要怎么实现呢？

在经典的编程术语中，门（gate）是这样一种机制要等待两个或更多并行 / 并发的任务都完成才能继续。它们的完成顺序并不重要，但是必须都要完成，门才能打开并让流程控制继续。

在 Promise API 中，这种模式被称为 all([..])。

假定你想要同时发送两个 Ajax 请求，等它们不管以什么顺序全部完成之后，再发送第三个 Ajax 请求。考虑：

```
// request(..)是一个Promise-aware Ajax工具
// 就像我们在本章前面定义的一样

var p1 = request( "http://some.url.1/" );
var p2 = request( "http://some.url.2/" );

Promise.all( [p1,p2] )
.then( function(msgs){
    // 这里,p1和p2完成并把它们的消息传入
    return request(
        "http://some.url.3/?v=" + msgs.join(",")
    );
} )
.then( function(msg){
    console.log( msg );
} );
```

Promise.all([..])需要一个参数，是一个数组，通常由 Promise 实例组成。从 Promise.all([..])调用返回的 promise 会收到一个完成消息（代码片段中的 msg）。这是一个由所有传入 promise 的完成消息组成的数组，与指定的顺序一致（与完成顺序无关）。

 严格说来，传给 Promise.all([..])的数组中的值可以是 Promise、thenable，甚至是立即值。就本质而言，列表中的每个值都会通过 Promise.resolve(..)过滤，以确保要等待的是一个真正的 Promise，所以立即值会被规范化为为这个值构建的 Promise。如果数组是空的，主 Promise 就会立即完成。

从 Promise.all([..])返回的主 promise 在且仅在所有的成员 promise 都完成后才会完成。如果这些 promise 中有任何一个被拒绝的话，主 Promise.all([..])promise 就会立即被拒绝，并丢弃来自其他所有 promise 的全部结果。

永远要记住为每个 promise 关联一个拒绝 / 错误处理函数，特别是从 Promise.all([..])返回的那一个。

3.6.2 Promise.race([..])

尽管 Promise.all([..])协调多个并发 Promise 的运行，并假定所有 Promise 都需要完成，但有时候你会想只响应"第一个跨过终点线的 Promise"，而抛弃其他 Promise。

这种模式传统上称为门闩，但在 Promise 中称为竞态。

虽然"只有第一个到达终点的才算胜利"这个比喻很好地描述了其行为特性,但遗憾的是,由于竞态条件通常被认为是程序中的 bug(参见第 1 章),所以从某种程度上说,"竞争"这个词已经是一个具有固定意义的术语了。不要混淆了 Promise.race([..]) 和竞态条件。

Promise.race([..]) 也接受单个数组参数。这个数组由一个或多个 Promise、thenable 或立即值组成。立即值之间的竞争在实践中没有太大意义,因为显然列表中的第一个会获胜,就像赛跑中有一个选手是从终点开始比赛一样!

与 Promise.all([..]) 类似,一旦有任何一个 Promise 决议为完成,Promise.race([..]) 就会完成;一旦有任何一个 Promise 决议为拒绝,它就会拒绝。

一项竞赛需要至少一个"参赛者"。所以,如果你传入了一个空数组,主 race([..]) Promise 永远不会决议,而不是立即决议。这很容易搬起石头砸自己的脚! ES6 应该指定它完成或拒绝,抑或只是抛出某种同步错误。遗憾的是,因为 Promise 库在时间上早于 ES6 Promise,它们不得已遗留了这个问题,所以,要注意,永远不要递送空数组。

再回顾一下前面的并发 Ajax 例子,不过这次的 p1 和 p2 是竞争关系:

```
// request(..)是一个支持Promise的Ajax工具
// 就像我们在本章前面定义的一样

var p1 = request( "http://some.url.1/" );
var p2 = request( "http://some.url.2/" );

Promise.race( [p1,p2] )
.then( function(msg){
    // p1或者p2将赢得这场竞赛
    return request(
        "http://some.url.3/?v=" + msg
    );
} )
.then( function(msg){
    console.log( msg );
} );
```

因为只有一个 promise 能够取胜,所以完成值是单个消息,而不是像对 Promise.all([..]) 那样的是一个数组。

1. 超时竞赛

我们之前看到过这个例子,其展示了如何使用 Promise.race([..]) 表达 Promise 超时模式:

```
// foo()是一个支持Promise的函数
```

```
// 前面定义的timeoutPromise(..)返回一个promise,
// 这个promise会在指定延时之后拒绝

// 为foo()设定超时
Promise.race( [
    foo(),                      // 启动foo()
    timeoutPromise( 3000 )  // 给它3秒钟
] )
.then(
    function(){
        // foo(..)按时完成!
    },
    function(err){
        // 要么foo()被拒绝,要么只是没能够按时完成,
        // 因此要查看err了解具体原因
    }
);
```

在多数情况下,这个超时模式能够很好地工作。但是,还有一些微妙的情况需要考虑,并且坦白地说,对于 Promise.race([..]) 和 Promise.all([..]) 也都是如此。

2. finally

一个关键问题是:"那些被丢弃或忽略的 promise 会发生什么呢?"我们并不是从性能的角度提出这个问题的——通常最终它们会被垃圾回收——而是从行为的角度(副作用等)。Promise 不能被取消,也不应该被取消,因为那会摧毁 3.8.5 节讨论的外部不变性原则,所以它们只能被默默忽略。

那么如果前面例子中的 foo() 保留了一些要用的资源,但是出现了超时,导致这个 promise 被忽略,这又会怎样呢?在这种模式中,会有什么为超时后主动释放这些保留资源提供任何支持,或者取消任何可能产生的副作用吗?如果你想要的只是记录下 foo() 超时这个事实,又会如何呢?

有些开发者提出,Promise 需要一个 finally(..) 回调注册,这个回调在 Promise 决议后总是会被调用,并且允许你执行任何必要的清理工作。目前,规范还没有支持这一点,不过在 ES7+ 中也许可以。只好等等看了。

它看起来可能类似于:

```
var p = Promise.resolve( 42 );

p.then( something )
.finally( cleanup )
.then( another )
.finally( cleanup );
```

在各种各样的 Promise 库中，finally(..) 还是会创建并返回一个新的 Promise（以支持链接继续）。如果 cleanup(..) 函数要返回一个 Promise 的话，这个 promise 就会被连接到链中，这意味着这里还是会有前面讨论过的未处理拒绝问题。

同时，我们可以构建一个静态辅助工具来支持查看（而不影响）Promise 的决议：

```
// polyfill安全的guard检查
if (!Promise.observe) {
    Promise.observe = function(pr,cb) {
        // 观察pr的决议
        pr.then(
            function fulfilled (msg){
                // 安排异步回调(作为Job)
                Promise.resolve( msg ).then( cb );
            },
            function rejected(err){
                // 安排异步回调(作为Job)
                Promise.resolve( err ).then( cb );
            }
        );

        // 返回最初的promise
        return pr;
    };
}
```

下面是如何在前面的超时例子中使用这个工具：

```
Promise.race( [
    Promise.observe(
        foo(),                          // 试着运行foo()
        function cleanup(msg){
            // 在foo()之后清理，即使它没有在超时之前完成
        }
    ),
    timeoutPromise( 3000 )  // 给它3秒钟
] )
```

这个辅助工具 Promise.observe(..) 只是用来展示可以如何查看 Promise 的完成而不对其产生影响。其他的 Promise 库有自己的解决方案。不管如何实现，你都很可能遇到需要确保 Promise 不会被意外默默忽略的情况。

3.6.3 all([..]) 和 race([..]) 的变体

虽然原生 ES6 Promise 中提供了内建的 Promise.all([..]) 和 Promise.race([..])，但这些语义还有其他几个常用的变体模式。

- none([..])

  这个模式类似于 all([..])，不过完成和拒绝的情况互换了。所有的 Promise 都要被拒绝，即拒绝转化为完成值，反之亦然。

- any([..])

  这个模式与 all([..]) 类似，但是会忽略拒绝，所以只需要完成一个而不是全部。

- first([..])

  这个模式类似于与 any([..]) 的竞争，即只要第一个 Promise 完成，它就会忽略后续的任何拒绝和完成。

- last([..])

  这个模式类似于 first([..])，但却是只有最后一个完成胜出。

有些 Promise 抽象库提供了这些支持，但也可以使用 Promise、race([..]) 和 all([..]) 这些机制，你自己来实现它们。

比如，可以像这样定义 first([..])：

```
// polyfill安全的guard检查
if (!Promise.first) {
    Promise.first = function(prs) {
        return new Promise( function(resolve,reject){
            // 在所有promise上循环
            prs.forEach( function(pr){
                // 把值规整化
                Promise.resolve( pr )
                // 不管哪个最先完成,就决议主promise
                .then( resolve );
            } );
        } );
    };
}
```

在这个 first(..) 实现中，如它的所有 promise 都拒绝的话，它不会拒绝。它只会挂住，非常类似于 Promise.race([])。如果需要的话，可以添加额外的逻辑跟踪每个 promise 拒绝。如果所有的 promise 都被拒绝，就在主 promise 上调用 reject()。这个实现留给你当练习。

3.6.4　并发迭代

有些时候会需要在一列 Promise 中迭代，并对所有 Promise 都执行某个任务，非常类似于对同步数组可以做的那样（比如 forEach(..)、map(..)、some(..) 和 every(..)）。如果要对每个 Promise 执行的任务本身是同步的，那这些工具就可以工作，就像前面代码中的

forEach(..)。

但如果这些任务从根本上是异步的，或者可以 / 应该并发执行，那你可以使用这些工具的异步版本，许多库中提供了这样的工具。

举例来说，让我们考虑一下一个异步的 map(..) 工具。它接收一个数组的值（可以是 Promise 或其他任何值），外加要在每个值上运行一个函数（任务）作为参数。map(..) 本身返回一个 promise，其完成值是一个数组，该数组（保持映射顺序）保存任务执行之后的异步完成值：

```
if (!Promise.map) {
    Promise.map = function(vals,cb) {
        // 一个等待所有map的promise的新promise
        return Promise.all(
            // 注：一般数组map(..)把值数组转换为 promise数组
            vals.map( function(val){
                // 用val异步map之后决议的新promise替换val
                return new Promise( function(resolve){
                    cb( val, resolve );

                } );
            } )
        );
    };
}
```

 在这个 map(..) 实现中，不能发送异步拒绝信号，但如果在映射的回调（cb(..)）内出现同步的异常或错误，主 Promise.map(..) 返回的 promise 就会拒绝。

下面展示如何在一组 Promise（而非简单的值）上使用 map(..)：

```
var p1 = Promise.resolve( 21 );
var p2 = Promise.resolve( 42 );
var p3 = Promise.reject( "Oops" );

// 把列表中的值加倍，即使是在Promise中
Promise.map( [p1,p2,p3], function(pr,done){
    // 保证这一条本身是一个Promise
    Promise.resolve( pr )
    .then(
        // 提取值作为v
        function(v){
            // map完成的v到新值
            done( v * 2 );
        },
        // 或者map到promise拒绝消息
        done
    );
```

```
} )
.then( function(vals){
    console.log( vals );            // [42,84,"Oops"]
} );
```

3.7　Promise API 概述

本章已经在多处零零碎碎地展示了 ES6 Promise API，现在让我们来总结一下。

 下面的 API 只对于 ES6 是原生的，但是有符合规范的适配版（不只是对 Promise 库的扩展），其定义了 Promise 及它的所有相关特性，这样你在前 ES6 浏览器中也可以使用原生 Promise。这样的适配版之一是 Native Promise Only（http://github.com/getify/native-promise-only），是我写的。

3.7.1　new Promise(..) 构造器

有启示性的构造器 Promise(..) 必须和 new 一起使用，并且必须提供一个函数回调。这个回调是同步的或立即调用的。这个函数接受两个函数回调，用以支持 promise 的决议。通常我们把这两个函数称为 resolve(..) 和 reject(..)：

```
var p = new Promise( function(resolve,reject){
    // resolve(..)用于决议/完成这个promise
    // reject(..)用于拒绝这个promise
} );
```

reject(..) 就是拒绝这个 promise；但 resolve(..) 既可能完成 promise，也可能拒绝，要根据传入参数而定。如果传给 resolve(..) 的是一个非 Promise、非 thenable 的立即值，这个 promise 就会用这个值完成。

但是，如果传给 resolve(..) 的是一个真正的 Promise 或 thenable 值，这个值就会被递归展开，并且（要构造的）promise 将取用其最终决议值或状态。

3.7.2　Promise.resolve(..) 和 Promise.reject(..)

创建一个已被拒绝的 Promise 的快捷方式是使用 Promise.reject(..)，所以以下两个 promise 是等价的：

```
var p1 = new Promise( function(resolve,reject){
    reject( "Oops" );
} );

var p2 = Promise.reject( "Oops" );
```

Promise.resolve(..) 常用于创建一个已完成的 Promise，使用方式与 Promise.reject(..)

类似。但是，Promise.resolve(..) 也会展开 thenable 值（前面已多次介绍）。在这种情况下，返回的 Promise 采用传入的这个 thenable 的最终决议值，可能是完成，也可能是拒绝：

```
var fulfilledTh = {
    then: function(cb) { cb( 42 ); }
};
var rejectedTh = {
    then: function(cb,errCb) {
        errCb( "Oops" );
    }
};

var p1 = Promise.resolve( fulfilledTh );
var p2 = Promise.resolve( rejectedTh );

// p1是完成的promise
// p2是拒绝的promise
```

还要记住，如果传入的是真正的 Promise，Promise.resolve(..) 什么都不会做，只会直接把这个值返回。所以，对你不了解属性的值调用 Promise.resolve(..)，如果它恰好是一个真正的 Promise，是不会有额外的开销的。

3.7.3　then(..) 和 catch(..)

每个 Promise 实例（不是 Promise API 命名空间）都有 then(..) 和 catch(..) 方法，通过这两个方法可以为这个 Promise 注册完成和拒绝处理函数。Promise 决议之后，立即会调用这两个处理函数之一，但不会两个都调用，而且总是异步调用（参见 1.5 节）。

then(..) 接受一个或两个参数：第一个用于完成回调，第二个用于拒绝回调。如果两者中的任何一个被省略或者作为非函数值传入的话，就会替换为相应的默认回调。默认完成回调只是把消息传递下去，而默认拒绝回调则只是重新抛出（传播）其接收到的出错原因。

就像刚刚讨论过的一样，catch(..) 只接受一个拒绝回调作为参数，并自动替换默认完成回调。换句话说，它等价于 then(null,..)：

```
p.then( fulfilled );

p.then( fulfilled, rejected );

p.catch( rejected ); // 或者p.then( null, rejected )
```

then(..) 和 catch(..) 也会创建并返回一个新的 promise，这个 promise 可以用于实现 Promise 链式流程控制。如果完成或拒绝回调中抛出异常，返回的 promise 是被拒绝的。如果任意一个回调返回非 Promise、非 thenable 的立即值，这个值会被用作返回 promise 的完成值。如果完成处理函数返回一个 promise 或 thenable，那么这个值会被展开，并作为返回 promise 的决议值。

3.7.4 Promise.all([..]) 和 Promise.race([..])

ES6 Promise API 静态辅助函数 Promise.all([..]) 和 Promise.race([..]) 都会创建一个 Promise 作为它们的返回值。这个 promise 的决议完全由传入的 promise 数组控制。

对 Promise.all([..]) 来说，只有传入的所有 promise 都完成，返回 promise 才能完成。如果有任何 promise 被拒绝，返回的主 promise 就立即会被拒绝（抛弃任何其他 promise 的结果）。如果完成的话，你会得到一个数组，其中包含传入的所有 promise 的完成值。对于拒绝的情况，你只会得到第一个拒绝 promise 的拒绝理由值。这种模式传统上被称为门：所有人都到齐了才开门。

对 Promise.race([..]) 来说，只有第一个决议的 promise（完成或拒绝）取胜，并且其决议结果成为返回 promise 的决议。这种模式传统上称为门闩：第一个到达者打开门闩通过。考虑：

```
var p1 = Promise.resolve( 42 );
var p2 = Promise.resolve( "Hello World" );
var p3 = Promise.reject( "Oops" );

Promise.race( [p1,p2,p3] )
.then( function(msg){
    console.log( msg );     // 42
} );

Promise.all( [p1,p2,p3] )
.catch( function(err){
    console.error( err );   // "Oops"
} );

Promise.all( [p1,p2] )
.then( function(msgs){
    console.log( msgs );    // [42,"Hello World"]
} );
```

 当心！若向 Promise.all([..]) 传入空数组，它会立即完成，但 Promise.race([..]) 会挂住，且永远不会决议。

ES6 Promise API 非常简单直观。它至少足以处理最基本的异步情况，并且如果要重新整理，把代码从回调地狱解救出来的话，它也是一个很好的起点。

但是，应用常常会有很多更复杂的异步情况需要实现，而 Promise 本身对此在处理上具有局限性。下一节会深入探讨这些局限，理解 Promise 库出现的动机。

3.8　Promise 局限性

这一节讨论的许多细节本章之前都已经有所提及，不过我们还是一定要专门总结这些局限性才行。

3.8.1　顺序错误处理

本章前面已经详细介绍了适合 Promise 的错误处理。Promise 的设计局限性（具体来说，就是它们链接的方式）造成了一个让人很容易中招的陷阱，即 Promise 链中的错误很容易被无意中默默忽略掉。

关于 Promise 错误，还有其他需要考虑的地方。由于一个 Promise 链仅仅是连接到一起的成员 Promise，没有把整个链标识为一个个体的实体，这意味着没有外部方法可以用于观察可能发生的错误。

如果构建了一个没有错误处理函数的 Promise 链，链中任何地方的任何错误都会在链中一直传播下去，直到被查看（通过在某个步骤注册拒绝处理函数）。在这个特定的例子中，只要有一个指向链中最后一个 promise 的引用就足够了（下面代码中的 p），因为你可以在那里注册拒绝处理函数，而且这个处理函数能够得到所有传播过来的错误的通知：

```
// foo(..), STEP2(..)以及STEP3(..)都是支持promise的工具

var p = foo( 42 )
.then( STEP2 )
.then( STEP3 );
```

虽然这里可能有点鬼祟、令人迷惑，但是这里的 p 并不指向链中的第一个 promise（调用 foo(42) 产生的那一个），而是指向最后一个 promise，即来自调用 then(STEP3) 的那一个。

还有，这个 Promise 链中的任何一个步骤都没有显式地处理自身错误。这意味着你可以在 p 上注册一个拒绝错误处理函数，对于链中任何位置出现的任何错误，这个处理函数都会得到通知：

```
p.catch( handleErrors );
```

但是，如果链中的任何一个步骤事实上进行了自身的错误处理（可能以隐藏或抽象的不可见的方式），那你的 handleErrors(..) 就不会得到通知。这可能是你想要的——毕竟这是一个"已处理的拒绝"——但也可能并不是。完全不能得到（对任何"已经处理"的拒绝错误的）错误通知也是一个缺陷，它限制了某些用例的功能。

基本上，这等同于 try..catch 存在的局限：try..catch 可能捕获一个异常并简单地吞掉它。所以这并不是 Promise 独有的局限性，但可能是我们希望绕过的陷阱。

遗憾的是，很多时候并没有为 Promise 链序列的中间步骤保留的引用。因此，没有这样的引用，你就无法关联错误处理函数来可靠地检查错误。

3.8.2　单一值

根据定义，Promise 只能有一个完成值或一个拒绝理由。在简单的例子中，这不是什么问题，但是在更复杂的场景中，你可能就会发现这是一种局限了。

一般的建议是构造一个值封装（比如一个对象或数组）来保持这样的多个信息。这个解决方案可以起作用，但要在 Promise 链中的每一步都进行封装和解封，就十分丑陋和笨重了。

1. 分裂值
有时候你可以把这一点当作提示你可以 / 应该把问题分解为两个或更多 Promise 的信号。

设想你有一个工具 foo(..)，它可以异步产生两个值（x 和 y）：

```
function getY(x) {
    return new Promise( function(resolve,reject){
        setTimeout( function(){
            resolve( (3 * x) - 1 );
        }, 100 );
    } );
}

function foo(bar,baz) {
    var x = bar * baz;

    return getY( x )
    .then( function(y){
        // 把两个值封装到容器中
        return [x,y];
    } );
}

foo( 10, 20 )
.then( function(msgs){
    var x = msgs[0];
    var y = msgs[1];

    console.log( x, y );    // 200 599
} );
```

首先，我们重新组织一下 foo(..) 返回的内容，这样就不再需要把 x 和 y 封装到一个数组值中以通过 promise 传输。取而代之的是，我们可以把每个值封装到它自己的 promise：

```
function foo(bar,baz) {
    var x = bar * baz;

    // 返回两个promise
```

```
        return [
            Promise.resolve( x ),
            getY( x )
        ];
    }

    Promise.all(
        foo( 10, 20 )
    )
    .then( function(msgs){
        var x = msgs[0];
        var y = msgs[1];

        console.log( x, y );
    } );
```

一个 promise 数组真的要优于传递给单个 promise 的一个值数组吗？从语法的角度来说，这算不上是一个改进。

但是，这种方法更符合 Promise 的设计理念。如果以后需要重构代码把对 x 和 y 的计算分开，这种方法就简单得多。由调用代码来决定如何安排这两个 promise，而不是把这种细节放在 foo(..) 内部抽象，这样更整洁也更灵活。这里使用了 Promise.all([..])，当然，这并不是唯一的选择。

2. 展开 / 传递参数

var x = .. 和 var y = .. 赋值操作仍然是麻烦的开销。我们可以在辅助工具中采用某种函数技巧（感谢 Reginald Braithwaite，推特：@raganwald）：

```
    function spread(fn) {
        return Function.apply.bind( fn, null );
    }

    Promise.all(
        foo( 10, 20 )
    )
    .then(
        spread( function(x,y){
            console.log( x, y );    // 200 599
        } )
    )
```

这样会好一点！当然，你可以将函数内联起来使用，以避免额外的辅助工具：

```
    Promise.all(
        foo( 10, 20 )
    )
    .then( Function.apply.bind(
        function(x,y){
            console.log( x, y );    // 200 599
        },
```

```
        null
) );
```

这些技巧可能很灵巧，但 ES6 给出了一个更好的答案：解构。数组解构赋值形式看起来是这样的：

```
Promise.all(
    foo( 10, 20 )
)
.then( function(msgs){
    var [x,y] = msgs;

    console.log( x, y );    // 200 599
} );
```

不过最好的是，ES6 提供了数组参数解构形式：

```
Promise.all(
    foo( 10, 20 )
)
.then( function([x,y]){
    console.log( x, y );    // 200 599
} );
```

现在，我们符合了"每个 Promise 一个值"的理念，并且又将重复样板代码量保持在了最小!

 关于 ES6 解构形式的更多信息，请参考本系列的《你不知道的 JavaScript（下卷）》的"ES6 & Beyond"部分。

3.8.3　单决议

Promise 最本质的一个特征是：Promise 只能被决议一次（完成或拒绝）。在许多异步情况中，你只会获取一个值一次，所以这可以工作良好。

但是，还有很多异步的情况适合另一种模式——一种类似于事件和 / 或数据流的模式。在表面上，目前还不清楚 Promise 能不能很好用于这样的用例，如果不是完全不可用的话。如果不在 Promise 之上构建显著的抽象，Promise 肯定完全无法支持多值决议处理。

设想这样一个场景：你可能要启动一系列异步步骤以响应某种可能多次发生的激励（就像是事件），比如按钮点击。

这样可能不会按照你的期望工作：

```
// click(..)把"click"事件绑定到一个DOM元素
// request(..)是前面定义的支持Promise的Ajax

var p = new Promise( function(resolve,reject){
    click( "#mybtn", resolve );
} );

p.then( function(evt){
    var btnID = evt.currentTarget.id;
    return request( "http://some.url.1/?id=" + btnID );
} )
.then( function(text){
    console.log( text );
} );
```

只有在你的应用只需要响应按钮点击一次的情况下，这种方式才能工作。如果这个按钮被点击了第二次的话，promise p 已经决议，因此第二个 resolve(..) 调用就会被忽略。

因此，你可能需要转化这个范例，为每个事件的发生创建一整个新的 Promise 链：

```
click( "#mybtn", function(evt){
    var btnID = evt.currentTarget.id;

    request( "http://some.url.1/?id=" + btnID )
    .then( function(text){
        console.log( text );
    } );
} );
```

这种方法可以工作，因为针对这个按钮上的每个 "click" 事件都会启动一整个新的 Promise 序列。

由于需要在事件处理函数中定义整个 Promise 链，这很丑陋。除此之外，这个设计在某种程度上破坏了关注点与功能分离（SoC）的思想。你很可能想要把事件处理函数的定义和对事件的响应（那个 Promise 链）的定义放在代码中的不同位置。如果没有辅助机制的话，在这种模式下很难这样实现。

 另外一种清晰展示这种局限性的方法是：如果能够构建某种"可观测量"（observable），可以将一个 Promise 链对应到这个"可观测量"就好了。有一些库已经创建了这样的抽象（比如 RxJS，http://rxjs.codeplex.com），但是这种抽象看起来非常笨重，以至于你甚至已经看不到任何 Promise 本身的特性。这样厚重的抽象带来了一些需要考虑的重要问题，比如这些机制（无 Promise）是否像 Promise 本身设计的那样可以信任。附录 B 会再次讨论这种"可观测量"模式。

3.8.4　惯性

要在你自己的代码中开始使用 Promise 的话，一个具体的障碍是，现存的所有代码都还不理解 Promise。如果你已经有大量的基于回调的代码，那么保持编码风格不变要简单得多。

"运动状态（使用回调的）的代码库会一直保持运动状态（使用回调的），直到受到一位聪明的、理解 Promise 的开发者的作用。"

Promise 提供了一种不同的范式，因此，编码方式的改变程度从某处的个别差异到某种情况下的截然不同都有可能。你需要刻意的改变，因为 Promise 不会从目前的编码方式中自然而然地衍生出来。

考虑如下的类似基于回调的场景：

```
function foo(x,y,cb) {
    ajax(
        "http://some.url.1/?x=" + x + "&y=" + y,
        cb
    );
}

foo( 11, 31, function(err,text) {
    if (err) {
        console.error( err );
    }
    else {
        console.log( text );
    }
} );
```

能够很快明显看出要把这段基于回调的代码转化为基于 Promise 的代码应该从哪些步骤开始吗？这要视你的经验而定。实践越多，越会觉得得心应手。但可以确定的是，Promise 并没有明确表示要如何实现转化。没有放之四海皆准的答案，责任还是在你的身上。

如前所述，我们绝对需要一个支持 Promise 而不是基于回调的 Ajax 工具，可以称之为 request(..)。你可以实现自己的版本，就像我们所做的一样。但是，如果不得不为每个基于回调的工具手工定义支持 Promise 的封装，这样的开销会让你不太可能选择支持 Promise 的重构。

Promise 没有为这个局限性直接提供答案。多数 Promise 库确实提供辅助工具，但即使没有库，也可以考虑如下的辅助工具：

```
// polyfill安全的guard检查
if (!Promise.wrap) {
    Promise.wrap = function(fn) {
        return function() {
            var args = [].slice.call( arguments );
```

```
                    return new Promise( function(resolve,reject){
                        fn.apply(
                            null,
                            args.concat( function(err,v){
                                if (err) {
                                    reject( err );
                                }
                                else {
                                    resolve( v );
                                }
                            } )
                        );
                    } );
                };
            };
        }
```

好吧，这不只是一个简单的小工具。然而，尽管它看起来有点令人生畏，但是实际上并不像你想的那么糟糕。它接受一个函数，这个函数需要一个 error-first 风格的回调作为第一个参数，并返回一个新的函数。返回的函数自动创建一个 Promise 并返回，并替换回调，连接到 Promise 完成或拒绝。

与其花费太多时间解释这个 Promise.wrap(..) 辅助工具的工作原理，还不如直接看看其使用方式：

```
var request = Promise.wrap( ajax );

request( "http://some.url.1/" )
.then( .. )
..
```

哇，非常简单！

Promise.wrap(..) 并不产出 Promise。它产出的是一个将产生 Promise 的函数。在某种意义上，产生 Promise 的函数可以看作是一个 Promise 工厂。我提议将其命名为 "promisory"（"Promise" + "factory"）。

把需要回调的函数封装为支持 Promise 的函数，这个动作有时被称为 "提升" 或 "Promise 工厂化"。但是，对于得到的结果函数来说，除了 "被提升函数" 似乎就没有什么标准术语可称呼了。所以我更喜欢 "promisory" 这个词，我认为它的描述更准确。

promisory 并不是编造的。它是一个真实的单词，意思是包含或传输一个 promise。这正是这些函数所做的，所以这个术语与其意义匹配得很完美。

于是，Promise.wrap(ajax) 产生了一个 ajax(..) promisory，我们称之为 request(..)。这个 promisory 为 Ajax 响应生成 Promise。

如果所有函数都已经是 promisory，我们就不需要自己构造了，所以这个额外的步骤有点可惜。但至少这个封装模式（通常）是重复的，所以我们可以像前面展示的那样把它放入 Promise.wrap(..) 辅助工具，以帮助我们的 promise 编码。

所以，回到前面的例子，我们需要为 ajax(..) 和 foo(..) 都构造一个 promisory：

```
// 为ajax(..)构造一个promisory
var request = Promise.wrap( ajax );

// 重构foo(..),但使其外部成为基于外部回调的,
// 与目前代码的其他部分保持通用
// ——只在内部使用 request(..)的promise
function foo(x,y,cb) {
    request(
        "http://some.url.1/?x=" + x + "&y=" + y
    )
    .then(
        function fulfilled(text){
            cb( null, text );
        },
        cb
    );
}

// 现在,为了这段代码的目的,为foo(..)构造一个 promisory
var betterFoo = Promise.wrap( foo );

// 并使用这个promisory
betterFoo( 11, 31 )
.then(
    function fulfilled(text){
        console.log( text );
    },
    function rejected(err){
        console.error( err );
    }
);
```

当然，尽管我们在重构 foo(..) 以使用新的 request(..) promisory，但是也可以使 foo(..) 本身成为一个 promisory，而不是保持基于回调的形式并需要构建和使用后续的 betterFoo(..) promisory。这个决策就取决于 foo(..) 是否需要保持与代码库中其他部分兼容的基于回调的形式。

考虑：

```
// 现在foo(..)也是一个promisory,因为它委托了request(..) promisory
function foo(x,y) {
```

```
    return request(
        "http://some.url.1/?x=" + x + "&y=" + y
    );
}

foo( 11, 31 )
.then( .. )
..
```

尽管原生 ES6 Promise 并没有提供辅助函数用于这样的 promisory 封装，但多数库都提供了这样的支持，或者你也可以构建自己的辅助函数。不管采用何种方式，解决 Promise 这个特定的限制都不需要太多代价（可对比回调地狱给我们带来的痛苦！）。

3.8.5 无法取消的 Promise

一旦创建了一个 Promise 并为其注册了完成和 / 或拒绝处理函数，如果出现某种情况使得这个任务悬而未决的话，你也没有办法从外部停止它的进程。

 很多 Promise 抽象库提供了工具来取消 Promise，但这个思路很可怕！很多开发者希望 Promise 的原生设计就具有外部取消功能，但问题是，这可能会使 Promise 的一个消费者或观察者影响其他消费者查看这个 Promise。这违背了未来值的可信任性（外部不变性），但更坏的是，这是"远隔作用"（action at a distance）反模式的体现。不管看起来如何有用，这实际上会导致你重陷与使用回调同样的噩梦。

考虑前面的 Promise 超时场景：

```
var p = foo( 42 );

Promise.race( [
    p,
    timeoutPromise( 3000 )
] )
.then(
    doSomething,
    handleError
);

p.then( function(){
    // 即使在超时的情况下也会发生 :(
} );
```

这个"超时"相对于 promise p 是外部的，所以 p 本身还会继续运行，这一点可能并不是我们所期望的。

一种选择是侵入式地定义你自己的决议回调：

```
var OK = true;

var p = foo( 42 );

Promise.race( [
    p,
    timeoutPromise( 3000 )
    .catch( function(err){
        OK = false;
        throw err;
    } )
] )
.then(
    doSomething,
    handleError
);

p.then( function(){
    if (OK) {
        // 只在没有超时情况下才会发生 :)
    }
} );
```

这很丑陋。它可以工作，但是离理想实现还差很远。一般来说，应避免这样的情况。

但如果没法避免的话，这个解决方案的丑陋应该是一个线索，它提示取消这个功能属于 Promise 之上更高级的抽象。我建议你应查看 Promise 抽象库以获得帮助，而不是 hack 自己的版本。

我的 Promise 抽象库 asynquence 提供了这样一个抽象，还有一个为序列提供的 abort() 功能，这些内容都会在本部分的附录 A 中讨论。

单独的一个 Promise 并不是一个真正的流程控制机制（至少不是很有意义），这正是取消所涉及的层次（流程控制）。这就是为什么 Promise 取消总是让人感觉很别扭。

相比之下，集合在一起的 Promise 构成的链，我喜欢称之为一个"序列"，就是一个流程控制的表达，因此将取消定义在这个抽象层次上是合适的。

单独的 Promise 不应该可取消，但是取消一个序列是合理的，因为你不会像对待 Promise 那样把序列作为一个单独的不变值来传送。

3.8.6　Promise 性能

这个特定的局限性既简单又复杂。

把基本的基于回调的异步任务链与 Promise 链中需要移动的部分数量进行比较。很显然，Promise 进行的动作要多一些，这自然意味着它也会稍慢一些。请回想 Promise 提供的信任保障列表，再与你要在回调之上建立同样的保护自建的解决方案来比较一下。

更多的工作，更多的保护。这些意味着 Promise 与不可信任的裸回调相比会更慢一些。这是显而易见的，也很容易理解。

但会慢多少呢？呃，实际上，要精确回答这个问题极其困难。

坦白地说，这有点像是拿苹果和桔子相比，所以这可能就是一个错误的问题。实际上，应该比较的是提供了同样保护的手工自建回调系统是否能够快于 Promise 实现。

如果说 Promise 确实有一个真正的性能局限的话，那就是它们没有真正提供可信任性保护支持的列表以供选择（你总是得到全部）。

虽然如此，如果我们承认 Promise 通常要比其非 Promise、非可信任回调的等价系统稍微慢一点（假定有些情况下你认为可以接受可信任性的缺乏），这是否意味着应该完全避免 Promise，就好像你整个应用的唯一驱动力就是必须采用尽可能快的代码呢？

合理性检查：如果你的代码有合理的理由这样要求，那么 JavaScript 是否真的是实现这样任务的正确语言呢？我们可以优化 JavaScript，使其高性能运行应用（参见第 5 章和第 6 章）。但是，耿耿于 Promise 微小的性能损失而无视它提供的所有优点，真的合适吗？

另外一个微妙的问题是：Promise 使所有一切都成为异步的了，即有一些立即（同步）完成的步骤仍然会延迟到任务的下一步（参见第 1 章）。这意味着一个 Promise 任务序列可能比完全通过回调连接的同样的任务序列运行得稍慢一点。

当然，这里的问题是：本章介绍的 Promise 的这些优点是否值得付出这些微小的性能损失。

我的观点是：几乎所有那些你可能认为 Promise 性能会慢到需要担心的情况，实际上都是通过绕开 Promise 可信任性和可组合性优化掉了它们带来的好处的反模式。

取而代之的是，在默认情况下，你应该在代码中使用它们，然后对你应用的热路径进行性能分析。Promise 真的是性能瓶颈呢，还是只有理论上的性能下降呢？只有这样，具备了真实有效的性能测评（参见第 6 章），在这些识别出来的关键区域分离出 Promise 才是审慎负责的。

Promise 稍慢一些，但是作为交换，你得到的是大量内建的可信任性、对 Zalgo 的避免以及可组合性。可能局限性实际上并不是它们的真实表现，而是你缺少发现其好处的眼光呢？

3.9 小结

Promise 非常好，请使用。它们解决了我们因只用回调的代码而备受困扰的控制反转问题。

它们并没有摈弃回调，只是把回调的安排转交给了一个位于我们和其他工具之间的可信任的中介机制。

Promise 链也开始提供（尽管并不完美）以顺序的方式表达异步流的一个更好的方法，这有助于我们的大脑更好地计划和维护异步 JavaScript 代码。我们将在第 4 章看到针对这个问题的一种更好的解决方案！

第 4 章

生成器

在第 2 章里，我们确定了用回调表达异步控制流程的两个关键缺陷：

- 基于回调的异步不符合大脑对任务步骤的规划方式；
- 由于控制反转，回调并不是可信任或可组合的。

在第 3 章里，我们详细介绍了 Promise 如何把回调的控制反转反转回来，恢复了可信任性 / 可组合性。

现在我们把注意力转移到一种顺序、看似同步的异步流程控制表达风格。使这种风格成为可能的"魔法"就是 ES6 生成器（generator）。

4.1 打破完整运行

在第 1 章中，我们解释了 JavaScript 开发者在代码中几乎普遍依赖的一个假定：一个函数一旦开始执行，就会运行到结束，期间不会有其他代码能够打断它并插入其间。

可能看起来似乎有点奇怪，不过 ES6 引入了一个新的函数类型，它并不符合这种运行到结束的特性。这类新的函数被称为生成器。

考虑如下这个例子来了解其含义：

```
var x = 1;

function foo() {
    x++;
    bar();              // <-- 这一行是什么作用？
```

```
        console.log( "x:", x );
    }

    function bar() {
        x++;
    }

    foo();                          // x: 3
```

在这个例子中，我们确信 bar() 会在 x++ 和 console.log(x) 之间运行。但是，如果 bar() 并不在那里会怎样呢？显然结果就会是 2，而不是 3。

现在动脑筋想一下。如果 bar() 并不在那儿，但出于某种原因它仍然可以在 x++ 和 console.log(x) 语句之间运行，这又会怎样呢？这如何才会成为可能呢？

如果是在抢占式多线程语言中，从本质上说，这是可能发生的，bar() 可以在两个语句之间打断并运行。但 JavaScript 并不是抢占式的，（目前）也不是多线程的。然而，如果 foo() 自身可以通过某种形式在代码的这个位置指示暂停的话，那就仍然可以以一种合作式的方式实现这样的中断（并发）。

 这里我之所以使用了"合作式的"一词，不只是因为这与经典并发术语之间的关联（参见第 1 章）；还因为你将会在下一段代码中看到的，ES6 代码中指示暂停点的语法是 yield，这也礼貌地表达了一种合作式的控制放弃。

下面是实现这样的合作式并发的 ES6 代码：

```
    var x = 1;

    function *foo() {
        x++;
        yield; // 暂停!
        console.log( "x:", x );
    }

    function bar() {
        x++;
    }
```

 很可能你看到的其他多数 JavaScript 文档和代码中的生成器声明格式都是 function* foo() { .. }，而不是我这里使用的 function *foo() { .. }：唯一区别是 * 位置的风格不同。这两种形式在功能和语法上都是等同的，还有一种是 function*foo(){ .. }（没有空格）也一样。两种风格，各有优缺，但总体上我比较喜欢 function *foo.. 的形式，因为这样在使用 *foo() 来引用生成器的时候就会比较一致。如果只用 foo() 的形式，你就不会清楚知道我指的是生成器还是常规函数。这完全是一个风格偏好问题。

现在，我们要如何运行前面的代码片段，使得 bar() 在 *foo() 内部的 yield 处执行呢？

```
// 构造一个迭代器it来控制这个生成器
var it = foo();

// 这里启动foo()!
it.next();
x;                 // 2
bar();
x;                 // 3
it.next();         // x: 3
```

好吧，这两段代码中有很多新知识，可能会让人迷惑，所以这里有很多东西需要学习。在解释 ES6 生成器的不同机制和语法之前，我们先来看看运行过程。

(1) it = foo() 运算并没有执行生成器 *foo()，而只是构造了一个迭代器（iterator），这个迭代器会控制它的执行。后面会介绍迭代器。

(2) 第一个 it.next() 启动了生成器 *foo()，并运行了 *foo() 第一行的 x++。

(3) *foo() 在 yield 语句处暂停，在这一点上第一个 it.next() 调用结束。此时 *foo() 仍在运行并且是活跃的，但处于暂停状态。

(4) 我们查看 x 的值，此时为 2。

(5) 我们调用 bar()，它通过 x++ 再次递增 x。

(6) 我们再次查看 x 的值，此时为 3。

(7) 最后的 it.next() 调用从暂停处恢复了生成器 *foo() 的执行，并运行 console.log(..) 语句，这条语句使用当前 x 的值 3。

显然，*foo() 启动了，但是没有完整运行，它在 yield 处暂停了。后面恢复了 *foo() 并让它运行到结束，但这不是必需的。

因此，生成器就是一类特殊的函数，可以一次或多次启动和停止，并不一定非得要完成。尽管现在还不是特别清楚它的强大之处，但随着对本章后续内容的深入学习，我们会看到它将成为用于构建以生成器作为异步流程控制的代码模式的基础构件之一。

4.1.1　输入和输出

生成器函数是一个特殊的函数，具有前面我们展示的新的执行模式。但是，它仍然是一个函数，这意味着它仍然有一些基本的特性没有改变。比如，它仍然可以接受参数（即输入），也能够返回值（即输出）。

```
function *foo(x,y) {
    return x * y;
}

var it = foo( 6, 7 );
```

```
var res = it.next();

res.value;       // 42
```

我们向 *foo(..) 传入实参 6 和 7 分别作为参数 x 和 y。*foo(..) 向调用代码返回 42。

现在我们可以看到生成器和普通函数在调用上的一个区别。显然 foo(6,7) 看起来很熟悉。但难以理解的是，生成器 *foo(..) 并没有像普通函数一样实际运行。

事实上，我们只是创建了一个迭代器对象，把它赋给了一个变量 it，用于控制生成器 *foo(..)。然后调用 it.next()，指示生成器 *foo(..) 从当前位置开始继续运行，停在下一个 yield 处或者直到生成器结束。

这个 next(..) 调用的结果是一个对象，它有一个 value 属性，持有从 *foo(..) 返回的值（如果有的话）。换句话说，yield 会导致生成器在执行过程中发送出一个值，这有点类似于中间的 return。

目前还不清楚为什么需要这个完整的间接迭代器对象来控制生成器。会清楚的，我保证。

1. 迭代消息传递

除了能够接受参数并提供返回值之外，生成器甚至提供了更强大更引人注目的内建消息输入输出能力，通过 yield 和 next(..) 实现。

考虑：

```
function *foo(x) {
    var y = x * (yield);
    return y;
}

var it = foo( 6 );

// 启动foo(..)
it.next();

var res = it.next( 7 );

res.value;       // 42
```

首先，传入 6 作为参数 x。然后调用 it.next()，这会启动 *foo(..)。

在 *foo(..) 内部，开始执行语句 var y = x ..，但随后就遇到了一个 yield 表达式。它就会在这一点上暂停 *foo(..)（在赋值语句中间！），并在本质上要求调用代码为 yield 表达式提供一个结果值。接下来，调用 it.next(7)，这一句把值 7 传回作为被暂停的 yield 表达式的结果。

所以，这时赋值语句实际上就是 var y = 6 * 7。现在，return y 返回值 42 作为调用 it.next(7) 的结果。

注意，这里有一点非常重要，但即使对于有经验的 JavaScript 开发者也很有迷惑性：根据你的视角不同，yield 和 next(..) 调用有一个不匹配。一般来说，需要的 next(..) 调用要比 yield 语句多一个，前面的代码片段有一个 yield 和两个 next(..) 调用。

为什么会有这个不匹配?

因为第一个 next(..) 总是启动一个生成器，并运行到第一个 yield 处。不过，是第二个 next(..) 调用完成第一个被暂停的 yield 表达式，第三个 next(..) 调用完成第二个 yield，以此类推。

2. 两个问题的故事

实际上，你首先考虑的是哪一部分代码将会影响这个不匹配是否被察觉到。

只考虑生成器代码：

```
var y = x * (yield);
return y;
```

第一个 yield 基本上是提出了一个问题："这里我应该插入什么值？"

谁来回答这个问题呢？第一个 next() 已经运行，使得生成器启动并运行到此处，所以显然它无法回答这个问题。因此必须由第二个 next(..) 调用回答第一个 yield 提出的这个问题。

看到不匹配了吗——第二个对第一个?

把视角转化一下：不从生成器的视角看这个问题，而是从迭代器的角度。

为了恰当阐述这个视角，我们还需要解释一下：消息是双向传递的——yield.. 作为一个表达式可以发出消息响应 next(..) 调用，next(..) 也可以向暂停的 yield 表达式发送值。考虑下面这段稍稍调整过的代码：

```
function *foo(x) {
    var y = x * (yield "Hello");    // <-- yield一个值!
    return y;
}

var it = foo( 6 );

var res = it.next();      // 第一个next(),并不传入任何东西
res.value;                // "Hello"

res = it.next( 7 );       // 向等待的yield传入7
res.value;                // 42
```

yield .. 和 next(..) 这一对组合起来，在生成器的执行过程中构成了一个双向消息传递系统。

那么只看下面这一段迭代器代码：

```
var res = it.next();        // 第一个next(),并不传入任何东西
res.value;                  // "Hello"

res = it.next( 7 );         // 向等待的yield传入7
res.value;                  // 42
```

 我们并没有向第一个 next() 调用发送值，这是有意为之。只有暂停的 yield 才能接受这样一个通过 next(..) 传递的值，而在生成器的起始处我们调用第一个 next() 时，还没有暂停的 yield 来接受这样一个值。规范和所有兼容浏览器都会默默丢弃传递给第一个 next() 的任何东西。传值过去仍然不是一个好思路，因为你创建了沉默的无效代码，这会让人迷惑。因此，启动生成器时一定要用不带参数的 next()。

第一个 next() 调用（没有参数的）基本上就是在提出一个问题："生成器 *foo(..) 要给我的下一个值是什么"。谁来回答这个问题呢？第一个 yield "hello" 表达式。

看见了吗？这里没有不匹配。

根据你认为提出问题的是谁，yield 和 next(..) 调用之间要么有不匹配，要么没有。

但是，稍等！与 yield 语句的数量相比，还是多出了一个额外的 next()。所以，最后一个 it.next(7) 调用再次提出了这样的问题：生成器将要产生的下一个值是什么。但是，再没有 yield 语句来回答这个问题了，是不是？那么谁来回答呢？

return 语句回答这个问题！

如果你的生成器中没有 return 的话——在生成器中和在普通函数中一样，return 当然不是必需的——总有一个假定的 / 隐式的 return；（也就是 return undefined;），它会在默认情况下回答最后的 it.next(7) 调用提出的问题。

这样的提问和回答是非常强大的：通过 yield 和 next(..) 建立的双向消息传递。但目前还不清楚这些机制是如何与异步流程控制联系到一起的。会清楚的！

4.1.2　多个迭代器

从语法使用的方面来看，通过一个迭代器控制生成器的时候，似乎是在控制声明的生成器函数本身。但有一个细微之处很容易忽略：每次构建一个迭代器，实际上就隐式构建了生成器的一个实例，通过这个迭代器来控制的是这个生成器实例。

同一个生成器的多个实例可以同时运行，它们甚至可以彼此交互：

```
function *foo() {
    var x = yield 2;
    z++;
    var y = yield (x * z);
    console.log( x, y, z );
}

var z = 1;

var it1 = foo();
var it2 = foo();

var val1 = it1.next().value;         // 2 <-- yield 2
var val2 = it2.next().value;         // 2 <-- yield 2

val1 = it1.next( val2 * 10 ).value;  // 40   <-- x:20, z:2
val2 = it2.next( val1 * 5 ).value;   // 600  <-- x:200, z:3

it1.next( val2 / 2 );                // y:300
                                     // 20 300 3
it2.next( val1 / 4 );                // y:10
                                     // 200 10 3
```

 同一个生成器的多个实例并发运行的最常用处并不是这样的交互，而是生成器在没有输入的情况下，可能从某个独立连接的资源产生自己的值。下一节中我们会详细介绍值产生。

我们简单梳理一下执行流程。

(1) *foo() 的两个实例同时启动，两个 next() 分别从 yield 2 语句得到值 2。

(2) val2 * 10 也就是 2 * 10，发送到第一个生成器实例 it1，因此 x 得到值 20。z 从 1 增加到 2，然后 20 * 2 通过 yield 发出，将 val1 设置为 40。

(3) val1 * 5 也就是 40 * 5，发送到第二个生成器实例 it2，因此 x 得到值 200。z 再次从 2 递增到 3，然后 200 * 3 通过 yield 发出，将 val2 设置为 600。

(4) val2 / 2 也就是 600 / 2，发送到第一个生成器实例 it1，因此 y 得到值 300，然后打印出 x y z 的值分别是 20 300 3。

(5) val1 / 4 也就是 40 / 4，发送到第二个生成器实例 it2，因此 y 得到值 10，然后打印出 x y z 的值分别为 200 10 3。

在脑海中运行一遍这个例子很有趣。理清楚了吗？

交替执行

回想一下 1.3 节中关于完整运行的这个场景：

```
var a = 1;
var b = 2;
```

```
function foo() {
    a++;
    b = b * a;
    a = b + 3;
}

function bar() {
    b--;
    a = 8 + b;
    b = a * 2;
}
```

如果是普通的 JavaScript 函数的话，显然，要么是 foo() 首先运行完毕，要么是 bar() 首先运行完毕，但 foo() 和 bar() 的语句不能交替执行。所以，前面的程序只有两种可能的输出。

但是，使用生成器的话，交替执行（甚至在语句当中！）显然是可能的：

```
var a = 1;
var b = 2;

function *foo() {
    a++;
    yield;
    b = b * a;
    a = (yield b) + 3;
}

function *bar() {
    b--;
    yield;
    a = (yield 8) + b;
    b = a * (yield 2);
}
```

根据迭代器控制的 *foo() 和 *bar() 调用的相对顺序不同，前面的程序可能会产生多种不同的结果。换句话说，通过两个生成器在共享的相同变量上的迭代交替执行，我们实际上可以（以某种模拟的方式）印证第 1 章讨论的理论上的多线程竞态条件环境。

首先，来构建一个名为 step(..) 的辅助函数，用于控制迭代器：

```
function step(gen) {
    var it = gen();
    var last;

    return function() {
        // 不管yield出来的是什么,下一次都把它原样传回去!
        last = it.next( last ).value;
    };
}
```

step(..)初始化了一个生成器来创建迭代器 it,然后返回一个函数,这个函数被调用的时候会将迭代器向前迭代一步。另外,前面的 yield 发出的值会在下一步发送回去。于是,yield 8 就是 8,而 yield b 就是 b(yield 发出时的值)。

现在,只是为了好玩,我们来试验一下交替运行 *foo() 和 *bar() 代码块的效果。我们从乏味的基本情况开始,确保 *foo() 在 *bar() 之前完全结束(和第 1 章中做的一样):

```
// 确保重新设置a和b
a = 1;
b = 2;

var s1 = step( foo );
var s2 = step( bar );

// 首次运行*foo()
s1();
s1();
s1();

// 现在运行*bar()
s2();
s2();
s2();
s2();

console.log( a, b );     // 11 22
```

最后的结果是 11 和 22,和第 1 章中的版本一样。现在交替执行顺序,看看 a 和 b 的值是如何改变的:

```
// 确保重新设置a和b
a = 1;
b = 2;

var s1 = step( foo );
var s2 = step( bar );

s2();       // b--;
s2();       // yield 8
s1();       // a++;
s2();       // a = 8 + b;
            // yield 2
s1();       // b = b * a;
            // yield b
s1();       // a = b + 3;
s2();       // b = a * 2;
```

在告诉你结果之前,你能推断出前面的程序运行后 a 和 b 的值吗?不要作弊!

```
console.log( a, b );       // 12 18
```

作为留给大家的练习，请试着重新安排 s1() 和 s2() 的调用顺序，看看还能够得到多少种结果组合。不要忘了，你总是需要 3 次 s1() 调用和 4 次 s2() 调用。回忆一下前面关于 next() 和 yield 匹配的讨论，想想为什么。

当然，你基本不可能故意创建让人迷惑到这种程度的交替运行实际代码，因为这给理解代码带来了极大的难度。但这个练习很有趣，对于理解多个生成器如何在共享的作用域上并发运行也有指导意义，因为这个功能有很多用武之地。

我们将在 4.6 节中更深入讨论生成器并发。

4.2　生成器产生值

在前面一节中，我们提到生成器的一种有趣用法是作为一种产生值的方式。这并不是本章的重点，但是如果不介绍一些基础的话，就会缺乏完整性了，特别是因为这正是"生成器"这个名称最初的使用场景。

下面要偏一下题，先介绍一点迭代器，不过我们还会回来介绍它们与生成器的关系以及如何使用生成器来生成值。

4.2.1　生产者与迭代器

假定你要产生一系列值，其中每个值都与前面一个有特定的关系。要实现这一点，需要一个有状态的生产者能够记住其生成的最后一个值。

可以实现一个直接使用函数闭包的版本（参见本系列的《你不知道的 JavaScript（上卷）》的"作用域和闭包"部分），类似如下：

```
var gimmeSomething = (function(){
    var nextVal;

    return function(){
        if (nextVal === undefined) {
            nextVal = 1;
        }
        else {
            nextVal = (3 * nextVal) +6;
        }

        return nextVal;
    };
})();

gimmeSomething();        // 1
gimmeSomething();        // 9
gimmeSomething();        // 33
gimmeSomething();        // 105
```

这里 nextVal 的计算逻辑已经简化了，但是从概念上说，我们希望直到下一次 gimmeSomething() 调用发生时才计算下一个值（即 nextVal）。否则，一般来说，对更持久化或比起简单数字资源更受限的生产者来说，这可能就是资源泄漏的设计。

生成任意数字序列并不是一个很实际的例子。但如果是想要从数据源生成记录呢？可以采用基本相同的代码。

实际上，这个任务是一个非常通用的设计模式，通常通过迭代器来解决。迭代器是一个定义良好的接口，用于从一个生产者一步步得到一系列值。JavaScript 迭代器的接口，与多数语言类似，就是每次想要从生产者得到下一个值的时候调用 next()。

可以为我们的数字序列生成器实现标准的迭代器接口：

```
var something = (function(){
    var nextVal;

    return {
        // for..of循环需要
        [Symbol.iterator]: function(){ return this; },

        // 标准迭代器接口方法
        next: function(){
            if (nextVal === undefined) {
                nextVal = 1;
            }
            else {
                nextVal = (3 * nextVal) + 6;
            }

            return { done:false, value:nextVal };
        }
    };
})();

something.next().value;     // 1
something.next().value;     // 9
something.next().value;     // 33
something.next().value;     // 105
```

我们将在 4.2.2 节解释为什么在这段代码中需要 [Symbol.iterator]: .. 这一部分。从语法上说，这涉及了两个 ES6 特性。首先，[..] 语法被称为计算属性名（参见本系列的《你不知道的 JavaScript（上卷）》的"this 和对象原型"部分）。这在对象术语定义中是指，指定一个表达式并用这个表达式的结果作为属性的名称。另外，Symbol.iterator 是 ES6 预定义的特殊 Symbol 值之一（参见本系列的《你不知道的 JavaScript（下卷）》的"ES6 & Beyond"部分）。

next() 调用返回一个对象。这个对象有两个属性：done 是一个 boolean 值，标识迭代器的完成状态；value 中放置迭代值。

ES6 还新增了一个 for..of 循环，这意味着可以通过原生循环语法自动迭代标准迭代器：

```
for (var v of something) {
    console.log( v );

    // 不要死循环!
    if (v > 500) {
        break;
    }
}
// 1 9 33 105 321 969
```

因为我们的迭代器 something 总是返回 done:false，因此这个 for..of 循环将永远运行下去，这也就是为什么我们要在里面放一个 break 条件。迭代器永不结束是完全没问题的，但是也有一些情况下，迭代器会在有限的值集合上运行，并最终返回 done:true。

for..of 循环在每次迭代中自动调用 next()，它不会向 next() 传入任何值，并且会在接收到 done:true 之后自动停止。这对于在一组数据上循环很方便。

当然，也可以手工在迭代器上循环，调用 next() 并检查 done:true 条件来确定何时停止循环：

```
for (
    var ret;
    (ret = something.next()) && !ret.done;
) {
    console.log( ret.value );

    // 不要死循环!
    if (ret.value > 500) {
        break;
    }
}
// 1 9 33 105 321 969
```

这种手工 for 方法当然要比 ES6 的 for..of 循环语法丑陋，但其优点是，这样就可以在需要时向 next() 传递值。

除了构造自己的迭代器，许多 JavaScript 的内建数据结构（从 ES6 开始），比如 array，也有默认的迭代器：

```
var a = [1,3,5,7,9];

for (var v of a) {
    console.log( v );
}
// 1 3 5 7 9
```

for..of 循环向 a 请求它的迭代器，并自动使用这个迭代器迭代遍历 a 的值。

 这里可能看起来像是 ES6 一个奇怪的缺失，不过一般的 object 是故意不像 array 一样有默认的迭代器。这里我们并不会深入探讨其中的缘由。如果你只是想要迭代一个对象的所有属性的话（不需要保证特定的顺序），可以通过 Object.keys(..) 返回一个 array，类似于 for (var k of Object.keys(obj)) { .. 这样使用。这样在一个对象的键值上使用 for..of 循环与 for..in 循环类似，除了 Object.keys(..) 并不包含来自于 [[Prototype]] 链上的属性，而 for..in 则包含（参见本系列的《你不知道的 JavaScript（上卷）》的 "this 和对象原型" 部分）。

4.2.2　iterable

前面例子中的 something 对象叫作迭代器，因为它的接口中有一个 next() 方法。而与其紧密相关的一个术语是 iterable（可迭代），即指一个包含可以在其值上迭代的迭代器的对象。

从 ES6 开始，从一个 iterable 中提取迭代器的方法是：iterable 必须支持一个函数，其名称是专门的 ES6 符号值 Symbol.iterator。调用这个函数时，它会返回一个迭代器。通常每次调用会返回一个全新的迭代器，虽然这一点并不是必须的。

前面代码片段中的 a 就是一个 iterable。for..of 循环自动调用它的 Symbol.iterator 函数来构建一个迭代器。我们当然也可以手工调用这个函数，然后使用它返回的迭代器：

```
var a = [1,3,5,7,9];

var it = a[Symbol.iterator]();

it.next().value;    // 1
it.next().value;    // 3
it.next().value;    // 5
..
```

前面的代码中列出了定义的 something，你可能已经注意到了这一行：

```
[Symbol.iterator]: function(){ return this; }
```

这段有点令人疑惑的代码是在将 something 的值（迭代器 something 的接口）也构建成为一个 iterable。现在它既是 iterable，也是迭代器。然后我们把 something 传给 for..of 循环：

```
for (var v of something) {
    ..
}
```

for..of 循环期望 something 是 iterable，于是它寻找并调用它的 Symbol.iterator 函数。我们将这个函数定义为就是简单的 return this，也就是把自身返回，而 for..of 循环并不知情。

4.2.3 生成器迭代器

了解了迭代器的背景，让我们把注意力转回生成器上。可以把生成器看作一个值的生产者，我们通过迭代器接口的 next() 调用一次提取出一个值。

所以，严格说来，生成器本身并不是 iterable，尽管非常类似——当你执行一个生成器，就得到了一个迭代器：

```
function *foo(){ .. }

var it = foo();
```

可以通过生成器实现前面的这个 something 无限数字序列生产者，类似这样：

```
function *something() {
    var nextVal;

    while (true) {
        if (nextVal === undefined) {
            nextVal = 1;
        }
        else {
            nextVal = (3 * nextVal) + 6;
        }

        yield nextVal;
    }
}
```

 通常在实际的 JavaScript 程序中使用 while..true 循环是非常糟糕的主意，至少如果其中没有 break 或 return 的话是这样，因为它有可能会同步地无限循环，并阻塞和锁住浏览器 UI。但是，如果在生成器中有 yield 的话，使用这样的循环就完全没有问题。因为生成器会在每次迭代中暂停，通过 yield 返回到主程序或事件循环队列中。简单地说就是："生成器把 while..true 带回了 JavaScript 编程的世界！"

这样就简单明确多了，是不是？因为生成器会在每个 yield 处暂停，函数 *something() 的状态（作用域）会被保持，即意味着不需要闭包在调用之间保持变量状态。

这段代码不仅更简洁，我们不需要构造自己的迭代器接口，实际上也更合理，因为它更清晰地表达了意图。比如，while..true 循环告诉我们这个生成器就是要永远运行：只要我们一直索要，它就会一直生成值。

现在，可以通过 for..of 循环使用我们雕琢过的新的 *something() 生成器。你可以看到，其工作方式基本是相同的：

```
for (var v of something()) {
    console.log( v );

    // 不要死循环!
    if (v > 500) {
        break;
    }
}
// 1 9 33 105 321 969
```

但是，不要忽略了这段 for (var v of something()) ..! 我们并不是像前面的例子那样把 something 当作一个值来引用，而是调用了 *something() 生成器以得到它的迭代器供 for..of 循环使用。

如果认真思考的话，你也许会从这段生成器与循环的交互中提出两个问题。

- 为什么不能用 for (var v of something) ..？因为这里的 something 是生成器，并不是 iterable。我们需要调用 something() 来构造一个生产者供 for..of 循环迭代。
- something() 调用产生一个迭代器，但 for..of 循环需要的是一个 iterable，对吧？是的。生成器的迭代器也有一个 Symbol.iterator 函数，基本上这个函数做的就是 return this，和我们前面定义的 iterable something 一样。换句话说，生成器的迭代器也是一个 iterable！

停止生成器

在前面的例子中，看起来似乎 *something() 生成器的迭代器实例在循环中的 break 调用之后就永远留在了挂起状态。

其实有一个隐藏的特性会帮助你管理此事。for..of 循环的"异常结束"（也就是"提前终止"），通常由 break、return 或者未捕获异常引起，会向生成器的迭代器发送一个信号使其终止。

> 严格地说，在循环正常结束之后，for..of 循环也会向迭代器发送这个信号。对于生成器来说，这本质上是没有意义的操作，因为生成器的迭代器需要先完成 for..of 循环才能结束。但是，自定义的迭代器可能会需要从 for..of 循环的消费者那里接收这个额外的信号。

尽管 for..of 循环会自动发送这个信号，但你可能会希望向一个迭代器手工发送这个信号。可以通过调用 return(..) 实现这一点。

如果在生成器内有 try..finally 语句，它将总是运行，即使生成器已经外部结束。如果需要清理资源的话（数据库连接等），这一点非常有用：

```
function *something() {
    try {
        var nextVal;

        while (true) {
            if (nextVal === undefined) {
                nextVal = 1;
            }
            else {
                nextVal = (3 * nextVal) + 6;
            }

            yield nextVal;
        }
    }
    // 清理子句
    finally {
        console.log( "cleaning up!" );
    }
}
```

之前的例子中，for..of 循环内的 break 会触发 finally 语句。但是，也可以在外部通过 return(..) 手工终止生成器的迭代器实例：

```
var it = something();
for (var v of it) {
    console.log( v );

    // 不要死循环!
    if (v > 500) {
        console.log(
            // 完成生成器的迭代器
            it.return( "Hello World" ).value
        );
        // 这里不需要break
    }
}
// 1 9 33 105 321 969
// cleaning up!
// Hello World
```

调用 it.return(..) 之后，它会立即终止生成器，这当然会运行 finally 语句。另外，它还会把返回的 value 设置为传入 return(..) 的内容，这也就是 "Hello World" 被传出去的过程。现在我们也不需要包含 break 语句了，因为生成器的迭代器已经被设置为 done:true，所以 for..of 循环会在下一个迭代终止。

生成器的名字大多来自这种消费生产值（consuming produced values）的用例。但是，这里
要再次申明，这只是生成器的用法之一，坦白地说，甚至不是这本书重点关注的用途。

既然对生成器的工作机制有了更完整的理解，那接下来就可以把关注转向如何把生成器应
用于异步并发了。

4.3 异步迭代生成器

生成器与异步编码模式及解决回调问题等，有什么关系呢？让我们来回答这个重要的
问题。

我们应该重新讨论第 3 章中的一个场景。回想一下回调方法：

```
function foo(x,y,cb) {
    ajax(
        "http://some.url.1/?x=" + x + "&y=" + y,
        cb
    );
}

foo( 11, 31, function(err,text) {
    if (err) {
        console.error( err );
    }
    else {
        console.log( text );
    }
} );
```

如果想要通过生成器来表达同样的任务流程控制，可以这样实现：

```
function foo(x,y) {
    ajax(
        "http://some.url.1/?x=" + x + "&y=" + y,
        function(err,data){
            if (err) {
                // 向*main()抛出一个错误
                it.throw( err );
            }
            else {
                // 用收到的data恢复*main()
                it.next( data );
            }
        }
    );
}

function *main() {
    try {
        var text = yield foo( 11, 31 );
```

```
        console.log( text );
    }
    catch (err) {
        console.error( err );
    }
}

var it = main();

// 这里启动!
it.next();
```

第一眼看上去，与之前的回调代码对比起来，这段代码更长一些，可能也更复杂一些。但是，不要被表面现象欺骗了! 生成器代码实际上要好得多! 不过要解释这一点还是比较复杂的。

首先，让我们查看一下最重要的这段代码:

```
var text = yield foo( 11, 31 );
console.log( text );
```

请先花点时间思考一下这段代码是如何工作的。我们调用了一个普通函数 foo(..)，而且显然能够从 Ajax 调用中得到 text，即使它是异步的。

这怎么可能呢? 如果你回想一下第 1 章的开始部分的话，我们给出了几乎相同的代码:

```
var data = ajax( "..url 1.." );
console.log( data );
```

但是，这段代码不能工作! 你能指出其中的区别吗? 区别就在于生成器中使用的 yield。

这就是奥秘所在! 正是这一点使得我们看似阻塞同步的代码，实际上并不会阻塞整个程序，它只是暂停或阻塞了生成器本身的代码。

在 yield foo(11,31) 中，首先调用 foo(11,31)，它没有返回值 (即返回 undefined)，所以我们发出了一个调用来请求数据，但实际上之后做的是 yield undefined。这没问题，因为这段代码当前并不依赖 yield 出来的值来做任何事情。本章后面会再次讨论这一点。

这里并不是在消息传递的意义上使用 yield，而只是将其用于流程控制实现暂停 / 阻塞。实际上，它还是会有消息传递，但只是生成器恢复运行之后的单向消息传递。

所以，生成器在 yield 处暂停，本质上是在提出一个问题: "我应该返回什么值来赋给变量 text?" 谁来回答这个问题呢?

看一下 foo(..)。如果这个 Ajax 请求成功，我们调用:

```
it.next( data );
```

这会用响应数据恢复生成器，意味着我们暂停的 yield 表达式直接接收到了这个值。然后随着生成器代码继续运行，这个值被赋给局部变量 text。

很酷吧？

回头往前看一步，思考一下这意味着什么。我们在生成器内部有了看似完全同步的代码（除了 yield 关键字本身），但隐藏在背后的是，在 foo(..) 内的运行可以完全异步。

这是巨大的改进！对于我们前面陈述的回调无法以顺序同步的、符合我们大脑思考模式的方式表达异步这个问题，这是一个近乎完美的解决方案。

从本质上而言，我们把异步作为实现细节抽象了出去，使得我们可以以同步顺序的形式追踪流程控制："发出一个 Ajax 请求，等它完成之后打印出响应结果。"并且，当然，我们只在这个流程控制中表达了两个步骤，而这种表达能力是可以无限扩展的，以便我们无论需要多少步骤都可以表达。

 这是一个很重要的领悟，回过头去把上面三段重读一遍，让它融入你的思想吧！

同步错误处理

前面的生成器代码甚至还给我们带来了更多其他的好处。让我们把注意力转移到生成器内部的 try..catch：

```
try {
    var text = yield foo( 11, 31 );
    console.log( text );
}
catch (err) {
    console.error( err );
}
```

这是如何工作的呢？调用 foo(..) 是异步完成的，难道 try..catch 不是无法捕获异步错误，就像我们在第 3 章中看到的一样吗？

我们已经看到 yield 是如何让赋值语句暂停来等待 foo(..) 完成，使得响应完成后可以被赋给 text。精彩的部分在于 yield 暂停也使得生成器能够捕获错误。通过这段前面列出的代码把错误抛出到生成器中：

```
if (err) {
    // 向*main()抛出一个错误
```

```
    it.throw( err );
}
```

生成器 yield 暂停的特性意味着我们不仅能够从异步函数调用得到看似同步的返回值，还可以同步捕获来自这些异步函数调用的错误！

所以我们已经知道，我们可以把错误抛入生成器中，不过如果是从生成器向外抛出错误呢？正如你所料：

```
function *main() {
    var x = yield "Hello World";

    yield x.toLowerCase();   // 引发一个异常!
}

var it = main();

it.next().value;            // Hello World

try {
    it.next( 42 );
}
catch (err) {
    console.error( err );    // TypeError
}
```

当然，也可以通过 throw .. 手工抛出一个错误，而不是通过触发异常。

甚至可以捕获通过 throw(..) 抛入生成器的同一个错误，基本上也就是给生成器一个处理它的机会；如果没有处理的话，迭代器代码就必须处理：

```
function *main() {
    var x = yield "Hello World";

    // 永远不会到达这里
    console.log( x );
}

var it = main();

it.next();

try {
    // *main()会处理这个错误吗？看看吧!
    it.throw( "Oops" );
}
catch (err) {

    // 不行,没有处理!
    console.error( err );            // Oops
}
```

在异步代码中实现看似同步的错误处理（通过 try..catch）在可读性和合理性方面都是一个巨大的进步。

4.4 生成器 +Promise

在前面的讨论中，我们展示了如何异步迭代生成器，这是一团乱麻似的回调在顺序性和合理性方面的巨大进步。但我们错失了很重要的两点：Promise 的可信任性和可组合性（参见第 3 章）！

别担心，我们还会重获这些。ES6 中最完美的世界就是生成器（看似同步的异步代码）和 Promise（可信任可组合）的结合。

但如何实现呢？

回想一下第 3 章里在运行 Ajax 例子中基于 Promise 的实现方法：

```
function foo(x,y) {
    return request(
        "http://some.url.1/?x=" + x + "&y=" + y
    );
}

foo( 11, 31 )
.then(
    function(text){
        console.log( text );
    },
    function(err){
        console.error( err );
    }
);
```

在前面的运行 Ajax 例子的生成器代码中，foo(..) 没有返回值（undefined），并且我们的迭代器控制代码并不关心 yield 出来的值。

而这里支持 Promise 的 foo(..) 在发出 Ajax 调用之后返回了一个 promise。这暗示我们可以通过 foo(..) 构造一个 promise，然后通过生成器把它 yield 出来，然后迭代器控制代码就可以接收到这个 promise 了。

但迭代器应该对这个 promise 做些什么呢？

它应该侦听这个 promise 的决议（完成或拒绝），然后要么使用完成消息恢复生成器运行，要么向生成器抛出一个带有拒绝原因的错误。

我再重复一遍，因为这一点非常重要。获得 Promise 和生成器最大效用的最自然的方法就是 yield 出来一个 Promise，然后通过这个 Promise 来控制生成器的迭代器。

让我们来试一下！首先，把支持 Promise 的 foo(..) 和生成器 *main() 放在一起：

```
function foo(x,y) {
    return request(
        "http://some.url.1/?x=" + x + "&y=" + y
    );
}

function *main() {
    try {
        var text = yield foo( 11, 31 );
        console.log( text );
    }
    catch (err) {
        console.error( err );
    }
}
```

这次重构代码中最有力的发现是，*main() 之中的代码完全不需要改变！在生成器内部，不管什么值 yield 出来，都只是一个透明的实现细节，所以我们甚至没有意识到其发生，也不需要关心。

但现在如何运行 *main() 呢？还有一些实现细节需要补充，来实现接收和连接 yield 出来的 promise，使它能够在决议之后恢复生成器。先从手工实现开始：

```
var it = main();

var p = it.next().value;

// 等待promise p决议
p.then(
    function(text){
        it.next( text );
    },

    function(err){
        it.throw( err );
    }
);
```

实际上，这并没有那么令人痛苦，对吧？

这段代码看起来应该和我们前面手工组合通过 error-first 回调控制的生成器非常类似。除了没有 if (err) { it.throw..，promise 已经为我们分离了完成（成功）和拒绝（失败），否则的话，迭代器控制是完全一样的。

现在，我们已经隐藏了一些重要的细节。

最重要的是，我们利用了已知 *main() 中只有一个需要支持 Promise 的步骤这一事实。如果想要能够实现 Promise 驱动的生成器，不管其内部有多少个步骤呢？我们当然不希望每个生成器手工编写不同的 Promise 链！如果有一种方法可以实现重复（即循环）迭代控制，每次会生成一个 Promise，等其决议后再继续，那该多好啊。

还有，如果在 it.next(..) 调用过程中生成器（有意或无意）抛出一个错误会怎样呢？是应该退出呢，还是应该捕获这个错误并发送回去呢？类似地，如果通过 it.throw(..) 把一个 Promise 拒绝抛入生成器中，但它却没有受到处理就被直接抛回了呢？

4.4.1　支持 Promise 的 Generator Runner

随着对这条道路的深入探索，你越来越会意识到："哇，如果有某个工具为我实现这些就好了。"关于这一点，你绝对没错。这是如此重要的一个模式，你绝对不希望搞错（或精疲力竭地一次又一次重复实现），所以最好是使用专门设计用来以我们前面展示的方式运行 Promise-yielding 生成器的工具。

有几个 Promise 抽象库提供了这样的工具，包括我的 asynquence 库及其 runner(..)，本部分的附录 A 中会介绍。

但是，为了学习和展示的目的，我们还是自己定义一个独立工具，叫作 run(..)：

```
// 在此感谢Benjamin Gruenbaum (@benjamingr on GitHub)的巨大改进！
function run(gen) {
    var args = [].slice.call( arguments, 1), it;

    // 在当前上下文中初始化生成器
    it = gen.apply( this, args );

    // 返回一个promise用于生成器完成
    return Promise.resolve()
        .then( function handleNext(value){
            // 对下一个yield出的值运行
            var next = it.next( value );

            return (function handleResult(next){
                // 生成器运行完毕了吗?
                if (next.done) {
                    return next.value;
                }
                // 否则继续运行
                else {
                    return Promise.resolve( next.value )
                        .then(
                            // 成功就恢复异步循环,把决议的值发回生成器
                            handleNext,

                            // 如果value是被拒绝的 promise,
                            // 就把错误传回生成器进行出错处理
                            function handleErr(err) {
                                return Promise.resolve(
                                    it.throw( err )
```

```
                    )
                    .then( handleResult );
                }
            );
        }
    })(next);
    } );
}
```

诚如所见，你可能并不愿意编写这么复杂的工具，并且也会特别不希望为每个使用的生成器都重复这段代码。所以，一个工具或库中的辅助函数绝对是必要的。尽管如此，我还是建议你花费几分钟时间学习这段代码，以更好地理解生成器 +Promise 协同运作模式。

如何在运行 Ajax 的例子中使用 run(..) 和 *main() 呢？

```
function *main() {
    // ..
}

run( main );
```

就是这样！这种运行 run(..) 的方式，它会自动异步运行你传给它的生成器，直到结束。

 我们定义的 run(..) 返回一个 promise，一旦生成器完成，这个 promise 就会决议，或收到一个生成器没有处理的未捕获异常。这里并没有展示这种功能，但我们会在本章后面部分再介绍这一点。

ES7：async 与 await?

前面的模式——生成器 yield 出 Promise，然后其控制生成器的迭代器来执行它，直到结束——是非常强大有用的一种方法。如果我们能够无需库工具辅助函数（即 run(..)）就能够实现就好了。

关于这一点，可能有一些好消息。在编写本书的时候，对于后 ES6、ES7 的时间框架，在这一方面增加语法支持的提案已经有了一些初期但很强势的支持。显然，现在确定细节还太早，但其形式很可能会类似如下：

```
function foo(x,y) {
    return request(
        "http://some.url.1/?x=" + x + "&y=" + y
    );
}

async function main() {
    try {
        var text = await foo( 11, 31 );
        console.log( text );
    }
```

```
        catch (err) {
            console.error( err );
        }
    }

    main();
```

可以看到，这里没有通过 run(..) 调用（意味着不需要库工具！）来触发和驱动 main()，它只是被当作一个普通函数调用。另外，main() 也不再被声明为生成器函数了，它现在是一类新的函数：async 函数。最后，我们不再 yield 出 Promise，而是用 await 等待它决议。

如果你 await 了一个 Promise，async 函数就会自动获知要做什么，它会暂停这个函数（就像生成器一样），直到 Promise 决议。我们并没有在这段代码中展示这一点，但是调用一个像 main() 这样的 async 函数会自动返回一个 promise。在函数完全结束之后，这个 promise 会决议。

 有 C# 经验的人可能很熟悉 async/await 语法，因为它们基本上是相同的。

从本质上说，这个提案就是把前面我们已经推导出来的模式写进规范，使其进入语法机制：组合 Promise 和看似同步的流程控制代码。这是两个最好的世界的结合，有效地实际解决了我们列出的回调方案的主要问题。

这样的 ES7 提案已经存在，并有了初期的支持和热情，仅仅是这个事实就极大增加了这个异步模式对其未来重要性的信心。

4.4.2　生成器中的 Promise 并发

到目前为止，我们已经展示的都是 Promise+ 生成器下的单步异步流程。但是，现实世界中的代码常常会有多个异步步骤。

如果不认真对待的话，生成器的这种看似同步的风格可能会让你陷入对自己异步并发组织方式的自满中，进而导致并不理想的性能模式。所以我们打算花点时间来研究一下各种方案。

想象这样一个场景：你需要从两个不同的来源获取数据，然后把响应组合在一起以形成第三个请求，最终把最后一条响应打印出来。第 3 章已经用 Promise 研究过一个类似的场景，但是让我们在生成器的环境下重新考虑一下这个问题吧。

你的第一直觉可能类似如下：

```
function *foo() {
    var r1 = yield request( "http://some.url.1" );
    var r2 = yield request( "http://some.url.2" );

    var r3 = yield request(
        "http://some.url.3/?v=" + r1 + "," + r2
    );

    console.log( r3 );
}

// 使用前面定义的工具run(..)
run( foo );
```

这段代码可以工作，但是针对我们特定的场景而言，它并不是最优的。你能指出原因吗？

因为请求 r1 和 r2 能够——出于性能考虑也应该——并发执行，但是在这段代码中，它们是依次执行的；直到请求 URL"http://some.url.1" 完成后才会通过 Ajax 获取 URL"http://some.url.2"。这两个请求是相互独立的，所以性能更高的方案应该是让它们同时运行。

但是，到底如何通过生成器和 yield 实现这一点呢？我们知道 yield 只是代码中一个单独的暂停点，并不可能同时在两个点上暂停。

最自然有效的答案就是让异步流程基于 Promise，特别是基于它们以时间无关的方式管理状态的能力（参见 3.1.1 节）。

最简单的方法：

```
function *foo() {
    // 让两个请求"并行"
    var p1 = request( "http://some.url.1" );
    var p2 = request( "http://some.url.2" );

    // 等待两个promise都决议
    var r1 = yield p1;
    var r2 = yield p2;

    var r3 = yield request(
        "http://some.url.3/?v=" + r1 + "," + r2

    );

    console.log( r3 );
}

// 使用前面定义的工具run(..)
run( foo );
```

为什么这和前面的代码片段不同呢？观察一下 yield 的位置。p1 和 p2 是并发执行（即

"并行")的用于 Ajax 请求的 promise。哪一个先完成都无所谓,因为 promise 会按照需要在决议状态保持任意长时间。

然后我们使用接下来的两个 yield 语句等待并取得 promise 的决议(分别写入 r1 和 r2)。如果 p1 先决议,那么 yield p1 就会先恢复执行,然后等待 yield p2 恢复。如果 p2 先决议,它就会耐心保持其决议值等待请求,但是 yield p1 将会先等待,直到 p1 决议。

不管哪种情况,p1 和 p2 都会并发执行,无论完成顺序如何,两者都要全部完成,然后才会发出 r3 = yield request..Ajax 请求。

这种流程控制模型如果听起来有点熟悉的话,是因为这基本上和我们在第 3 章中通过 Promise.all([..]) 工具实现的 gate 模式相同。因此,也可以这样表达这种流程控制:

```
function *foo() {
    // 让两个请求"并行",并等待两个promise都决议
    var results = yield Promise.all( [
        request( "http://some.url.1" ),
        request( "http://some.url.2" )
    ] );

    var r1 = results[0];
    var r2 = results[1];

    var r3 = yield request(
        "http://some.url.3/?v=" + r1 + "," + r2
    );

    console.log( r3 );
}

// 使用前面定义的工具run(..)
run( foo );
```

 就像我们在第 3 章中讨论过的,我们甚至可以通过 ES6 解构赋值,把 var r1 = .. var r2 = .. 赋值语句简化为 var [r1,r2] = results。

换句话说,Promise 所有的并发能力在生成器 +Promise 方法中都可以使用。所以无论在什么地方你的需求超过了顺序的 this-then-that 异步流程控制,Promise 很可能都是最好的选择。

隐藏的 Promise
作为一个风格方面的提醒:要注意你的生成器内部包含了多少 Promise 逻辑。我们介绍的使用生成器实现异步的方法的全部要点在于创建简单、顺序、看似同步的代码,将异步的细节尽可能隐藏起来。

比如，这可能是一个更简洁的方案：

```
// 注：普通函数，不是生成器
function bar(url1,url2) {
    return Promise.all( [
        request( url1 ),
        request( url2 )
    ] );
}

function *foo() {
    // 隐藏bar(..)内部基于Promise的并发细节
    var results = yield bar(
        "http://some.url.1",
        "http://some.url.2"
    );

    var r1 = results[0];
    var r2 = results[1];

    var r3 = yield request(
        "http://some.url.3/?v=" + r1 + "," + r2
    );

    console.log( r3 );
}

// 使用前面定义的工具run(..)
run( foo );
```

在 *foo() 内部，我们所做的一切就是要求 bar(..) 给我们一些 results，并通过 yield 来等待结果，这样更简洁也更清晰。我们不需要关心在底层是用 Promise.all([..]) Promise 组合来实现这一切。

我们把异步，实际上是 Promise，作为一个实现细节看待。

如果想要实现一系列高级流程控制的话，那么非常有用的做法是：把你的 Promise 逻辑隐藏在一个只从生成器代码中调用的函数内部。比如：

```
function bar() {
    Promise.all( [
        baz( .. )
        .then( .. ),
        Promise.race( [ .. ] )
    ] )
    .then( .. )
}
```

有时候会需要这种逻辑，而如果把它直接放在生成器内部的话，那你就失去了几乎所有一开始使用生成器的理由。应该有意将这样的细节从生成器代码中抽象出来，以避免它把高层次的任务表达变得杂乱。

创建代码除了要实现功能和保持性能之外，你还应该尽可能使代码易于理解和维护。

 对编程来说，抽象并不总是好事，很多时候它会增加复杂度以换取简洁性。但是在这个例子里，我相信，对生成器 +Promise 异步代码来说，相比于其他实现，这种抽象更加健康。尽管如此，还是建议大家要注意具体情况具体分析，为你和你的团队作出正确的决定。

4.5　生成器委托

在前面一节中，我们展示了从生成器内部调用常规函数，以及这如何对于把实现细节（就像异步 Promise 流）抽象出去还是一种有用的技术。但是，用普通函数实现这个任务的主要缺点是它必须遵守普通函数的规则，也就意味着它不能像生成器一样用 yield 暂停自己。

可能出现的情况是，你可能会从一个生成器调用另一个生成器，使用辅助函数 run(..)，就像这样：

```
function *foo() {
    var r2 = yield request( "http://some.url.2" );
    var r3 = yield request( "http://some.url.3/?v=" + r2 );

    return r3;
}

function *bar() {
    var r1 = yield request( "http://some.url.1" );

    // 通过 run(..) "委托"给*foo()
    var r3 = yield run( foo );

    console.log( r3 );
}

run( bar );
```

我们再次通过 run(..) 工具从 *bar() 内部运行 *foo()。这里我们利用了如下事实：我们前面定义的 run(..) 返回一个 promise，这个 promise 在生成器运行结束时（或出错退出时）决议。因此，如果从一个 run(..) 调用中 yield 出来一个 promise 到另一个 run(..) 实例中，它会自动暂停 *bar()，直到 *foo() 结束。

但其实还有一个更好的方法可以实现从 *bar() 调用 *foo()，称为 yield 委托。yield 委托的具体语法是：yield * __ （注意多出来的 *）。在我们弄清它在前面的例子中的使用之前，先来看一个简单点的场景：

```
function *foo() {
    console.log( "*foo() starting" );
```

```
    yield 3;
    yield 4;
    console.log( "*foo() finished" );
}

function *bar() {
    yield 1;
    yield 2;
    yield *foo();     // yield委托!
    yield 5;
}

var it = bar();

it.next().value;      // 1
it.next().value;      // 2
it.next().value;      // *foo() starting
                      // 3
it.next().value;      // 4
it.next().value;      // *foo() finished
                      // 5
```

 在本章前面的一条提示中，我解释了为什么我更喜欢 function *foo() ..，而不是 function* foo() ..。类似地，我也更喜欢——与这个主题的多数其他文档不同——使用 yield *foo() 而不是 yield* foo()。* 的位置仅关乎风格，由你自己来决定使用哪种。不过我发现保持风格一致是很吸引人的。

这里的 yield *foo() 委托是如何工作的呢？

首先，和我们以前看到的完全一样，调用 foo() 创建一个迭代器。然后 yield * 把迭代器实例控制（当前 *bar() 生成器的）委托给/转移到了这另一个 *foo() 迭代器。

所以，前面两个 it.next() 调用控制的是 *bar()。但当我们发出第三个 it.next() 调用时，*foo() 现在启动了，我们现在控制的是 *foo() 而不是 *bar()。这也是为什么这被称为委托：*bar() 把自己的迭代控制委托给了 *foo()。

一旦 it 迭代器控制消耗了整个 *foo() 迭代器，it 就会自动转回控制 *bar()。

现在回到前面使用三个顺序 Ajax 请求的例子：

```
function *foo() {
    var r2 = yield request( "http://some.url.2" );
    var r3 = yield request( "http://some.url.3/?v=" + r2 );

    return r3;
}

function *bar() {
    var r1 = yield request( "http://some.url.1" );
```

```
        // 通过 yeild* "委托"给*foo()
        var r3 = yield *foo();

        console.log( r3 );
    }

    run( bar );
```

这段代码和前面版本的唯一区别就在于使用了 yield *foo()，而不是前面的 yield run(foo)。

 yield * 暂停了迭代控制，而不是生成器控制。当你调用 *foo() 生成器时，现在 yield 委托到了它的迭代器。但实际上，你可以 yield 委托到任意 iterable，yield *[1,2,3] 会消耗数组值 [1,2,3] 的默认迭代器。

4.5.1 为什么用委托

yield 委托的主要目的是代码组织，以达到与普通函数调用的对称。

想像一下有两个模块分别提供了方法 foo() 和 bar()，其中 bar() 调用了 foo()。一般来说，把两者分开实现的原因是该程序的适当的代码组织要求它们位于不同的函数中。比如，可能有些情况下是单独调用 foo()，另外一些地方则由 bar() 调用 foo()。

同样是出于这些原因，保持生成器分离有助于程序的可读性、可维护性和可调试性。在这一方面，yield * 是一个语法上的缩写，用于代替手工在 *foo() 的步骤上迭代，不过是在 *bar() 内部。

如果 *foo() 内的步骤是异步的话，这样的手工方法将会特别复杂，这也是你可能需要使用 run(..) 工具来做某些事情的原因。就像我们已经展示的，yield *foo() 消除了对 run(..) 工具的需要（就像 run(foo)）。

4.5.2 消息委托

你可能会疑惑，这个 yield 委托是如何不只用于迭代器控制工作，也用于双向消息传递工作的呢。认真跟踪下面的通过 yield 委托实现的消息流出入：

```
function *foo() {
    console.log( "inside *foo():", yield "B" );

    console.log( "inside *foo():", yield "C" );

    return "D";
}

function *bar() {
```

```
        console.log( "inside *bar():", yield "A" );

        // yield委托!
        console.log( "inside *bar():", yield *foo() );

        console.log( "inside *bar():", yield "E" );

        return "F";
    }

    var it = bar();

    console.log( "outside:", it.next().value );
    // outside: A

    console.log( "outside:", it.next( 1 ).value );
    // inside *bar(): 1
    // outside: B

    console.log( "outside:", it.next( 2 ).value );
    // inside *foo(): 2
    // outside: C

    console.log( "outside:", it.next( 3 ).value );
    // inside *foo(): 3
    // inside *bar(): D
    // outside: E

    console.log( "outside:", it.next( 4 ).value );
    // inside *bar(): 4
    // outside: F
```

要特别注意 it.next(3) 调用之后的执行步骤。

(1) 值 3（通过 *bar() 内部的 yield 委托）传入等待的 *foo() 内部的 yield "C" 表达式。

(2) 然后 *foo() 调用 return "D"，但是这个值并没有一直返回到外部的 it.next(3) 调用。

(3) 取而代之的是，值 "D" 作为 *bar() 内部等待的 yield*foo() 表达式的结果发出——这个 yield 委托本质上在所有的 *foo() 完成之前是暂停的。所以 "D" 成为 *bar() 内部的最后结果，并被打印出来。

(4) yield "E" 在 *bar() 内部调用，值 "E" 作为 it.next(3) 调用的结果被 yield 发出。

从外层的迭代器（it）角度来说，是控制最开始的生成器还是控制委托的那个，没有任何区别。

实际上，yield 委托甚至并不要求必须转到另一个生成器，它可以转到一个非生成器的一般 iterable。比如：

```
    function *bar() {
        console.log( "inside *bar():", yield "A" );
```

```
        // yield委托给非生成器!
        console.log( "inside *bar():", yield *[ "B", "C", "D" ] );

        console.log( "inside *bar():", yield "E" );

        return "F";
    }

    var it = bar();

    console.log( "outside:", it.next().value );
    // outside: A

    console.log( "outside:", it.next( 1 ).value );
    // inside *bar(): 1
    // outside: B

    console.log( "outside:", it.next( 2 ).value );
    // outside: C

    console.log( "outside:", it.next( 3 ).value );

    // outside: D

    console.log( "outside:", it.next( 4 ).value );
    // inside *bar(): undefined
    // outside: E

    console.log( "outside:", it.next( 5 ).value );
    // inside *bar(): 5
    // outside: F
```

注意这个例子和之前那个例子在消息接收位置和报告位置上的区别。

最显著的是，默认的数组迭代器并不关心通过 next(..) 调用发送的任何消息，所以值 2、3 和 4 根本就被忽略了。还有，因为迭代器没有显式的返回值（和前面使用的 *foo() 不同），所以 yield * 表达式完成后得到的是一个 undefined。

异常也被委托！
和 yield 委托透明地双向传递消息的方式一样，错误和异常也是双向传递的：

```
    function *foo() {
        try {
            yield "B";
        }
        catch (err) {
            console.log( "error caught inside *foo():", err );
        }

        yield "C";

        throw "D";
    }
```

```
function *bar() {
    yield "A";

    try {
        yield *foo();
    }
    catch (err) {
        console.log( "error caught inside *bar():", err );
    }

    yield "E";

    yield *baz();

    // 注:不会到达这里!
    yield "G";
}

function *baz() {
    throw "F";
}

var it = bar();

console.log( "outside:", it.next().value );
// outside: A

console.log( "outside:", it.next( 1 ).value );
// outside: B

console.log( "outside:", it.throw( 2 ).value );
// error caught inside *foo(): 2
// outside: C

console.log( "outside:", it.next( 3 ).value );
// error caught inside *bar(): D
// outside: E

try {
    console.log( "outside:", it.next( 4 ).value );
}
catch (err) {
    console.log( "error caught outside:", err );
}
// error caught outside: F
```

这段代码中需要注意以下几点。

(1) 调用 it.throw(2) 时,它会发送错误消息 2 到 *bar(),它又将其委托给 *foo(),后者捕
    获并处理它。然后,yield "C" 把 "C" 发送回去作为 it.throw(2) 调用返回的 value。
(2) 接下来从 *foo() 内 throw 出来的值 "D" 传播到 *bar(),这个函数捕获并处理它。然后
    yield "E" 把 "E" 发送回去作为 it.next(3) 调用返回的 value。

(3) 然后，从 *baz() throw 出来的异常并没有在 *bar() 内被捕获——所以 *baz() 和 *bar() 都被设置为完成状态。这段代码之后，就再也无法通过任何后续的 next(..) 调用得到值 "G"，next(..) 调用只会给 value 返回 undefined。

4.5.3 异步委托

我们终于回到前面的多个顺序 Ajax 请求的 yield 委托例子：

```
function *foo() {
    var r2 = yield request( "http://some.url.2" );
    var r3 = yield request( "http://some.url.3/?v=" + r2 );

    return r3;
}

function *bar() {
    var r1 = yield request( "http://some.url.1" );

    var r3 = yield *foo();

    console.log( r3 );
}

run( bar );
```

这里我们在 *bar() 内部没有调用 yield run(foo)，而是调用 yield *foo()。

在这个例子之前的版本中，使用了 Promise 机制（通过 run(..) 控制）把值从 *foo() 内的 return r3 传递给 *bar() 中的局部变量 r3。现在，这个值通过 yield * 机制直接返回。

除此之外的行为非常相似。

4.5.4 递归委托

当然，yield 委托可以跟踪任意多委托步骤，只要你把它们连在一起。甚至可以使用 yield 委托实现异步的生成器递归，即一个 yield 委托到它自身的生成器：

```
function *foo(val) {
    if (val > 1) {
        // 生成器递归
        val = yield *foo( val - 1 );
    }

    return yield request( "http://some.url/?v=" + val );
}

function *bar() {
    var r1 = yield *foo( 3 );
    console.log( r1 );
```

```
    }

    run( bar );
```

 run(..) 工具可以通过 run(foo, 3) 调用，因为它支持额外的参数和生成器一起传入。但是，这里使用了没有参数的 *bar()，以展示 yield * 的灵活性。

这段代码后面的处理步骤是怎样的呢？坚持一下，接下来的细节描述可能会非常复杂。

(1) run(bar) 启动生成器 *bar()。

(2) foo(3) 创建了一个 *foo(..) 的迭代器，并传入 3 作为其参数 val。

(3) 因为 3 > 1，所以 foo(2) 创建了另一个迭代器，并传入 2 作为其参数 val。

(4) 因为 2 > 1，所以 foo(1) 又创建了一个新的迭代器，并传入 1 作为其参数 val。

(5) 因为 1 > 1 不成立，所以接下来以值 1 调用 request(..)，并从这第一个 Ajax 调用得到一个 promise。

(6) 这个 promise 通过 yield 传出，回到 *foo(2) 生成器实例。

(7) yield * 把这个 promise 传出回到 *foo(3) 生成器实例。另一个 yield * 把这个 promise 传出回到 *bar() 生成器实例。再有一个 yield * 把这个 promise 传出回到 run(..) 工具，这个工具会等待这个 promsie（第一个 Ajax 请求）的处理。

(8) 这个 promise 决议后，它的完成消息会发送出来恢复 *bar()；后者通过 yield * 转入 *foo(3) 实例；后者接着通过 yield * 转入 *foo(2) 生成器实例；后者再接着通过 yield * 转入 *foo(3) 生成器实例内部的等待着的普通 yield。

(9) 第一个调用的 Ajax 响应现在立即从 *foo(3) 生成器实例中返回。这个实例把值作为 *foo(2) 实例中 yield * 表达式的结果返回，赋给它的局部变量 val。

(10) 在 *foo(2) 中，通过 request(..) 发送了第二个 Ajax 请求。它的 promise 通过 yield 发回给 *foo(1) 实例，然后通过 yield * 一路传递到 run(..)（再次进行步骤 7）。这个 promise 决议后，第二个 Ajax 响应一路传播回到 *foo(2) 生成器实例，赋给它的局部变量 val。

(11) 最后，通过 request(..) 发出第三个 Ajax 请求，它的 promise 传出到 run(..)，然后它的决议值一路返回，然后 return 返回到 *bar() 中等待的 yield * 表达式。

噫！这么多疯狂的脑力杂耍，是不是？这一部分你可能需要多读几次，然后吃点零食让大脑保持清醒！

4.6 生成器并发

就像我们在第 1 章和本章前面都讨论过的一样，两个同时运行的进程可以合作式地交替运作，而很多时候这可以产生（双关，原文为 yield：既指产生又指 yield 关键字）非常强大的异步表示。

坦白地说，本部分前面的多个生成器并发交替执行的例子已经展示了如何使其看起来令人迷惑。但是，我们已经暗示过了，在一些场景中这个功能会很有用武之地的。

回想一下第 1 章给出的一个场景：其中两个不同并发 Ajax 响应处理函数需要彼此协调，以确保数据交流不会出现竞态条件。我们把响应插入到 res 数组中，就像这样：

```
function response(data) {
    if (data.url == "http://some.url.1") {
        res[0] = data;
    }
    else if (data.url == "http://some.url.2") {
        res[1] = data;
    }
}
```

但是这种场景下如何使用多个并发生成器呢？

```
// request(..)是一个支持Promise的Ajax工具

var res = [];

function *reqData(url) {
    res.push(
        yield request( url )
    );
}
```

 这里我们将使用生成器 *reqData(..) 的两个实例，但运行两个不同生成器的实例也没有任何区别。两种方法的过程几乎一样。稍后将会介绍两个不同生成器的彼此协调。

这里不需要手工为 res[0] 和 res[1] 赋值排序，而是使用合作式的排序，使得 res.push(..) 把值按照预期以可预测的顺序正确安置。这样，表达的逻辑给人感觉应该更清晰一点。

但是，实践中我们如何安排这些交互呢？首先，使用 Promise 手工实现：

```
var it1 = reqData( "http://some.url.1" );
var it2 = reqData( "http://some.url.2" );

var p1 = it1.next();
var p2 = it2.next();

p1
.then( function(data){
    it1.next( data );
    return p2;
```

```
        } )
        .then( function(data){
            it2.next( data );
        } );
```

*reqData(..) 的两个实例都被启动来发送它们的 Ajax 请求，然后通过 yield 暂停。然后我
们选择在 p1 决议时恢复第一个实例，然后 p2 的决议会重启第二个实例。通过这种方式，
我们使用 Promise 配置确保 res[0] 中会放置第一个响应，而 res[1] 中会放置第二个响应。

但是，坦白地说，这种方式的手工程度非常高，并且它也不能真正地让生成器自己来协
调，而那才是真正的威力所在。让我们换一种方法试试：

```
// request(..)是一个支持Promise的Ajax工具

var res = [];

function *reqData(url) {
    var data = yield request( url );

    // 控制转移
    yield;

    res.push( data );
}

var it1 = reqData( "http://some.url.1" );
var it2 = reqData( "http://some.url.2" );

var p1 = it1.next();
var p2 = it2.next();

p1.then( function(data){
    it1.next( data );
} );

p2.then( function(data){
    it2.next( data );
} );

Promise.all( [p1,p2] )
.then( function(){
    it1.next();
    it2.next();
} );
```

好吧，这看起来好一点（尽管仍然是手工的！），因为现在 *reqData(..) 的两个实例确实
是并发运行了，而且（至少对于前一部分来说）是相互独立的。

在前面的代码中，第二个实例直到第一个实例完全结束才得到数据。但在这里，两个实例
都是各自的响应一回来就取得了数据，然后每个实例再次 yield，用于控制传递的目的。
然后我们在 Promise.all([..]) 处理函数中选择它们的恢复顺序。

可能不那么明显的是，因为对称性，这种方法以更简单的形式暗示了一种可重用的工具。还可以做得更好。来设想一下使用一个称为 runAll(..) 的工具：

```
// request(..)是一个支持Promise的Ajax工具

var res = [];

runAll(
    function*(){
        var p1 = request( "http://some.url.1" );

        // 控制转移
        yield;

        res.push( yield p1 );
    },
    function*(){
        var p2 = request( "http://some.url.2" );

        // 控制转移
        yield;

        res.push( yield p2 );
    }
);
```

 我们不准备列出 runAll(..) 的代码，不仅是因为其可能因太长而使文本混乱，也因为它是我们在前面 run(..) 中实现的逻辑的一个扩展。所以，我们把它作为一个很好的扩展练习，请试着从 run(..) 的代码演进实现我们设想的 runAll(..) 的功能。我的 asynquence 库也提供了一个前面提过的 runner(..) 工具，其中已经内建了对类功能的支持，这将在本部分的附录 A 中讨论。

以下是 runAll(..) 内部运行的过程。

(1) 第一个生成器从第一个来自于 "http://some.url.1" 的 Ajax 响应得到一个 promise，然后把控制 yield 回 runAll(..) 工具。

(2) 第二个生成器运行，对于 "http://some.url.2" 实现同样的操作，把控制 yield 回 runAll(..) 工具。

(3) 第一个生成器恢复运行，通过 yield 传出其 promise p1。在这种情况下，runAll(..) 工具所做的和我们之前的 run(..) 一样，因为它会等待这个 promise 决议，然后恢复同一个生成器（没有控制转移！）。p1 决议后，runAll(..) 使用这个决议值再次恢复第一个生成器，然后 res[0] 得到了自己的值。接着，在第一个生成器完成的时候，有一个隐式的控制转移。

(4) 第二个生成器恢复运行，通过 yield 传出其 promise p2，并等待其决议。一旦决议，runAll(..) 就用这个值恢复第二个生成器，设置 res[1]。

在这个例子的运行中，我们使用了一个名为 res 的外层变量来保存两个不同的 Ajax 响应结果，我们的并发协调使其成为可能。

但是，如果继续扩展 runAll(..) 来提供一个内层的变量空间，以使多个生成器实例可以共享，将是非常有帮助的，比如下面这个称为 data 的空对象。还有，它可以接受 yield 的非 Promise 值，并把它们传递到下一个生成器。

考虑：

```
// request(..)是一个支持Promise的Ajax工具

runAll(
    function*(data){
        data.res = [];

        // 控制转移(以及消息传递)
        var url1 = yield "http://some.url.2";

        var p1 = request( url1 ); // "http://some.url.1"

        // 控制转移
        yield;

        data.res.push( yield p1 );
    },
    function*(data){
        // 控制转移(以及消息传递)
        var url2 = yield "http://some.url.1";

        var p2 = request( url2 ); // "http://some.url.2"

        // 控制转移
        yield;

        data.res.push( yield p2 );
    }
);
```

在这一方案中，实际上两个生成器不只是协调控制转移，还彼此通信，通过 data.res 和 yield 的消息来交换 url1 和 url2 的值。真是极其强大！

这样的实现也为被称作通信顺序进程（Communicating Sequential Processes，CSP）的更高级异步技术提供了一个概念基础。对此，我们将在本部分的附录 B 中详细讨论。

4.7　形实转换程序

目前为止，我们已经假定从生成器 yield 出一个 Promise，并且让这个 Promise 通过一个像 run(..) 这样的辅助函数恢复这个生成器，这是通过生成器管理异步的最好方法。要知道，事实的确如此。

但是，我们忽略了另一种广泛使用的模式。为了完整性，我们来简要介绍一下这种模式。

在通用计算机科学领域，有一个早期的前 JavaScript 概念，称为*形实转换程序*（thunk）。我们这里将不再陷入历史考据的泥沼，而是直接给出形实转换程序的一个狭义表述：JavaScript 中的 thunk 是指一个用于调用另外一个函数的函数，没有任何参数。

换句话说，你用一个函数定义封装函数调用，包括需要的任何参数，来定义这个调用的执行，那么这个封装函数就是一个形实转换程序。之后在执行这个 thunk 时，最终就是调用了原始的函数。

举例来说：

```
function foo(x,y) {
    return x + y;
}

function fooThunk() {
    return foo( 3, 4 );
}

// 将来

console.log( fooThunk() );   // 7
```

所以，同步的 thunk 是非常简单的。但如果是异步的 thunk 呢？我们可以把这个狭窄的 thunk 定义扩展到包含让它接收一个回调。

考虑：

```
function foo(x,y,cb) {
    setTimeout( function(){
        cb( x + y );
    }, 1000 );
}

function fooThunk(cb) {
    foo( 3, 4, cb );
}

// 将来

fooThunk( function(sum){
    console.log( sum );     // 7
} );
```

正如所见，fooThunk(..) 只需要一个参数 cb(..)，因为它已经有预先指定的值 3 和 4（分别作为 x 和 y）可以传给 foo(..)。thunk 就耐心地等待它完成工作所需的最后一部分：那个回调。

但是，你并不会想手工编写 thunk。所以，我们发明一个工具来做这部分封装工作。

考虑：

```
function thunkify(fn) {
    var args = [].slice.call( arguments, 1 );
    return function(cb) {
        args.push( cb );
        return fn.apply( null, args );
    };
}

var fooThunk = thunkify( foo, 3, 4 );
// 将来

fooThunk( function(sum) {
    console.log( sum );        // 7
} );
```

 这里我们假定原始（foo(..)）函数原型需要的回调放在最后的位置，其他参数都在它之前。对异步 JavaScript 函数标准来说，这可以说是一个普遍成立的标准。你可以称之为"callback-last 风格"。如果出于某种原因需要处理"callback-first 风格"原型，你可以构建一个使用 args.unshift(..) 而不是 args.push(..) 的工具。

前面 thunkify(..) 的实现接收 foo(..) 函数引用以及它需要的任意参数，并返回 thunk 本身（fooThunk(..)）。但是，这并不是 JavaScript 中使用 thunk 的典型方案。

典型的方法——如果不令人迷惑的话——并不是 thunkify(..) 构造 thunk 本身，而是 thunkify(..) 工具产生一个生成 thunk 的函数。

考虑：

```
function thunkify(fn) {
    return function() {
        var args = [].slice.call( arguments );
        return function(cb) {
            args.push( cb );
            return fn.apply( null, args );
        };
    };
}
```

此处主要的区别在于多出来的 return function() { .. } 这一层。以下是用法上的区别：

```
var whatIsThis = thunkify( foo );

var fooThunk = whatIsThis( 3, 4 );
```

```
// 将来
fooThunk( function(sum) {
    console.log( sum );        // 7
} );
```

显然，这段代码暗藏的一个大问题是：whatIsThis 调用的是什么。并不是这个 thunk，而是某个从 foo(..) 调用产生 thunk 的东西。这有点类似于 thunk 的"工厂"。似乎还没有任何标准约定可以给这样的东西命名。

所以我的建议是 thunkory（thunk+factory）。于是就有，thunkify(..) 生成一个 thunkory，然后 thunkory 生成 thunk。这和第 3 章中我提议 promisory 出于同样的原因：

```
var fooThunkory = thunkify( foo );

var fooThunk1 = fooThunkory( 3, 4 );
var fooThunk2 = fooThunkory( 5, 6 );

// 将来

fooThunk1( function(sum) {
    console.log( sum );     // 7
} );

fooThunk2( function(sum) {
    console.log( sum );     // 11
} );
```

 foo(..) 例子要求回调的风格不是 error-first 风格。当然，error-first 风格要常见得多。如果 foo(..) 需要满足一些正统的错误生成期望，可以把它按照期望改造，使用一个 error-first 回调。后面的 thunkify(..) 机制都不关心回调的风格。使用上唯一的区别将会是 fooThunk1(function(err,sum){..。

暴露 thunkory 方法——而不是像前面的 thunkify(..) 那样把这个中间步骤隐藏——似乎是不必要的复杂性。但是，一般来说，在程序开头构造 thunkory 来封装已有的 API 方法，并在需要 thunk 时可以传递和调用这些 thunkory，是很有用的。两个独立的步骤保留了一个更清晰的功能分离。

以下代码可说明这一点：

```
// 更简洁：
var fooThunkory = thunkify( foo );

var fooThunk1 = fooThunkory( 3, 4 );
var fooThunk2 = fooThunkory( 5, 6 );

// 而不是：
```

```
var fooThunk1 = thunkify( foo, 3, 4 );
var fooThunk2 = thunkify( foo, 5, 6 );
```

不管你是否愿意显式地与 thunkory 打交道，thunk fooThunk1(..) 和 fooThunk2(..) 的用法都是一样的。

s/promise/thunk/

那么所有这些关于 thunk 的内容与生成器有什么关系呢？

可以把 thunk 和 promise 大体上对比一下：它们的特性并不相同，所以并不能直接互换。Promise 要比裸 thunk 功能更强、更值得信任。

但从另外一个角度来说，它们都可以被看作是对一个值的请求，回答可能是异步的。

回忆一下，在第 3 章里我们定义了一个工具用于 promise 化一个函数，我们称之为 Promise.wrap(..)，也可以将其称为 promisify(..)！这个 Promise 封装工具并不产生 Promise，它生成的是 promisory，而 promisory 则接着产生 Promise。这和现在讨论的 thunkory 和 thunk 是完全对称的。

为了说明这种对称性，我们要首先把前面的 foo(..) 例子修改一下，改成使用 error-first 风格的回调：

```
function foo(x,y,cb) {
    setTimeout( function(){
        // 假定cb(..)是error-first风格的
        cb( null, x + y );
    }, 1000 );
}
```

现在我们对比一下 thunkify(..) 和 promisify(..)（即第 3 章中的 Promise.wrap(..)）的使用：

```
// 对称:构造问题提问者
var fooThunkory = thunkify( foo );
var fooPromisory = promisify( foo );

// 对称:提问
var fooThunk = fooThunkory( 3, 4 );
var fooPromise = fooPromisory( 3, 4 );

// 得到答案
fooThunk( function(err,sum){
    if (err) {
        console.error( err );
    }
    else {
        console.log( sum );    // 7
```

```
        }
    } );

    // 得到promise答案
    fooPromise
    .then(
        function(sum){
            console.log( sum );      // 7
        },
        function(err){
            console.error( err );
        }
    );
```

thunkory 和 promisory 本质上都是在提出一个请求（要求一个值），分别由 thunk fooThunk
和 promise fooPromise 表示对这个请求的未来的答复。这样考虑的话，这种对称性就很清
晰了。

了解了这个视角之后，就可以看出，yield 出 Promise 以获得异步性的生成器，也可以为
异步性而 yield thunk。我们所需要的只是一个更智能的 run(..) 工具（就像前面的一样），
不但能够寻找和链接 yield 出来的 Promise，还能够向 yield 出来的 thunk 提供回调。

考虑：

```
    function *foo() {
        var val = yield request( "http://some.url.1" );
        console.log( val );
    }
    run( foo );
```

在这个例子中，request(..) 可能是一个返回 promise 的 promisory，也可能是一个返回
thunk 的 thunkory。从生成器内部的代码逻辑的角度来说，我们并不关心这个实现细节，这
一点是非常强大的！

于是，request(..) 可能是以下两者之一：

```
    // promisory request(..) （参见第3章）
    var request = Promise.wrap( ajax );

    // vs.

    // thunkory request(..)
    var request = thunkify( ajax );
```

最后，作为前面 run(..) 工具的一个支持 thunk 的补丁，我们还需要这样的逻辑：

```
    // ..
    // 我们收到返回的thunk了吗?
    else if (typeof next.value == "function") {
        return new Promise( function(resolve,reject){
```

```
        // 用error-first回调调用这个thunk
        next.value( function(err,msg) {
            if (err) {
                reject( err );
            }
            else {
                resolve( msg );
            }
        } );
    } )
    .then(
        handleNext,
        function handleErr(err) {
            return Promise.resolve(
                it.throw( err )
            )
            .then( handleResult );
        }
    );
}
```

现在，我们的生成器可以调用 promisory 来 yield Promise，也可以调用 thunkory 来 yield thunk。不管哪种情况，run(..) 都能够处理这个值，并等待它的完成来恢复生成器运行。

从对称性来说，这两种方案看起来是一样的。但应该指出，这只是从代表生成器的未来值 continuation 的 Promise 或 thunk 的角度说才是正确的。

从更大的角度来说，thunk 本身基本上没有任何可信任性和可组合性保证，而这些是 Promise 的设计目标所在。单独使用 thunk 作为 Pormise 的替代在这个特定的生成器异步模式里是可行的，但是与 Promise 具备的优势（参见第 3 章）相比，这应该并不是一种理想方案。

如果可以选择的话，你应该使用 yield pr 而不是 yield th。但对 run(..) 工具来说，对两种值类型都能提供支持则是完全正确的。

我的 asynquence 库（详见附录 A）中的 runner(..) 工具可以处理 Promise、thunk 和 asynquence 序列的 yield。

4.8 ES6 之前的生成器

现在，希望你已经相信，生成器是异步编程工具箱中新增的一种非常重要的工具。但是，这是 ES6 中新增的语法，这意味着你没法像对待 Promise（这只是一种新的 API）那样使用生成器。所以如果不能忽略 ES6 前的浏览器的话，怎么才能把生成器引入到我们的浏览器 JavaScript 中呢？

对 ES6 中所有的语法扩展来说，都有工具（最常见的术语是 transpiler，指 trans-compiler，翻译编译器）用于接收 ES6 语法并将其翻译为等价（但是显然要丑陋一些！）的前 ES6 代码。因此，生成器可以被翻译为具有同样功能但可以工作于 ES5 及之前的代码。

可怎么实现呢？显然 yield 的"魔法"看起来并不那么容易翻译。实际上，我们之前在讨论基于闭包的迭代器时已经暗示了一种解决方案。

4.8.1 手工变换

在讨论 transpiler 之前，先来推导一下对生成器来说手工变换是如何实现的。这不只是一个理论上的练习，因为这个练习实际上可以帮助我们更深入理解其工作原理。

考虑：

```
// request(..)是一个支持Promise的Ajax工具

function *foo(url) {
    try {
        console.log( "requesting:", url );
        var val = yield request( url );
        console.log( val );
    }
    catch (err) {
        console.log( "Oops:", err );
        return false;
    }
}

var it = foo( "http://some.url.1" );
```

首先要观察到的是，我们仍然需要一个可以调用的普通函数 foo()，它仍然需要返回一个迭代器。因此，先把非生成器变换的轮廓刻画出来：

```
function foo(url) {

    // ..

    // 构造并返回一个迭代器
    return {
        next: function(v) {
            // ..
        },
        throw: function(e) {
            // ..
        }
    };
}
```

```
var it = foo( "http://some.url.1" );
```

接下来要观察到的是，生成器是通过暂停自己的作用域 / 状态实现它的"魔法"的。可以通过函数闭包（参见本系列的《你不知道的 JavaScript（上卷）》的"作用域和闭包"部分）来模拟这一点。为了理解这样的代码是如何编写的，我们先给生成器的各个部分标注上状态值：

```
// request(..)是一个支持Promise的Ajax工具

function *foo(url) {
    // 状态1

    try {
        console.log( "requesting:", url );
        var TMP1 = request( url );

        // 状态2
        var val = yield TMP1;
        console.log( val );
    }
    catch (err) {
        // 状态3
        console.log( "Oops:", err );
        return false;
    }
}
```

 为了更精确地展示，我们使用临时变量 TMP1 把 val = yield request.. 语句分成了两个部分。request(..) 在状态 1 发生，其完成值赋给 val 发生在状态 2。当我们把代码转换成其非生成器等价时，会去掉这个中间变量 TMP1。

换句话说，1 是起始状态，2 是 request(..) 成功后的状态，3 是 request(..) 失败的状态。你大概能够想象出如何把任何额外的 yield 步骤编码为更多的状态。

回到我们翻译的生成器，让我们在闭包中定义一个变量 state 用于跟踪状态：

```
function foo(url) {
    // 管理生成器状态
    var state;

    // ..
}
```

现在在闭包内定义一个内层函数，称为 process(..)，使用 switch 语句处理每个状态：

```
// request(..)是一个支持Promise的Ajax工具

function foo(url) {
    // 管理生成器状态
```

```
    var state;

    // 生成器范围变量声明
    var val;

    function process(v) {
        switch (state) {
            case 1:
                console.log( "requesting:", url );
                return request( url );
            case 2:
                val = v;
                console.log( val );
                return;
            case 3:
                var err = v;
                console.log( "Oops:", err );
                return false;
        }
    }

    // ..
}
```

我们生成器的每个状态都在 switch 语句中由自己的 case 表示。每次需要处理一个新状态的时候就会调用 process(..)。稍后我们将会回来介绍这是如何工作的。

对于每个生成器级的变量声明（val），我们都把它移动为 process(..) 外的一个 val 声明，这样它们就可以在多个 process(..) 调用之间存活。不过块作用域的变量 err 只在状态 3 中需要使用，所以把它留在原来的位置。

在状态 1，没有了 yield resolve(..)，我们所做的是 return resolve(..)。在终止状态 2，没有显式的 return，所以我们只做一个 return，这等价于 return undefined。在终止状态 3，有一个 return false，因此就保留这一句。

现在需要定义迭代器函数的代码，使这些函数正确调用 process(..)：

```
function foo(url) {
    // 管理生成器状态
    var state;

    // 生成器变量范围声明
    var val;

    function process(v) {
        switch (state) {
            case 1:
                console.log( "requesting:", url );
                return request( url );
            case 2:
                val = v;
                console.log( val );
```

```
                return;
            case 3:
                var err = v;
                console.log( "Oops:", err );
                return false;
        }
    }

    // 构造并返回一个迭代器
    return {
        next: function(v) {
            // 初始状态
            if (!state) {
                state = 1;
                return {
                    done: false,
                    value: process()
                };
            }
            // yield成功恢复
            else if (state == 1) {
                state = 2;
                return {
                    done: true,
                    value: process( v )
                };
            }
            // 生成器已经完成
            else {
                return {
                    done: true,
                    value: undefined
                };
            }
        },
        "throw": function(e) {
            // 唯一的显式错误处理在状态1
            if (state == 1) {
                state = 3;
                return {
                    done: true,
                    value: process( e )
                };
            }
            // 否则错误就不会处理,所以只把它抛回
            else {
                throw e;
            }
        }
    };
}
```

这段代码是如何工作的呢?

(1) 对迭代器的 next() 的第一个调用会把生成器从未初始化状态转移到状态 1，然后调用 process() 来处理这个状态。request(..) 的返回值是对应 Ajax 响应的 promise，作为 value 属性从 next() 调用返回。

(2) 如果 Ajax 请求成功，第二个 next(..) 调用应该发送 Ajax 响应值进来，这会把状态转移到状态 2。再次调用 process(..)（这次包括传入的 Ajax 响应值），从 next(..) 返回的 value 属性将是 undefined。

(3) 然而，如果 Ajax 请求失败的话，就会使用错误调用 throw(..)，这会把状态从 1 转移到 3（而非 2）。再次调用 process(..)，这一次包含错误值。这个 case 返回 false，被作为 throw(..) 调用返回的 value 属性。

从外部来看（也就是说，只与迭代器交互），这个普通函数 foo(..) 与生成器 *foo(..) 的工作几乎完全一样。所以我们已经成功地把 ES6 生成器转为了前 ES6 兼容代码！

然后就可以手工实例化生成器并控制它的迭代器了，调用 var it = foo("..") 和 it.next(..) 等。甚至更好的是，我们可以把它传给前面定义的工具 run(..)，就像 run(foo,"..")。

4.8.2　自动转换

前面的 ES6 生成器到前 ES6 等价代码的手工推导练习，向我们教授了概念上生成器是如何工作的。但是，这个变换非常复杂，并且对于代码中的其他生成器而言也是不可移植的。这部分工作通过手工实现十分不实际，会完全抵消生成器的一切优势。

但幸运的是，已经有一些工具可以自动把 ES6 生成器转化为前面小节中我们推导出来的结果那样的代码。它们不仅会为我们完成这些笨重的工作，还会处理我们忽略的几个枝节问题。

regenerator 就是这样的一个工具，出自 Facebook 的几个聪明人。

如果使用 regenerator 来转换前面的生成器的话，以下是产生的代码（本书写作之时）：

```
// request(..)是一个支持Promise的Ajax工具

var foo = regeneratorRuntime.mark(function foo(url) {
    var val;

    return regeneratorRuntime.wrap(function foo$(context$1$0) {
        while (1) switch (context$1$0.prev = context$1$0.next) {
        case 0:
            context$1$0.prev = 0;
            console.log( "requesting:", url );
```

```
                context$1$0.next = 4;
                return request( url );
        case 4:
                val = context$1$0.sent;
                console.log( val );
                context$1$0.next = 12;
                break;
        case 8:
                context$1$0.prev = 8;
                context$1$0.t0 = context$1$0.catch(0);
                console.log("Oops:", context$1$0.t0);
                return context$1$0.abrupt("return", false);
        case 12:
        case "end":
                return context$1$0.stop();
        }
    }, foo, this, [[0, 8]]);
});
```

这与我们手工推导的结果有一些明显的相似之处，比如那些 switch/case 语句，而且我们甚至看到了移出闭包的 val，就像我们做的一样。

当然，一个不同之处是，regenerator 的变换需要一个辅助库 regeneratorRuntime，其中包含了管理通用生成器和迭代器的所有可复用逻辑。这些重复代码中有很多和我们的版本不同，但即使这样，很多概念还是可以看到的，比如 context$1$0.next = 4 记录生成器的下一个状态。

主要的收获是，生成器不再局限于只能在 ES6+ 环境中使用。一旦理解了这些概念，就可以在代码中使用，然后使用工具将其变换为与旧环境兼容的代码。

这比仅仅将修改后的 Promise API 用作前 ES6 Promise 所做的工作要多得多，但是，付出的代价是值得的，因为在实现以合理的、明智的、看似同步的、顺序的方式表达异步流程方面，生成器的优势太多了。

一旦迷上了生成器，就再也不会想回到那一团乱麻的异步回调地狱中了。

4.9 小结

生成器是 ES6 的一个新的函数类型，它并不像普通函数那样总是运行到结束。取而代之的是，生成器可以在运行当中（完全保持其状态）暂停，并且将来再从暂停的地方恢复运行。

这种交替的暂停和恢复是合作性的而不是抢占式的，这意味着生成器具有独一无二的能力来暂停自身，这是通过关键字 yield 实现的。不过，只有控制生成器的迭代器具有恢复生成器的能力（通过 next(..)）。

yield/next(..) 这一对不只是一种控制机制，实际上也是一种双向消息传递机制。yield .. 表达式本质上是暂停下来等待某个值，接下来的 next(..) 调用会向被暂停的 yield 表达式传回一个值（或者是隐式的 undefined）。

在异步控制流程方面，生成器的关键优点是：生成器内部的代码是以自然的同步 / 顺序方式表达任务的一系列步骤。其技巧在于，我们把可能的异步隐藏在了关键字 yield 的后面，把异步移动到控制生成器的迭代器的代码部分。

换句话说，生成器为异步代码保持了顺序、同步、阻塞的代码模式，这使得大脑可以更自然地追踪代码，解决了基于回调的异步的两个关键缺陷之一。

第 5 章

程序性能

到目前为止，本书的内容都是关于如何更加有效地利用异步模式。但是，我们并没有直接阐述为什么异步对 JavaScript 来说真的很重要。最显而易见的原因就是性能。

举例来说，如果要发出两个 Ajax 请求，并且它们之间是彼此独立的，但是需要等待两个请求都完成才能执行下一步的任务，那么为这个交互建模有两种选择：顺序与并发。

可以先发出第一个请求，然后等待第一个请求结束，之后发出第二个请求。或者，就像我们在 promise 和生成器部分看到的那样，也可以并行发出两个请求，然后用门模式来等待两个请求完成，之后再继续。

显然，通常后一种模式会比前一种更高效。而更高的性能通常也会带来更好的用户体验。

甚至有可能异步（交替执行的并发）只能够提高感觉到的性能，而整体来说，程序完成的时间还是一样的。用户感知的性能和实际可测的性能一样重要，如果不是更重要的话！

现在我们不再局限于局部化的异步模式，而是将在程序级别上讨论更大图景下的性能细节。

 你可能想要了解一些微性能问题，比如 a++ 和 ++a 哪个更快。这一类性能细节将在第 6 章中讨论。

5.1 Web Worker

如果你有一些处理密集型的任务要执行，但不希望它们都在主线程运行（这可能会减慢浏览器 /UI），可能你就会希望 JavaScript 能够以多线程的方式运行。

在第 1 章里，我们已经详细介绍了 JavaScript 是如何单线程工作的。但是，单线程并不是组织程序执行的唯一方式。

设想一下，把你的程序分为两个部分：一部分运行在主 UI 线程下，另外一部分运行在另一个完全独立的线程中。

这样的架构可能会引出哪些方面的问题呢？

一个就是，你会想要知道在独立的线程运行是否意味着它可以并行运行（在多 CPU/ 核心的系统上），这样第二个线程的长时间运行就不会阻塞程序主线程。否则，相比于 JavaScript 中已有的异步并发，"虚拟多线程"并不会带来多少好处。

你还会想知道程序的这两个部分能否访问共享的作用域和资源。如果可以的话，那你就将遇到多线程语言（Java、C++ 等）要面对的所有问题，比如需要合作式或抢占式的锁机制（mutex 等）。这是相当多的额外工作，不要小看。

还有，如果这两个部分能够共享作用域和资源的话，你会想要知道它们将如何通信。

在我们对 Web 平台 HTML5 的一个叫作 Web Worker 的新增特性的探索过程中，这些都是很好的问题。这是浏览器（即宿主环境）的功能，实际上和 JavaScript 语言本身几乎没什么关系。也就是说，JavaScript 当前并没有任何支持多线程执行的功能。

但是，像你的浏览器这样的环境，很容易提供多个 JavaScript 引擎实例，各自运行在自己的线程上，这样你可以在每个线程上运行不同的程序。程序中每一个这样的独立的多线程部分被称为一个（Web）Worker。这种类型的并行化被称为任务并行，因为其重点在于把程序划分为多个块来并发运行。

从 JavaScript 主程序（或另一个 Worker）中，可以这样实例化一个 Worker：

```
var w1 = new Worker( "http://some.url.1/mycoolworker.js" );
```

这个 URL 应该指向一个 JavaScript 文件的位置（而不是一个 HTML 页面！），这个文件将被加载到一个 Worker 中。然后浏览器启动一个独立的线程，让这个文件在这个线程中作为独立的程序运行。

这种通过这样的 URL 创建的 Worker 称为专用 Worker（Dedicated Worker）。除了提供一个指向外部文件的 URL，你还可以通过提供一个 Blob URL（另外一个 HTML5 特性）创建一个在线 Worker（Inline Worker)，本质上就是一个存储在单个（二进制）值中的在线文件。不过，Blob 已经超出了我们这里的讨论范围。

Worker 之间以及它们和主程序之间，不会共享任何作用域或资源，那会把所有多线程编程的噩梦带到前端领域，而是通过一个基本的事件消息机制相互联系。

Worker w1 对象是一个事件侦听者和触发者，可以通过订阅它来获得这个 Worker 发出的事件以及发送事件给这个 Worker。

以下是如何侦听事件（其实就是固定的 "message" 事件）：

```
w1.addEventListener( "message", function(evt){
    // evt.data
} );
```

也可以发送 "message" 事件给这个 Worker：

```
w1.postMessage( "something cool to say" );
```

在这个 Worker 内部，收发消息是完全对称的：

```
// "mycoolworker.js"

addEventListener( "message", function(evt){
    // evt.data
} );

postMessage( "a really cool reply" );
```

注意，专用 Worker 和创建它的程序之间是一对一的关系。也就是说，"message" 事件没有任何歧义需要消除，因为我们确定它只能来自这个一对一的关系：它要么来自这个 Worker，要么来自主页面。

通常由主页面应用程序创建 Worker，但若是需要的话，Worker 也可以实例化它自己的子 Worker，称为 subworker。有时候，把这样的细节委托给一个"主" Worker，由它来创建其他 Worker 处理部分任务，这样很有用。不幸的是，到写作本书时为止，Chrome 还不支持 subworker，不过 Firefox 支持。

要在创建 Worker 的程序中终止 Worker，可以调用 Worker 对象（就像前面代码中的 w1）上的 terminate()。突然终止 Worker 线程不会给它任何机会完成它的工作或者清理任何资源。这就类似于通过关闭浏览器标签页来关闭页面。

如果浏览器中有两个或多个页面（或同一页上的多个 tab！）试图从同一个文件 URL 创建 Worker，那么最终得到的实际上是完全独立的 Worker。后面我们会简单介绍如何共享 Worker。

看起来似乎恶意或无知的 JavaScript 程序只要在一个系统中生成上百个 Worker，让每个 Worker 运行在低级独立的线程上，就能够以此制造拒绝服务攻击。尽管这确实从某种程度上保证了每个 Worker 将运行在自己的独立线程上，但是这个保证并不是毫无限度的。系统能够决定可以创建多少个实际的线程 /CPU/ 核心。没有办法预测或保证你能够访问多少个可用线程，尽管很多人假定至少可以达到 CPU/ 核心的数量。我认为最安全的假定就是在主 UI 线程之外至少还有一个线程，就是这样。

5.1.1　Worker 环境

在 Worker 内部是无法访问主程序的任何资源的。这意味着你不能访问它的任何全局变量，也不能访问页面的 DOM 或者其他资源。记住，这是一个完全独立的线程。

但是，你可以执行网络操作（Ajax、WebSockets）以及设定定时器。还有，Worker 可以访问几个重要的全局变量和功能的本地复本，包括 `navigator`、`location`、`JSON` 和 `applicationCache`。

你还可以通过 `importScripts(..)` 向 Worker 加载额外的 JavaScript 脚本：

```
// 在Worker内部
importScripts( "foo.js", "bar.js" );
```

这些脚本加载是同步的。也就是说，`importScripts(..)` 调用会阻塞余下 Worker 的执行，直到文件加载和执行完成。

另外，已经有一些讨论涉及把 <canvas>API 暴露给 Worker，以及把 canvas 变为 Transferable（参见 5.1.2 节），这将使 Worker 可以执行更高级的 off-thread 图形处理，这对于高性能游戏（WebGL）和其他类似的应用是很有用的。尽管目前的浏览器中还不存在这种支持，但很可能不远的将来就会有。

Web Worker 通常应用于哪些方面呢？

- 处理密集型数学计算
- 大数据集排序
- 数据处理（压缩、音频分析、图像处理等）
- 高流量网络通信

5.1.2　数据传递

你可能已经注意到这些应用中的大多数有一个共性，就是需要在线程之间通过事件机制传递大量的信息，可能是双向的。

在早期的 Worker 中，唯一的选择就是把所有数据序列化到一个字符串值中。除了双向序列化导致的速度损失之外，另一个主要的负面因素是数据需要被复制，这意味着两倍的内存使用（及其引起的垃圾收集方面的波动）。

谢天谢地，现在已经有了一些更好的选择。

如果要传递一个对象，可以使用结构化克隆算法（structured clone algorithm）（https://developer.mozilla.org/en-US/docs/Web/Guide/API/DOM/The_structured_clone_algorithm）把这个对象复制到另一边。这个算法非常高级，甚至可以处理要复制的对象有循环引用的情况。这样就不用付出 to-string 和 from-string 的性能损失了，但是这种方案还是要使用双倍的内存。IE10 及更高版本以及所有其他主流浏览器都支持这种方案。

还有一个更好的选择，特别是对于大数据集而言，就是使用 Transferable 对象（http://updates.html5rocks.com/2011/12/Transferable-Objects-Lightning-Fast）。这时发生的是对象所有权的转移，数据本身并没有移动。一旦你把对象传递到一个 Worker 中，在原来的位置上，它就变为空的或者是不可访问的，这样就消除了多线程编程作用域共享带来的混乱。当然，所有权传递是可以双向进行的。

如果选择 Transferable 对象的话，其实不需要做什么。任何实现了 Transferable 接口（http://developer.mozilla.org/en-US/docs/Web/API/Transferable）的数据结构就自动按照这种方式传输（Firefox 和 Chrome 都支持）。

举例来说，像 Uint8Array 这样的带类型的数组（参见本系列的《你不知道的 JavaScript（下卷）》的 "ES6 & Beyond" 部分）就是 Transferable。下面是如何使用 postMessage(..) 发送一个 Transferable 对象：

```
// 比如foo是一个Uint8Array

postMessage( foo.buffer, [ foo.buffer ] );
```

第一个参数是一个原始缓冲区，第二个是一个要传输的内容的列表。

不支持 Transferable 对象的浏览器就降级到结构化克隆，这会带来性能下降而不是彻底的功能失效。

5.1.3　共享 Worker

如果你的站点或 app 允许加载同一个页面的多个 tab（一个常见的功能），那你可能非常希望通过防止重复专用 Worker 来降低系统的资源使用。在这一方面最常见的有限资源就是 socket 网络连接，因为浏览器限制了到同一个主机的同时连接数目。当然，限制来自于同一客户端的连接数也减轻了你的资源压力。

在这种情况下，创建一个整个站点或 app 的所有页面实例都可以共享的中心 Worker 就非常有用了。

这称为 SharedWorker，可通过下面的方式创建（只有 Firefox 和 Chrome 支持这一功能）：

```
var w1 = new SharedWorker( "http://some.url.1/mycoolworker.js" );
```

因为共享 Worker 可以与站点的多个程序实例或多个页面连接，所以这个 Worker 需要通过某种方式来得知消息来自于哪个程序。这个唯一标识符称为端口（port），可以类比网络 socket 的端口。因此，调用程序必须使用 Worker 的 port 对象用于通信：

```
w1.port.addEventListener( "message", handleMessages );

// ..

w1.port.postMessage( "something cool" );
```

还有，端口连接必须要初始化，形式如下：

```
w1.port.start();
```

在共享 Worker 内部，必须要处理额外的一个事件："connect"。这个事件为这个特定的连接提供了端口对象。保持多个连接独立的最简单办法就是使用 port 上的闭包（参见本系列《你不知道的 JavaScript（上卷）》的"作用域和闭包"部分），就像下面的代码一样，把这个链接上的事件侦听和传递定义在 "connect" 事件的处理函数内部：

```
// 在共享Worker内部
addEventListener( "connect", function(evt){
    // 这个连接分配的端口
    var port = evt.ports[0];

    port.addEventListener( "message", function(evt){
        // ..

        port.postMessage( .. );

        // ..
    } );

    // 初始化端口连接
    port.start();
} );
```

除了这个区别之外，共享和专用 Worker 在功能和语义方面都是一样的。

 如果有某个端口连接终止而其他端口连接仍然活跃，那么共享 Worker 不会终止。而对专用 Worker 来说，只要到实例化它的程序的连接终止，它就会终止。

5.1.4 模拟 Web Worker

从性能的角度来说，将 Web Worker 用于并行运行 JavaScript 程序是非常有吸引力的方案。但是，由于环境所限。你可能需要在缺乏对此支持的更老的浏览器中运行你的代码。因为 Worker 是一种 API 而不是语法，所以我们可以作为扩展来模拟它。

如果浏览器不支持 Worker，那么从性能的角度来说是没法模拟多线程的。通常认为 Iframe 提供了并行环境，但是在所有的现代浏览器中，它们实际上都是和主页面运行在同一个线程中的，所以并不足以模拟并发。

就像我们在第 1 章中详细讨论的，JavaScript 的异步（不是并行）来自于事件循环队列，所以可使用定时器（setTimeout(..) 等）强制模拟实现异步的伪 Worker。然后你只需要提供一个 Worker API 的封装。Modernizr GitHub 页面（http://github.com/Modernizr/Modernizr/wiki/HTML5-Cross-Browser-Polyfills#web-workers）上列出了一些实现，但坦白地说，它们看起来都不太好。

在 这 一 点 上， 我 也 编 写 了 一 个 模 拟 Worker 的 概 要 实 现（https://gist.github.com/getify/1b26accb1a09aa53ad25）。它是很基本的，但如果双向消息机制正确工作，并且"onerror"处理函数也正确工作，那么它应该可以提供简单的 Worker 支持。如果需要的话，你也可以扩展它，实现更多的功能，比如 terminate() 或伪共享 Worker。

 因为无法模拟同步阻塞，所以这个封装不支持使用 importScripts(..)。对此，一个可能的选择是，解析并转换 Worker 的代码（一旦 Ajax 加载之后）来处理重写为某种异步形式的 importScripts(..) 模拟，可能通过支持 promise 的接口。

5.2 SIMD

单指令多数据（SIMD）是一种数据并行（data parallelism）方式，与 Web Worker 的任务并行（task parallelism）相对，因为这里的重点实际上不再是把程序逻辑分成并行的块，而是并行处理数据的多个位。

通过 SIMD，线程不再提供并行。取而代之的是，现代 CPU 通过数字"向量"（特定类型的数组），以及可以在所有这些数字上并行操作的指令，来提供 SIMD 功能。这是利用低级指令级并行的底层运算。

把 SIMD 功能暴露到 JavaScript 的尝试最初是由 Intel 发起的，具体来说就是，Mohammad Haghighat（在本书写作时）与 Firefox 和 Chrome 团队合作。SIMD 目前正在进行早期的标准化，很有机会进入到 JavaScript 的未来版本，比如 ES7。

SIMD JavaScript 计划向 JavaScript 代码暴露短向量类型和 API。在支持 SIMD 的那些系统中，这些运算将会直接映射到等价的 CPU 指令，而在非 SIMD 系统中就会退化回非并行化的运算。

对于数据密集型的应用（信号分析、关于图形的矩阵运算，等等），这样的并行数学处理带来的性能收益是非常明显的！

在本书写作时，早期提案中的 API 形式类似如下：

```
var v1 = SIMD.float32x4( 3.14159, 21.0, 32.3, 55.55 );
var v2 = SIMD.float32x4( 2.1, 3.2, 4.3, 5.4 );

var v3 = SIMD.int32x4( 10, 101, 1001, 10001 );
var v4 = SIMD.int32x4( 10, 20, 30, 40 );

SIMD.float32x4.mul( v1, v2 );
    // [ 6.597339, 67.2, 138.89, 299.97 ]
SIMD.int32x4.add( v3, v4 );
    // [ 20, 121, 1031, 10041 ]
```

这里展示的是两个不同的向量数据类型，32 位浮点数和 32 位整型。可以看到，这些向量大小恰好就是四个 32 位元素，因为这和多数当代 CPU 上支持的 SIMD 向量大小（128 位）匹配。未来还有可能看到这些 API 的 x8（或更大！）版本。

除了 mul() 和 add()，很多其他运算还可以包含在内，比如 sub()、div()、abs()、neg()、sqrt()、reciprocal()、reciprocalSqrt()（算术）、shuffle()（重新安排向量元素）、and()、or()、xor()、not()（逻辑）、equal()、greaterThan()、lessThan()（比较）、shiftLeft()、shiftRightLogical()、shiftRightArithmetic()（移位）、fromFloat32x4() 以及 fromInt32x4()（转换）。

对于可用的 SIMD 功能（http://github.com/johnmccutchan/ecmascript_simd），有一个官方的（有希望的、值得期待的、面向未来的）prolyfill，它展示了比我们这一节中多得多的计划好的 SIMD 功能。

5.3 asm.js

asm.js（http://asmjs.org）这个标签是指 JavaScript 语言中可以高度优化的一个子集。通过小心避免某些难以优化的机制和模式（垃圾收集、类型强制转换，等等），asm.js 风格的代码可以被 JavaScript 引擎识别并进行特别激进的底层优化。

和本章前面讨论的其他程序性能机制不同，asm.js 并不是 JavaScript 语言规范需要采纳的某种东西。虽然 asm.js 规范的确存在（http://asmjs.org/spec/latest/），但它主要是用来追踪一系列达成一致的备选优化方案而不是对 JavaScript 引擎的一组要求。

目前还没有提出任何新的语法。事实上，asm.js 提出了一些识别满足 asm.js 规则的现存标准 JavaScript 语法的方法，并让引擎据此实现它们自己的优化。

浏览器提供者之间在关于程序中应如何激活 asm.js 这一点上有过一些分歧。早期版本的 asm.js 实验需要一个 "use asm"; 编译指示（类似于严格模式的 "use strict";）帮助提醒 JavaScript 引擎寻找 asm.js 优化机会。另外一些人认为，asm.js 应该就是一个启发式的集合，引擎应该能够自动识别，无需开发者做任何额外的事情。这意味着，从理论上说，现有的程序可以从 asm.js 风格的优化得益而无需特意做什么。

5.3.1 如何使用 asm.js 优化

关于 asm.js 优化，首先要理解的是类型和强制类型转换（参见本书的"类型和语法"部分）。如果 JavaScript 引擎需要跟踪一个变量在各种各样的运算之间的多个不同类型的值，才能按需处理类型之间的强制类型转换，那么这大量的额外工作会使得程序优化无法达到最优。

 为了解释明了，我们在这里将使用 asm.js 风格代码，但你要清楚，通常并不需要手工编写这样的代码。asm.js 通常是其他工具的编译目标，比如 Emscripten。当然，你也可以自己编写 asm.js 代码，但一般来说，这想法并不好，因为这是非常耗时且容易出错的过程。尽管如此，可能还是会有一些情况需要你修改代码，以便于 asm.js 优化。

还有一些技巧可以用来向支持 asm.js 的 JavaScript 引擎暗示变量和运算想要的类型是什么，使它可以省略这些类型转换跟踪步骤。

比如：

```
var a = 42;

// ..
```

```
var b = a;
```

在这个程序中，赋值 b = a 留下了变量类型二义性的后门。但它也可以换一种方式，写成这样：

```
var a = 42;

// ..

var b = a | 0;
```

此处我们使用了与 0 的 |（二进制或）运算，除了确保这个值是 32 位整型之外，对于值没有任何效果。这样的代码在一般的 JavaScript 引擎上都可以正常工作。而对支持 asm.js 的 JavaScript 引擎来说，这段代码就发出这样的信号，b 应该总是被当作 32 位整型来处理，这样就可以省略强制类型转换追踪。

类似地，可以这样把两个变量的加运算限制为更高效的整型加运算（而不是浮点型）：

```
(a + b) | 0
```

另一方面，支持 asm.js 的 JavaScript 引擎可以看到这个提示并推导出这里的 + 运算应该是 32 位整型加，因为不管怎样，整个表达式的结果都会自动规范为 32 位整型。

5.3.2 asm.js 模块

对 JavaScript 性能影响最大的因素是内存分配、垃圾收集和作用域访问。asm.js 对这些问题提出的一个解决方案就是，声明一个更正式的 asm.js "模块"，不要和 ES6 模块混淆。请参考本系列《你不知道的 JavaScript（下卷）》的 "ES6 & Beyond" 部分。

对一个 asm.js 模块来说，你需要明确地导入一个严格规范的命名空间——规范将之称为 stdlib，因为它应该代表所需的标准库——以导入必要的符号，而不是通过词法作用域使用全局的那些符号。基本上，window 对象就是一个 asm.js 模块可以接受的 stdlib 对象，但是，你能够而且可能也需要构造一个更加严格的命名空间。

你还需要声明一个堆（heap）并将其传入。这个术语用于表示内存中一块保留的位置，变量可以直接使用而不需要额外的内存请求或释放之前使用的内存。这样，asm.js 模块就不需要做任何可能导致内存扰动的动作了，只需使用预先保留的空间即可。

一个堆就像是一个带类型的 ArrayBuffer，比如：

```
var heap = new ArrayBuffer( 0x10000 );  // 64k堆
```

由于使用这个预留的 64k 二进制空间，asm.js 模块可以在这个缓冲区存储和获取值，不需要付出任何内存分配和垃圾收集的代价。举例来说，可以在模块内部使用堆缓冲区备份一个 64 位浮点值数组，就像这样：

```
var arr = new Float64Array( heap );
```

用一个简单快捷的 asm.js 风格模块例子来展示这些细节是如何结合到一起的。我们定义了一个 foo(..)。它接收一个起始值（x）和终止值（y）整数构成一个范围，并计算这个范围内的值的所有相邻数的乘积，然后算出这些值的平均数：

```
function fooASM(stdlib,foreign,heap) {
    "use asm";

    var arr = new stdlib.Int32Array( heap );

    function foo(x,y) {
        x = x | 0;
        y = y | 0;

        var i = 0;
        var p = 0;
        var sum = 0;
        var count = ((y|0) - (x|0)) | 0;

        // 计算所有的内部相邻数乘积
        for (i = x | 0;
            (i | 0) < (y | 0);
            p = (p + 8) | 0, i = (i + 1) | 0
        ) {
            // 存储结果
            arr[ p >> 3 ] = (i * (i + 1)) | 0;
        }

        // 计算所有中间值的平均数
        for (i = 0, p = 0;
            (i | 0) < (count | 0);
            p = (p + 8) | 0, i = (i + 1) | 0
        ) {
            sum = (sum + arr[ p >> 3 ]) | 0;
        }

        return +(sum / count);
    }

    return {
        foo: foo
    };
}

var heap = new ArrayBuffer( 0x1000 );
var foo = fooASM( window, null, heap ).foo;

foo( 10, 20 );        // 233
```

出于展示的目的，这个 asm.js 例子是手写的，所以它并不能代表由目标为 asm.js 的编译工具产生的同样功能的代码。但是，它确实显示了 asm.js 代码 的典型特性，特别是类型提示以及堆缓冲区在存储临时变量上的使用。

第一个对 fooASM(..) 的调用建立了带堆分配的 asm.js 模块。结果是一个 foo(..) 函数，我们可以按照需要调用任意多次。这些 foo(..) 调用应该被支持 asm.js 的 JavaScript 引擎专门优化。很重要的一点是，前面的代码完全是标准 JavaScript，在非 asm.js 引擎中也能正常工作（没有特殊优化）。

显然，使 asm.js 代码如此高度可优化的那些限制的特性显著降低了这类代码的使用范围。asm.js 并不是对任意程序都适用的通用优化手段。它的目标是对特定的任务处理提供一种优化方法，比如数学运算（如游戏中的图形处理）。

5.4   小结

本部分的前四章都是基于这样一个前提：异步编码模式使我们能够编写更高效的代码，通常能够带来非常大的改进。但是，异步特性只能让你走这么远，因为它本质上还是绑定在一个单事件循环线程上。

因此，在这一章里，我们介绍了几种能够进一步提高性能的程序级别的机制。

Web Worker 让你可以在独立的线程运行一个 JavaScript 文件（即程序），使用异步事件在线程之间传递消息。它们非常适用于把长时间的或资源密集型的任务卸载到不同的线程中，以提高主 UI 线程的响应性。

SIMD 打算把 CPU 级的并行数学运算映射到 JavaScript API，以获得高性能的数据并行运算，比如在大数据集上的数字处理。

最后，asm.js 描述了 JavaScript 的一个很小的子集，它避免了 JavaScript 难以优化的部分（比如垃圾收集和强制类型转换），并且让 JavaScript 引擎识别并通过激进的优化运行这样的代码。可以手工编写 asm.js，但是会极端费力且容易出错，类似于手写汇编语言（这也是其名字的由来）。实际上，asm.js 也是高度优化的程序语言交叉编译的一个很好的目标，比如 Emscripten 把 C/C++ 转换成 JavaScript（https://github.com/kripken/emscripten/wiki）。

JavaScript 还有一些更加激进的思路已经进入非常早期的讨论，尽管本章并没有明确包含这些内容，比如近似的直接多线程功能（而不是藏在数据结构 API 后面）。不管这些最终会不会实现，还是我们将只能看到更多的并行特性偷偷加入 JavaScript，但确实可以预见，未来 JavaScript 在程序级别将获得更加优化的性能。

第 6 章

性能测试与调优

本部分的前四章都是关于（异步与并发）编码模式的性能，第 5 章是关于宏观程序架构级的性能。这一章要讨论的主题则是微观性能，关注点在单个表达式和语句。

最能引发普遍好奇心的领域之一（真的，有些开发者可能会沉迷于此）就是分析和测试编写一行或一块代码的多个选择，然后确定哪一种更快。

我们将要来探讨这些问题中的一部分，但从一开始你就要明白，本章的目的不是为了满足对微观性能调优的沉迷，比如某个 JavaScript 引擎上运行 ++a 是不是会比 a++ 快。本章更重要的目标是弄清楚哪些种类的 JavaScript 性能更重要，哪些种类则无关紧要，以及如何区分。

但是，在得出结论之前，首先需要探讨如何最精确可靠地测试 JavaScript 性能，因为我们的知识库中充满了大量的误解和迷思。需要筛选掉所有垃圾以得到清晰的概念。

6.1 性能测试

好，现在是时候消除一些误解了。我敢打赌，如果被问到如何测试某个运算的速度（执行时间），绝大多数 JavaScript 开发者都会从类似下面的代码开始：

```
var start = (new Date()).getTime(); // 或者Date.now()

// 进行一些操作

var end = (new Date()).getTime();

 console.log( "Duration:", (end - start) );
```

如果这大致上就是你首先想到的，请举手。嗯，我想就是如此。这种方案有很多错误，不过别难过，我们会找到正确方法的。

这个测量方式到底能告诉你什么呢？理解它做了什么以及关于这个运算的执行时间不能提供哪些信息，就是学习如何正确测试 JavaScript 性能的关键所在。

如果报告的时间是 0，可能你会认为它的执行时间小于 1ms。但是，这并不十分精确。有些平台的精度并没有达到 1ms，而是以更大的递增间隔更新定时器。比如，Windows（也就是 IE）的早期版本上的精度只有 15ms，这就意味着这个运算的运行时间至少需要这么长才不会被报告为 0！

还有，不管报告的时长是多少，你能知道的唯一一点就是，这个运算的这次特定的运行消耗了大概这么长时间。而它是不是总是以这样的速度运行，你基本上一无所知。你不知道引擎或系统在这个时候有没有受到什么影响，以及其他时候这个运算会不会运行得更快。

如果时长报告是 4 呢？你能更加确定它的运行需要大概 4ms 吗？不能。它消耗的时间可能要短一些，而且在获得 start 或 end 时间戳之间也可能有其他一些延误。

更麻烦的是，你也不知道这个运算测试的环境是否过度优化了。有可能 JavaScript 引擎找到了什么方法来优化你这个独立的测试用例，但在更真实的程序中是无法进行这样的优化的，那么这个运算就会比测试时跑得慢。

那么，能知道的是什么呢？很遗憾，根据前面提出的内容，我们几乎一无所知。这样低置信度的测试几乎无力支持你的任何决策。这个性能测试基本上是无用的。更坏的是，它是危险的，因为它可能提供了错误的置信度，不仅是对你，还有那些没有深入思考带来测试结果的条件的人员。

6.1.1　重复

"好吧，"你现在会说，"那就用一个循环把它包起来，这样整个测试的运行时间就会更长一些了。"如果重复一个运算 100 次，然后整个循环报告共消耗了 137ms，那你就可以把它除以 100，得到每次运算的平均用时为 1.37ms，是这样吗？

并不完全是这样。

简单的数学平均值绝对不足以对你要外推到整个应用范围的性能作出判断。迭代 100 次，即使只有几个（过高或过低的）的异常值也可以影响整个平均值，然后在重复应用这个结论的时候，你还会扩散这个误差，产生更大的欺骗性。

你也可以不以固定次数执行运算，转而循环运行测试，直到达到某个固定的时间。这可能会更可靠一些，但如何确定要执行多长时间呢？你可能会猜测，执行时间应该是你的运算执行的单次时长的若干倍。错。

实际上，重复执行的时间长度应该根据使用的定时器的精度而定，专门用来最小化不精确性。定时器的精度越低，你需要运行的时间就越长，这样才能确保错误率最小化。15ms 的定时器对于精确的性能测试来说是非常差劲的。要最小化它的不确定性（也就是出错率）到小于 1%，需要把你的每轮测试迭代运行 750ms。而 1ms 定时器时只需要每轮运行 50ms 就可以达到同样的置信度。

但是，这只是单独的一个例子。要确保把异常因素排除，你需要大量的样本来平均化。你还会想要知道最差样本有多慢，最好的样本有多快，以及最好和最差情况之间的偏离度有多大，等等。你需要知道的不仅仅是一个告诉你某个东西跑得有多快的数字，还需要得到某个可以计量的测量值告诉你这个数字的可信度有多高。

还有，你可能会想要把不同的技术（以及其他方面）组合起来，以得到所有可能方法的最佳平衡。

这仅仅是个开始。如果你过去进行性能测试的方法比我刚才提出的还要不正式的话，好吧，那么可以说你完全不知道：正确的性能测试。

6.1.2　Benchmark.js

任何有意义且可靠的性能测试都应该基于统计学上合理的实践。此处并不打算撰写一章关于统计学的内容，所以我要和如下术语挥手作别：标准差、方差、误差幅度。如果你不知道这些术语的意思——我回大学上了一门统计学课程，但对这些还是有点糊涂——那么实际上你还不够资格编写自己的性能测试逻辑。

幸运的是，像 John-David Dalton 和 Mathias Bynens 这样的聪明人了解这些概念，并编写了一个统计学上有效的性能测试工具，名为 Benchmark.js。因此，对于这个悬而未决的问题，我的答案就是："使用这个工具就好了。"

我并不打算复述他们的整个文档来介绍 Benchmark.js 如何运作。他们的 API 很不错，你应该读一读。还有一些很棒的文章介绍了更多的细节和方法，比如这里（http://calendar.perfplanet.com/2010/bulletproof-javascript-benchmarks）和这里（http://monsur.hosa.in/2012/12/11/benchmarksjs.html）。

但为了简单展示一下，下面介绍应该如何使用 Benchmark.js 来运行一个快速的性能测试：

```
function foo() {
    // 要测试的运算
}

var bench = new Benchmark(
    "foo test",              // 测试名称
    foo,                     // 要测试的函数(也即内容)
```

```
    {
        // ..              // 可选的额外选项(参见文档)
    }
);

bench.hz;                  // 每秒运算数
bench.stats.moe;           // 出错边界
bench.stats.variance;      // 样本方差
// ..
```

除了这里我们介绍的一点内容，关于 Benchmark.js 的使用还有很多要学的。但是，关键在于它处理了为给定的一段 JavaScript 代码建立公平、可靠、有效的性能测试的所有复杂性。如果你想要对你的代码进行功能测试和性能测试，这个库应该最优先考虑。

这里我们展示了测试一个像 X 这样的单个运算的使用方法，不过很可能你还想要比较 X 和 Y。通过在一个 suite（Benchmark.js 组织特性）中建立两个不同的测试很容易做到这一点。然后，可以依次运行它们，比较统计结果，得出结论，判断 X 和 Y 哪个更快。

Benchmark.js 当然可以用在浏览器中测试 JavaScript（参见 6.3 节），它也可以在非浏览器环境中运行（Node.js 等）。

Benchmark.js 有一个很大程度上还未开发的潜在用例，就是你可以将其用于开发或测试环境中，针对应用中 JavaScript 的关键路径部分运行自动性能回归测试。这和你可能在部署之前运行的单元测试套件类似，你也可以与之前的版本进行性能测试比较，以监控应用性能是提高了还是降低了。

setup/teardown

在前面的代码片段中，我们忽略了"额外选项"{ .. }对象。这里有两个选项是我们应该讨论的：setup 和 teardown。

这两个选项使你可以定义在每个测试之前和之后调用的函数。

有一点非常重要，一定要理解，setup 和 teardown 代码不会在每个测试迭代都运行。最好的理解方法是，想像有一个外层循环（一轮一轮循环）还有一个内层循环（一个测试一个测试循环）。setup 和 teardown 在每次外层循环（轮）的开始和结束处运行，而不是在内层循环中。

为什么这一点很重要呢？设想你有一个像这样的测试用例：

```
a = a + "w";
b = a.charAt( 1 );
```

然后，你建立了测试 setup 如下：

```
var a = "x";
```

你的目的可能是确保每个测试迭代开始的 a 值都是 "x"。但并不是这样！只有在每一轮测试开始时 a 值为 "x"，然后重复 + "w" 链接运算会使得 a 值越来越长，即使你只是访问了位置 1 处的字符 "w"。

对某个东西，比如 DOM，执行产生副作用的操作的时候，比如附加一个子元素，常常会刺伤你。你可能认为你的父元素每次都清空了，但是，实际上它被附加了很多元素，这可能会严重影响测试结果。

6.2   环境为王

对特定的性能测试来说，不要忘了检查测试环境，特别是比较任务 X 和 Y 这样的比对测试。仅仅因为你的测试显示 X 比 Y 快，并不能说明结论 X 比 Y 快就有实际的意义。

举例来说，假定你的性能测试表明 X 运算每秒可以运行 10 000 000 次，而 Y 每秒运行 8 000 000 次。你可以说 Y 比 X 慢了 20%。数学上这是正确的，但这个断言并不像你想象的那么有意义。

让我们更认真地思考这个结果：每秒 10 000 000 次运算就是每毫秒 10 000 次运算，每微秒 10 次。换句话说，单次运算需要 0.1μs，也就是 100ns。很难理解 100ns 到底有多么短。作为对比，据说人类的眼睛通常无法分辨 100ms 以下的事件，这要比 X 运算速度的 100ns 慢一百万倍了。

即使最近的科学研究表明可能大脑可以处理的最快速度是 13ms（大约是以前结论的 8 倍），这意味着 X 的运算速度仍然是人类大脑捕获一个独立的事件发生速度的 125 000 倍。X 真的非常非常快。

不过更重要的是，我们来讨论一下 X 和 Y 的区别，即每秒 2 000 000 次运算差距的区别。如果 X 需要 100ns，而 Y 需要 80ns，那么差别就是 20ns，这在最好情况下也只是人类大脑所能感知到的最小间隙的 65 万分之一。

我要说的是什么呢？这些性能差别无所谓，完全无所谓！

但是稍等，如果这些运算将要连续运行很多次呢？那么这个差别就会累加起来，对不对？

好吧，那我们要问的就是，这个运算 X 要一个接一个地反复运行多次的可能性有多大呢，得运行 650 000 次才能有一点希望让人类感知到。更可能的情况是，它得在一个紧密循环里运行 5 000 000~10 000 000 次才有意义。

你脑子里的计算机科学家可能抗议说，这是可能的；但你脑子里那个现实的的你会更大声说还是应该检查一下这个可能性到底有多大。即使在很少见的情况下是有意义的，但在绝大数情况下它却是无关紧要的。

对于微小运算的绝大多数测试结果，比如 ++x 对比 x++ 的迷思，像出于性能考虑应该用 X 代替 Y 这样的结论都是不成立的。

引擎优化

你无法可靠地推断，如果在你的独立测试中 X 比 Y 要快上 10μs，就意味着 X 总是比 Y 要快，就应该总是使用 X。性能并不是这样发挥效力的。它要比这复杂得多。

举例来说，设想一下（纯粹假设）你对某些微观性能行为进行了测试，比如这样的比较：

```
var twelve = "12";
var foo = "foo";

// 测试1
var X1 = parseInt( twelve );
var X2 = parseInt( foo );

// 测试2
var Y1 = Number( twelve );
var Y2 = Number( foo );
```

如果理解与 Number(..) 相比 parseInt(..) 做了些什么，你可能会凭直觉以为 parseInt(..) 做的工作可能更多，特别是在 foo 用例下。或者你可能会直觉认为它们的工作量在 foo 用例下应该相同，两个都应该能够在第一个字符 f 处停止。

哪种直觉是正确的呢？老实说，我不知道。不过，对于我举的这个例子，哪个判断正确并不重要。测试结果可能是什么？这里我再次单纯假设，并没有实际进行过测试，也没必要那么做。

让我们假装测试结果返回的是从统计上来说完全相同的 X 和 Y。那么你能够确定你关于 f 字符的直觉判断是否正确吗？不能。

在我们假设的情况下，引擎可能会识别出变量 twelve 和 foo 在每个测试中只被使用了一次，因此它可能会决定把这些值在线化。那么它就能识别出 Number("12") 可以直接替换为 12。对于 parseInt(..)，它可能会得出同样的结论，也可能不会。

也有可能引擎的死代码启发式去除算法可能会参与进来，它可能意识到变量 X 和 Y 并没有被使用，因此将其标识为无关紧要的，故而在整个测试中实际上什么事情都没有做。

所有这些都只是根据单个测试所做的假设的思路。现代引擎要比我们凭直觉进行的推导复杂得多。它们会实现各种技巧，比如跟踪记录代码在一小段时期内或针对特别有限的输入集的行为。

如果引擎由于固定输入进行了某种优化，而在真实程序中的输入更加多样化，对优化决策影响很大（甚至完全没有）呢？或者如果引擎看到测试由性能工具运行了数万次而进行优化，但是在真实程序中只会运行数百次，而这种情况下引擎认为完全不值得优化呢？

我们设想的所有这些优化可能性在受限的测试中都有可能发生，而且在更复杂的程序中（出于各种各样的原因），引擎可能不会进行这样的优化。也可能恰恰相反，引擎可能不会优化这样无关紧要的代码，但是在系统已经在运行更复杂的程序时可能会倾向于激进的优化。

这里我要说明的就是，你真的不能精确知道底下到底发生了什么。你能进行的所有猜想和假设对于这样的决策不会有任何实际的影响。

这是不是意味着无法真正进行任何有用的测试呢？绝对不是！

这可以归结为一点，测试不真实的代码只能得出不真实的结论。如果有实际可能的话，你应该测试实际的而非无关紧要的代码，测试条件与你期望的真实情况越接近越好。只有这样得出的结果才有可能接近事实。

像 ++x 对比 x++ 这样的微观性能测试结果为虚假的可能性相当高，可能我们最好就假定它们是假的。

6.3   jsPerf.com

尽管在所有的 JavaScript 运行环境下，Benchmark.js 都可用于测试代码的性能，但有一点一定要强调，如果你想要得到可靠的测试结论的话，就需要在很多不同的环境（桌面浏览器、移动设备，等等）中测试汇集测试结果。

比如，针对同样的测试高端桌面机器的性能很可能和智能手机上 Chrome 移动设备完全不同。而电量充足的智能手机上的结果可能也和同一个智能手机但电量只有 2% 时完全不同，因为这时候设备将会开始关闭无线模块和处理器。

如果想要在不止一个环境下得出像 "X 比 Y 快" 这样的有意义的结论成立，那你需要在尽可能多的真实环境下进行实际测试。仅仅因为在 Chrome 上某个 X 运算比 Y 快并不意味着这在所有的浏览器中都成立。当然你可能还想要交叉引用多个浏览器上的测试运行结果，并有用户的图形展示。

有一个很棒的网站正是因这样的需求而诞生的，名为 jsPerf。它使用我们前面介绍的 Benchmark.js 库来运行统计上精确可靠的测试，并把测试结果放在一个公开可得的 URL 上，你可以把这个 URL 转发给别人。

每次测试运行的时候，测试结果就会被收集并持久化，累积的测试结果会被图形化，并展示到一个页面上以供查看。

在这个网站上创建测试的时候，开始需要先填写两个测试用例，但是你可以按需增添加任意多的测试。你还可以设定在每个测试循环开始时运行的 setup 代码，以及每个测试循环结束时运行的 teardown 代码。

 可以通过一个技巧实现只用一个测试用例（如果需要测试单个方法的性能，而不需要对比的话），就是在首次创建的时候在第二个测试输入框填入占位符文字，然后编辑测试并把第二个测试清空，也就是删除了它。你总是可以在以后增加新的测试用例。

可以定义初始页面设置（导入库、定义辅助工具函数、声明变量，等等）。还有选项可以在需要的时候定义 setup 和 teardown 行为，参见 6.1.2 节。

完整性检查

jsPerf 是一个很好的资源，但认真分析的话，出于本章之前列出的多种原因，公开发布的测试中有大量是有缺陷或无意义的。

考虑：

```
// 用例1
var x = [];
for (var i=0; i<10; i++) {
    x[i] = "x";
}

// 用例2
var x = [];
for (var i=0; i<10; i++) {
    x[x.length] = "x";
}

// 用例3
var x = [];
for (var i=0; i<10; i++) {
    x.push( "x" );
}
```

这个测试场景的一些需要思考的现象如下。

- 对开发者来说，极常见的情况是：把自己的循环放入测试用例，却忘了 Benchmark.js 已经实现了你所需的全部重复。非常有可能这些情况下的 for 循环完全是不必要的噪音。
- 每个测试用例中 x 的声明和初始化可能是不必要的。回忆一下之前的内容，如果 x = [] 放在 setup 代码中，它并不会在每个测试迭代之前实际运行，而是只在每轮测试之前运行一次。这意味着 x 将会持续增长到非常大，而不是 for 循环中暗示的大小——10。

所以，其目的是为了确定测试只局限于 JavaScript 引擎如何处理小数组（大小为 10）吗？目的可能是这样，而如果确实是的话，你必须考虑这是否过多关注了微妙的内部实现细节。

另一方面，测试的目的是否包含数组实际上增加到非常大之后的环境？与真实使用情况相比，JavaScript 处理大数组的行为是否适当和精确呢？

- 目的是否是找出 x.length 或 x.push(..) 对向数组 x 添加内容的操作的性能的影响有多大？好吧，这可能是有效的测试目标。但话说回来，push(..) 是一个函数调用，所以它当然要比 [..] 访问慢。可以证明，用例 1 和 2 要比用例 3 公平得多。

以下是另一个例子，展示了典型的不同类型对比的缺陷：

```
// 用例1
var x = ["John","Albert","Sue","Frank","Bob"];
x.sort();

// 用例2
var x = ["John","Albert","Sue","Frank","Bob"];
x.sort( function mySort(a,b){
    if (a < b) return -1;
    if (a > b) return 1;
    return 0;
} );
```

这里，很明显测试目标是找出自定义的比较函数 mySort(..) 比内建默认比较函数慢多少。但是，通过把函数 mySort(..) 指定为在线函数表达式，你已经创建了一个不公平 / 虚假的测试。这里，第二个用例中测试的不只是用户自定义 JavaScript 函数，它还在每个迭代中创建了一个新的函数表达式。

如果运行一个类似的测试，但是将其更新为将创建一个在线函数表达式与使用预先定义好的函数对比，如果发现在线函数表达式创建版本要慢 2% ~ 20%，你会不会感到吃惊？！

除非你这个测试特意要考虑在线函数表达式创建的代价，否则更好更公平的测试就是将 mySort(..) 的声明放在页面 setup 中——不要把它放在测试 setup 中，因为那会在每一轮不必要地重新声明——只需要在测试用例中通过名字引用它：x.sort(mySort)。

根据前面的例子，还有一个陷阱是隐式地给一个测试用例避免或添加额外的工作，从而导致"拿苹果与橘子对比"的场景：

```
// 用例1
var x = [12,-14,0,3,18,0,2.9];
x.sort();

// 用例2
var x = [12,-14,0,3,18,0,2.9];
```

```
x.sort( function mySort(a,b){
    return a - b;
} );
```

除了前面提到的在线函数表达式陷阱，第二个用例的 mySort(..) 可以工作。因为你给它提供的是数字，但如果是字符串的话就会失败。第一个用例不会抛出错误，但它的行为不同了，输出结果也不同！这应该很明显，但是两个测试用例产生不同的输出几乎肯定会使整个测试变得无效！

不过，在这种情况下，除了不同的输出之外，内建的比较函数 sort(..) 实际上做了 mySort() 没有做的额外工作，包括内建的那个把比较值强制类型转化为字符串并进行字典序比较。第一段代码结果为 [-14, 0, 0, 12, 18, 2.9, 3]，而第二段代码结果（基于目标而言可能更精确）为 [-14, 0, 0, 2.9, 3, 12, 18]。

所以，这个测试是不公平的，因为对于不同的用例，它并没有做完全相同的事情。你得到的任何结果都是虚假的。

同样的陷阱可能会更加不易察觉：

```
// 用例1
var x = false;
var y = x ? 1 : 2;

// 用例2
var x;
var y = x ? 1 : 2;
```

这里，目的可能是测试对 Boolean 值进行强制类型转换对性能的冲击：如果 x 表达式并不是 Boolean 运算符，? : 就会进行强制类型转换（参见本书的"类型和语法"部分）。所以，你显然可以接受如下事实：第二个用例中有额外的类型转换工作要做。

那么不易察觉的问题是什么呢？在第一个用例中设定了 x 的值，而在另一个中则没有设定，所以实际上你在第一个用例中做了在第二个用例中没有做的事。要消除这个潜在的（虽然很小的）影响，可以试着这样：

```
// 用例1
var x = false;
var y = x ? 1 : 2;

// 用例2
var x = undefined;
var y = x ? 1 : 2;
```

现在两种情况下都有赋值语句了。所以你想要测试的内容（有无对 x 的类型转换）很可能就更加精确地被独立出来并被测试到了。

6.4　写好测试

我看看能不能讲清楚我在这里想要说明的更重要的一点。

要写好测试，需要认真分析和思考两个测试用例之间有什么区别，以及这些区别是有意还是无意的。

有意的区别当然是正常的，没有问题，可我们太容易造成会扭曲结果的无意的区别。你需要非常小心才能避免这样的扭曲。还有，你可能有意造成某个区别，但是，对于这个测试的其他人来说，你的这个意图可能不是那么明显，所以他们可能会错误地怀疑（或信任！）你的测试。如何解决这样的问题呢？

编写更好更清晰的测试。但还有，花一些时间来编写文档（使用 jsPerf.com 上的 Description 字段和 / 或代码注释）精确表达你的测试目的，甚至对于那些微小的细节也要如此。找出那些有意的区别，这会帮助别人和未来的你更好地识别出那些可能扭曲测试结果的无意区别。

通过在页面或测试 setup 设置中预先声明把与测试无关的事情独立出来，使它们移出测试计时的部分。

不要试图窄化到真实代码的微小片段，以及脱离上下文而只测量这一小部分的性能，因为包含更大（仍然有意义的）上下文时功能测试和性能测试才会更好。这些测试可能也会运行得慢一点，这意味着环境中发现的任何差异都更有意义。

6.5　微性能

到目前为止，我们一直在围绕各种微性能问题讨论，并始终认为沉迷于此是不可取的。现在我要花费一点时间直面这个问题。

在考虑对代码进行性能测试时，你应该习惯的第一件事情就是你所写的代码并不总是引擎真正运行的代码。在第 1 章讨论编译器语句重排序问题时，我们简单介绍过这个问题。不过这里要说的是，有时候编译器可能会决定执行与你所写的不同的代码，不只是顺序不同，实际内容也会不同。

来考虑下面这段代码：

```
var foo = 41;

(function(){
    (function(){
        (function(baz){
            var bar = foo + baz;
            // ..
        })(1);
```

```
        })();
    })();
```

可能你会认为最内层函数中的引用 foo 需要进行三层作用域查找。本系列的《你不知道的
JavaScript（上卷）》的"作用域和闭包"部分讨论了词法作用域是如何工作的。事实上，
编译器通常会缓存这样的查找结果，使得从不同的作用域引用 foo 实际上并没有任何额外
的花费。

但是，还有一些更深入的问题需要思考。如果编译器意识到这个 foo 只在一个位置被引用
而别处没有任何引用，并且注意到这个值只是 41 而从来不会变成其他值呢？

JavaScript 可能决定完全去掉 foo 变量，将其值在线化，这不是很可能发生也可以接受的
吗？就像下面这样：

```
(function(){
    (function(){
        (function(baz){
            var bar = 41 + baz;
            // ..
        })(1);
    })();
})();
```

 当然，这里编译器有可能也对 baz 进行类似的分析和重写。

当你把 JavaScript 代码看作对引擎要做什么的提示和建议，而不是逐字逐句的要求时，你
就会意识到，对于具体语法细节的很多执着迷恋已经烟消云散了。

另一个例子：

```
function factorial(n) {
    if (n < 2) return 1;
    return n * factorial( n - 1 );
}

factorial( 5 );      // 120
```

啊，很不错的老式阶乘算法！你可能认为 JavaScript 就像代码这样运行。但说实话，只是
可能，我真的也不确定。

但作为一件趣事，同样的代码用 C 编写并用高级优化编译的结果是，编译器意识到调用
factorial(5) 可以直接用常量值 120 来代替，完全消除了函数的调用！

另外，有些引擎会进行名为递归展开的动作，在这里，它能够意识到你表达的递归其实可以用循环更简单地实现（即优化）。JavaScript 引擎有可能会把前面的代码重写如下来运行：

```
function factorial(n) {
    if (n < 2) return 1;

    var res = 1;
    for (var i=n; i>1; i--) {
        res *= i;
    }
    return res;
}

factorial( 5 );     // 120
```

现在，我们设想一下，在前面的代码片段中你还担心 n * factorial(n-1) 和 n *= factorial(--n) 哪个运行更快。甚至可能你还进行了性能测试来确定哪个更好。但你忽略了这个事实：在更大的上下文中，引擎可能并不会运行其中任何一行代码，因为它可能会进行递归展开！

说到 --，--n 对比 n-- 经常被作为那些通过选择 --n 版本来优化的情况进行引用，因为从理论上说，在汇编语言级上它需要处理的工作更少。

对现代 JavaScript 来说，这一类执迷基本上毫无意义。这就属于你应该让引擎来关心的那一类问题。你应该编写意义最明确的代码。比较下面的三个 for 循环：

```
// 选择1
for (var i=0; i<10; i++) {
    console.log( i );
}

// 选择2
for (var i=0; i<10; ++i) {
    console.log( i );
}

// 选择3
for (var i=-1; ++i<10; ) {
    console.log( i );
}
```

即使你认为理论上第二个或第三个选择要比第一个选择性能高那么一点点，这也是值得怀疑的。第三个循环更令人迷惑，因为使用了 ++i 先递增运算，你就不得不把 i 从 -1 开始计算。而第一个和第二个选择之间的区别实际上完全无关紧要。

完全有可能一个 JavaScript 引擎看到了一个使用 i++ 的位置，并意识到它可能将其安全地替换为等价的 ++i，这意味着你花费在决定采用哪一种方案上的时间完全被浪费了，而且产出还毫无意义。

这里是另一个常见的愚蠢的执迷于微观性能的例子：

```
var x = [ .. ];

// 选择1
for (var i=0; i < x.length; i++) {
    // ..
}

// 选择2
for (var i=0, len = x.length; i < len; i++) {
    // ..
}
```

理论上说，这里应该在变量 len 中缓存 x 数组的长度，因为表面上它不会改变，来避免在每个循环迭代中计算 x.length 的代价。

如果运行性能测试来比较使用 x.length 和将其缓存到 len 变量中的方案，你会发现尽管理论听起来没错，但实际的可测差别在统计上是完全无关紧要的。

实际上，在某些像 v8 这样的引擎中，可以看到，预先缓存长度而不是让引擎为你做这件事情，会使性能稍微下降一点。不要试图和 JavaScript 引擎比谁聪明。对性能优化来说，你很可能会输。

6.5.1　不是所有的引擎都类似

各种浏览器中的不同 JavaScript 引擎可以都是"符合规范的"，但其处理代码的方法却完全不同。JavaScript 规范并没有任何性能相关的要求，好吧，除了 ES6 的"尾调用优化"，这部分将在 6.6 节介绍。

引擎可以自由决定一个运算是否需要优化，可能进行权衡，替换掉运算次要性能。对一个运算来说，很难找到一种方法使其在所有浏览器中都运行得较快。

在一些 JavaScript 开发社区有一场运动，特别是在那些使用 Node.js 工作的开发者中间。这场运动是要分析 v8 JavaScript 引擎的特定内部实现细节，决定编写裁剪过的 JavaScript 代码来最大程度地利用 v8 的工作模式。通过这样的努力，你可能会获得令人吃惊的高度性能优化。因此，这种努力的回报可能会很高。

如下是 v8 的一些经常提到的例子（https://github.com/petkaantonov/bluebird/wiki/Optimization-killers）。

- 不要从一个函数到另外一个函数传递 arguments 变量，因为这样的泄漏会降低函数实现速度。
- 把 try..catch 分离到单独的函数里。浏览器对任何有 try..catch 的函数实行优化都有一些困难，所以把这部分移到独立的函数中意味着你控制了反优化的害处，并让其包含的代码可以优化。

不过，与其关注这些具体技巧，倒不如让我们在通用的意义上对 v8 独有的优化方法进行一次完整性检查。

确实要编写只需在一个 JavaScript 引擎上运行的代码吗？即使你的代码目前只需要 Node.js，假定使用的 JavaScript 引擎永远是 v8 是否可靠呢？有没有可能某一天，几年以后，会有 Node.js 之外的另一种服务器端 JavaScript 平台被选中运行你的代码呢？如果你之前的优化如今对新引擎而言成了一种运行很慢的方法，要怎么办呢？

或者如果从现在开始你的代码总是保持运行在 v8 上，但是 v8 决定在某些方面修改其运算的工作方式，过去运行很快的方式现在很慢，或者相反，那又该怎么办？

这些场景并不仅仅只是理论。过去把多个字符串值放在一个数组中，然后在数组上调用 join("") 来连接这些值比直接用 + 连接这些值要快。这一点的历史原因是微妙的，涉及字符串值在内存中如何存储和管理这样的内部实现细节。

因此，那时的工业界广泛传播的最佳实践建议是：开发者应总是使用数组的 join(..) 方法。很多人遵从了这一建议。

但随着时间的发展，JavaScript 引擎改变了内部管理字符串的方法，特别对 + 连接进行了优化。它们并没有降低 join(..) 本身的效率，而是花了更多精力提高 + 的使用，因为 join 仍然是广泛使用的。

 主要基于某些方法当前的广泛使用来标准化或优化这些特定方法的实践通常称为（比喻意义上的）"给已被牛踏出的路铺砖"。

一旦新的处理字符串和连接的方法确定下来，很遗憾，所有那些使用数组 join(..) 来连接字符串的代码就成次优的了。

另一个例子：曾几何时，Opera 浏览器在如何处理原生封装的对象的封箱/开箱上与其他浏览器不同（参见本书的"类型和语法"部分）。同样，他们对开发者的建议是：如果需要访问 length 这样的属性或 charAt(..) 这样的方法，应使用 String 对象而不是原生字符串值。这个建议对那时候的 Opera 来说可能是正确的，但是它完全与同时代的其他主流浏览器背道而驰，因为后者都对原生字符串有特殊的优化而不是对其对象封装。

我想，即使是对于今天的代码，这些陷阱至少是可能出现的，如果不是很容易发生的话。因此，我对在我的代码中单纯根据引擎实现细节进行的广泛性能优化非常小心，特别是如果这些细节只对于单个引擎成立的话。

反过来的情形也需要慎重：你不应该修改一段代码以通过高性能运行一段代码，进而绕过一个引擎的困难之处。

从历史上看，IE 一直是这类问题的主要源头。因为在很多场景下，老版的 IE 都挣扎于许多性能方面的问题，而同时期的其他主流浏览器却似乎没什么问题。实际上我们刚才讨论的字符串连接问题在 IE6 和 IE7 时期是一个真实的问题，那时候通过 join(..) 可能会得到比 + 更好的性能。

但是，如果只有一个浏览器出现性能问题，就建议使用可能在其他所有浏览器都是次优的代码方案，可能会带来麻烦。即使这个浏览器在你网站用户中占据最大的市场份额也是如此，可能更实际的方法是编写合适的代码，并依赖浏览器以更好的优化来更新自己。

"没有比临时 hack 更持久的了"。很有可能你现在编写的用来绕过一些性能 bug 的代码可能比浏览器的性能问题本身存在得更长久。

在浏览器每五年才更新一次的时候，这是个很难作出的抉择。但是到了现在，浏览器更新的速度要快得多（尽管移动世界显然还落在后面），它们都彼此竞争着对 Web 功能进行越来越好的优化。

如果你遇到这样的情形，即一个浏览器有性能问题而其他浏览器没有，那就要确保通过随便什么可用的渠道把这个问题报告其开发者。多数浏览器都提供了开放的 bug 跟踪工具用于此处。

 我建议只有在浏览器的性能问题确实引发彻底的中断性故障时才去绕过它，不要仅仅因为它让人讨厌就那么做。我也会非常小心地检查，以确定性能 hack 在其他浏览器上不会有显著的消极副作用。

6.5.2　大局

我们应该关注优化的大局，而不是担心这些微观性能的细微差别。

怎么知道什么是大局呢？首先要了解你的代码是否运行在关键路径上。如果不在关键路径上，你的优化就很可能得不到很大的收益。

有没有听过"这是过早优化"这样的警告？这来自于高德纳著名的一句话："过早优化是万恶之源。"很多开发者都会引用这句话来说明多数优化都是"过早的"，因此是白费力气。和通常情况一样，事实要更加微妙一些。

这里是高德纳的原话及上下文（http://web.archive.org/web/20130731202547/http://pplab.snu.ac.kr/courses/adv_pl05/papers/p261-knuth.pdf）（重点强调）：

程序员们浪费了大量的时间用于思考，或担心他们程序中非关键部分的速度，这些针对效率的努力在调试和维护方面带来了强烈的负面效果。我们应该在，比如说97%的时间里，忘掉小处的效率：过早优化是万恶之源。但我们不应该错过关键的3%中的机会。

——计算访谈 6（1974 年 12 月）

我相信这么解释高德纳的意思是合理的："非关键路径上的优化是万恶之源。"所以，关键是确定你的代码是否在关键路径上——如果在的话，就应该优化！

甚至可以更进一步这么说：花费在优化关键路径上的时间不是浪费，不管节省的时间多么少；而花在非关键路径优化上的时间都不值得，不管节省的时间多么多。

如果你的代码在关键路径上，比如是一段将要反复运行多次的"热"代码，或者在用户会注意到的 UX 关键位置上，如动画循环或 CSS 风格更新，那你就不应该吝惜精力去采用有意义的、可测量的有效优化。

举例来说，考虑一下：一个关键路径动画循环需要把一个字符串类型转换到数字。当然有很多种方法可以实现（参见本书的"类型和语法"部分），但是哪一种，如果有的话，是最快的呢？

```
var x = "42";    // 需要数字42

// 选择1:让隐式类型转换自动发生
var y = x / 2;

// 选择2:使用parseInt(..)
var y = parseInt( x, 0 ) / 2;

// 选择3:使用Number(..)
var y = Number( x ) / 2;

// 选择4:使用一元运算符+
var y = +x / 2;

// 选项5:使用一元运算符|
var y = (x | 0) / 2;
```

我将把这个问题留给你作为练习。如果感兴趣的话，可以建立一个测试，检查这些选择之间的性能差异。

在考虑这些不同的选择时，就像别人说的，"其中必有一个是与众不同的"。parseInt(..)可以实现这个功能，但是它也做了更多的工作：它解析字符串而不仅是进行类型转换。你很可能会猜测 parseInt(..) 是一个比较慢的选择，应该避免，这是正确的。

当然，如果 x 可能是一个需要解析的值，比如 "42px"（比如来自 CSS 风格查找），那 parseInt(..) 就确实是唯一合理的选择了！

Number(..) 也是一个函数调用。从行为角度说，它和一元运算符 + 选择是完全一样的，但实际上它可能更慢一些，要求更多的执行函数的机制。当然，也可能 JavaScript 引擎意识到了行为上的相同性，会帮你把 Number(..) 在线化（即 +x）！

但是，请记住，沉迷于 +x 与 x | 0 的对比在绝大多数情况下都是浪费时间。这是一个微观性能问题，是一个你不应该让其影响程序可读性的问题。

尽管程序关键路径上的性能非常重要，但这并不是唯一要考虑的因素。在性能方面大体相似的几个选择中，可读性应该是另外一个重要的考量因素。

6.6 尾调用优化

正如前面我们提到的，ES6 包含了一个性能领域的特殊要求。这与一个涉及函数调用的特定优化形式相关：尾调用优化（Tail Call Optimization，TCO）。

简单地说，尾调用就是一个出现在另一个函数"结尾"处的函数调用。这个调用结束后就没有其余事情要做了（除了可能要返回结果值）。

举例来说，以下是一个非递归的尾调用：

```
function foo(x) {
    return x;
}

function bar(y) {
    return foo( y + 1 );      // 尾调用
}

function baz() {
    return 1 + bar( 40 );     // 非尾调用
}

baz();                        // 42
```

foo(y+1) 是 bar(..) 中的尾调用，因为在 foo(..) 完成后，bar(..) 也完成了，并且只需要返回 foo(..) 调用的结果。然而，bar(40) 不是尾调用，因为在它完成后，它的结果需要加上 1 才能由 baz() 返回。

不详细谈那么多本质细节的话，调用一个新的函数需要额外的一块预留内存来管理调用栈，称为栈帧。所以前面的代码一般会同时需要为每个 baz()、bar(..) 和 foo(..) 保留一个栈帧。

然而，如果支持 TCO 的引擎能够意识到 foo(y+1) 调用位于尾部，这意味着 bar(..) 基本上已经完成了，那么在调用 foo(..) 时，它就不需要创建一个新的栈帧，而是可以重用已有的 bar(..) 的栈帧。这样不仅速度更快，也更节省内存。

在简单的代码片段中，这类优化算不了什么，但是在处理递归时，这就解决了大问题，特别是如果递归可能会导致成百上千个栈帧的时候。有了 TCO，引擎可以用同一个栈帧执行所有这类调用！

递归是 JavaScript 中一个纷繁复杂的主题。因为如果没有 TCO 的话，引擎需要实现一个随意（还彼此不同！）的限制来界定递归栈的深度，达到了就得停止，以防止内存耗尽。有了 TCO，尾调用的递归函数本质上就可以任意运行，因为再也不需要使用额外的内存！

考虑到前面递归的 factorial(..)，这次重写成 TCO 友好的：

```
function factorial(n) {
    function fact(n,res) {
        if (n < 2) return res;

        return fact( n - 1, n * res );
    }

    return fact( n, 1 );
}

factorial( 5 );     // 120
```

这个版本的 factorial(..) 仍然是递归的，但它也是可以 TCO 优化的，因为内部的两次 fact(..) 调用的位置都在结尾处。

 有一点很重要，需要注意：TCO 只用于有实际的尾调用的情况。如果你写了一个没有尾调用的递归函数，那么性能还是会回到普通栈帧分配的情形，引擎对这样的递归调用栈的限制也仍然有效。很多递归函数都可以改写，就像刚刚展示的 factorial(..) 那样，但是需要认真注意细节。

ES6 之所以要求引擎实现 TCO 而不是将其留给引擎自由决定，一个原因是缺乏 TCO 会导致一些 JavaScript 算法因为害怕调用栈限制而降低了通过递归实现的概率。

如果在所有的情况下引擎缺乏 TCO 只是降低了性能，那它就不会成为 ES6 所要求的东西。但是，由于缺乏 TCO 确实可以使一些程序变得无法实现，所以它就成为了一个重要的语言特性而不是隐藏的实现细节。

ES6 确保了 JavaScript 开发者从现在开始可以在所有符合 ES6+ 的浏览器中依赖这个优化。这对 JavaScript 性能来说是一个胜利。

6.7　小结

对一段代码进行有效的性能测试，特别是与同样代码的另外一个选择对比来看看哪种方案更快，需要认真注意细节。

与其打造你自己的统计有效的性能测试逻辑，不如直接使用 Benchmark.js 库，它已经为你实现了这些。但是，编写测试要小心，因为我们很容易就会构造一个看似有效实际却有缺陷的测试，即使是微小的差异也可能扭曲结果，使其完全不可靠。

从尽可能多的环境中得到尽可能多的测试结果以消除硬件 / 设备的偏差，这一点很重要。jsPerf.com 是很好的网站，用于众包性能测试运行。

遗憾的是，很多常用的性能测试执迷于无关紧要的微观性能细节，比如 x++ 对比 ++x。编写好的测试意味着理解如何关注大局，比如关键路径上的优化以及避免落入类似不同的 JavaScript 实现细节这样的陷阱中。

尾调用优化是 ES6 要求的一种优化方法。它使 JavaScript 中原本不可能的一些递归模式变得实际。TCO 允许一个函数在结尾处调用另外一个函数来执行，不需要任何额外资源。这意味着，对递归算法来说，引擎不再需要限制栈深度。

附录 A

asynquence 库

第 1 章和第 2 章介绍了很多典型异步编程模式的细节，以及通常如何通过回调来实现。但是，我们也看到了为什么回调在功能上有致命的限制性，这进而引出了第 3 章和第 4 章中对 Promise 和生成器的介绍。它们为构建异步提供了更坚固、更可信任、更合理的基础。

本书中多次提到我自己的异步库 asynquence（http://github.com/getify/asynquence）（async+sequence=asynquence）。现在我要简单介绍一下它的工作方式以及为什么其独特的设计是重要和有用的。

附录 B 将探索几种高级的异步模式，但你可能需要一个库才能让这些模式变得足够实用。我们将使用 asynquence 来表达这些模式，所以需要花费一点时间先来了解一下这个库。

当然，asynquence 并不是异步编程的唯一好选择。在这个领域的确有很多非常好的库。但是，通过把所有这些模式中最好的部分组合到单个库中，asynquence 提供了一个独特的视角，而且它还是建立在单个基本抽象之上的：（异步）序列。

我的前提是，高级 JavaScript 编程通常需要把各种不同的异步模式一块块编织在一起，而这通常是完全留给开发者来实现的。asynquence 不再需要引入分别关注异步不同方面的两个或更多异步库，而是把它们统一为序列步骤的不同变体，这样就只需要学习和部署一个核心库。

通过 asynquence 使得 Promise 风格语义的异步流程控制编程完成起来非常简单。我确信这是很有价值的，所以这也就是为什么这里只关注这一个库。

首先，我要解释 asynquence 背后的设计原理，然后通过代码示例展示其 API 的工作方式。

A.1 序列与抽象设计

理解 asynquence 要从理解一个基本的抽象开始：一个任务的一系列步骤，不管各自是同步的还是异步的，都可以整合起来看成一个序列（sequence）。换句话说，一个序列代表了一个任务的容器，由完成这个任务的独立（可能是异步）的步骤组成。

序列中的每个步骤在形式上通过一个 Promise（参见第 3 章）控制。也就是说，添加到序列中的每个步骤隐式地创建了一个 Promise 连接到之前序列的尾端。由于 Promise 的语义，序列中每个单个步骤的运行都是异步的，即使是同步完成这个步骤也是如此。

另外，序列通常是从一个步骤到一个步骤线性处理的，也就是说步骤 2 要在步骤 1 完成之后开始，以此类推。

当然，可以从现有的序列分叉（fork）出新的序列，这意味着主序列到达流程中的这个点上就会发生分叉。也可以通过各种方法合并序列，包括在流程中的特定点上让一个序列包含另一个序列。

序列有点类似于 Promise 链。然而，通过 Promise 链没有"句柄"可以拿到整个链的引用。拿到的 Promise 引用只代表链中当前步骤以及后面的其他步骤。本质上说，你无法持有一个 Promise 链的引用，除非你拿到链中第一个 Promise 的引用。

很多情况下，持有到整个序列的引用是非常有用的。其中最重要的就是序列的停止或取消。就像我们在第 3 章扩展讨论过的，Promise 本身永远不应该可以被取消，因为这违背了一个基本的设计规则：外部不可变性。

但对序列来说，并没有这样的不可变设计原则，主要是因为序列不会被作为需要不可变值语义的未来值容器来传递。因此，序列是处理停止或取消行为的正确抽象层级。asynquence 序列可以在任何时间被 abort()，序列会在这个时间点停止，不会因为任何理由继续进行下去。

之所以选择在 Promise 之上建立序列抽象用于流程控制的目的，还有很多别的理由。

第一，Promise 链接更多是一个手工过程。一旦开始在大范围的程序内创建和链接 Promise，事情就可能会变得十分乏味。这种麻烦可能会极大阻碍开发者在 Promise 本来十分适用的地方使用 Promise。

抽象的目的是减少重复样板代码和避免乏味，所以序列抽象是针对这个问题的一个很好的解决方案。通过 Promise，你的关注点放在各个步骤上，几乎没有假定链的继续。而如果使用序列的话，情况则正好相反：会假定序列持续，会有更多的步骤无限地附加上来。

当考虑到更高阶的 Promise 模式时（在 race([..]) 和 all([..]) 之上），这种抽象复杂性的降低就格外强大了。

举例来说，在序列当中，你可能想要表达一个在概念上类似 try..catch 的步骤，这个步骤总是返回成功，要么是想要的主功能成功决议，要么是一个标识被捕获错误的非错误信号。或者，你可能想要表达一个类似 retry/until 的循环，其中会持续重复试验同样的步骤直到成功为止。

如果只使用 Promise 原语表达的话，这些种类的抽象工作量可并不小，在现有的 Promise 链当中实现也并不优美。但是，如果把你的思路抽象为序列，并把步骤当作对 Promise 的封装，那么这样的步骤封装就可以隐藏这些细节，节省你的精力，从而让你以最合理的方式考虑流程控制，不需要为细节所困。

第二，可能也是最重要的一点，以序列中的步骤这样的视角来考量异步流程控制，这样就可以把每个单独步骤涉及的异步类型等细节抽象出去。在此之下，总是由 Promise 来控制着这个步骤，但是表面上，这个步骤看起来要么类似 continuation 回调（最简单的默认情况），要么类似真正的 Promise，要么就类似完整运行的生成器，要么……希望你已经理解了我的意思。

第三，序列很容易被改造，以适应不同的思考模式，比如基于事件、基于流、基于响应的编码。asynquence 提供了一个模式，我称之为响应序列（reactive sequence，后面会介绍），是 RxJS（Reactive 扩展）中 reactive observable 思想的一个变体。它利用重复的事件每次启动一个新的序列实例。Promise 只有一次，所以单独使用 Promise 对于表达重复的异步是很笨拙的。

另外，有一种思路在一个被我称为可迭代序列的模式中反转了决议和控制功能。不再是每个单独的步骤在内部控制自己的完成（于是有序列前进），事实上，这个序列被反转了，前进控制是通过外部的迭代器，并且可迭代序列中的每个步骤只响应 next(..) 迭代器控制。

本附录在后面会介绍这些不同的变体，所以不必担心刚才的讨论过于简略。

需要记住的是，对复杂异步来说，比起只用 Promise（Promise 链）或只用生成器，序列是更强大更合理的抽象。asynquence 的设计目标就是在合适的层级表达这个抽象，使异步编程更容易理解、更有乐趣。

A.2　asynquence API

首先，创建序列（一个 asynquence 实例）的方法是通过函数 ASQ(..)。没有参数的 ASQ() 调用会创建一个空的初始序列，而向 ASQ(..) 函数传递一个或多个值，则会创建一个序列，其中每个参数表示序列中的一个初始步骤。

为了使这里所有的代码示例起见，我将在全局浏览器使用 asynquence 顶级标识符：ASQ。如果你通过模块系统（浏览器或服务器）包含并使用 asynquence 的话，当然可以定义任何你喜欢的符号，asynquence 不会在意！

这里讨论的许多 API 方法是构建在 asynquence 的核心库中的，还有其他一些是通过包含可选的 contrib 插件包提供的。请参考 asynquence 文档（http://github.com/getify/asynquence），确定一个方法是内建的还是通过插件定义的。

A.2.1　步骤

如果一个函数表示序列中的一个普通步骤，那调用这个函数时第一个参数是 continuation 回调，所有后续的参数都是从前一个步骤传递过来的消息。直到这个 continuation 回调被调用后，这个步骤才完成。一旦它被调用，传给它的所有参数将会作为消息传入序列中的下一个步骤。

要向序列中添加额外的普通步骤，可以调用 then(..)（这本质上和 ASQ(..) 调用的语义完全相同）：

```
ASQ(
    // 步骤1
    function(done){
        setTimeout( function(){
            done( "Hello" );
        }, 100 );
    },
    // 步骤2
    function(done,greeting) {
        setTimeout( function(){
            done( greeting + " World" );
        }, 100 );
    }
)
// 步骤3
.then( function(done,msg){
    setTimeout( function(){
        done( msg.toUpperCase() );
    }, 100 );
} )
// 步骤4
.then( function(done,msg){
    console.log( msg );            // HELLO WORLD
} );
```

尽管 then(..) 和原生 Promise API 名称相同，但是这个 then(..) 是不一样的。你可以向 then(..) 传递任意多个函数或值，其中每一个都会作为一个独立步骤。其中并不涉及两个回调的完成 / 拒绝语义。

和 Promise 不同的一点是：在 Promise 中，如果你要把一个 Promise 链接到下一个，需要创建这个 Promise 并通过 then(..) 完成回调函数返回这个 Promise；而使用 asynquence，你需要做的就是调用 continuation 回调——我一直称之为 done()，但你可以随便给它取什么名字——并可选择性将完成消息传递给它作为参数。

通过 then(..) 定义的每个步骤都被假定为异步的。如果你有一个同步的步骤，那你可以直接调用 done(..)，也可以使用更简单的步骤辅助函数 val(..)。

```
// 步骤1(同步)
ASQ( function(done){
    done( "Hello" );      // 手工同步
} )
// 步骤2(同步)
.val( function(greeting){
    return greeting + " World";
} )
// 步骤3(异步)
.then( function(done,msg){
    setTimeout( function(){
        done( msg.toUpperCase() );
    }, 100 );
} )
// 步骤4(同步)
.val( function(msg){
    console.log( msg );
} );
```

可以看到，通过 val(..) 调用的步骤并不接受 continuation 回调，因为这一部分已经为你假定了，结果就是参数列表没那么凌乱！如果要给下一个步骤发送消息的话，只需要使用 return。

可以把 val(..) 看作一个表示同步的"只有值"的步骤，可以用于同步值运算、日志记录及其他类似的操作。

A.2.2 错误

与 Promise 相比，asynquence 一个重要的不同之处就是错误处理。

通过 Promise，链中每个独立的 Promise（步骤）都可以有自己独立的错误，接下来的每个步骤都能处理（或者不处理）这个错误。这个语义的主要原因（再次）来自于对单独 Promise 的关注而不是将链（序列）作为整体。

我相信，多数时候，序列中某个部分的错误通常是不可恢复的，所以序列中后续的步骤也就没有意义了，应该跳过。因此，在默认情况下，一个序列中任何一个步骤出错都会把整个序列抛入出错模式中，剩余的普通步骤会被忽略。

如果你确实需要一个错误可恢复的步骤，有几种不同的 API 方法可以实现，比如 try(..)（前面作为一种 try..catch 步骤提到过）或者 until(..)（一个重试循环，会尝试步骤直到成功或者你手工使用 break()）。asynquence 甚至还有 pThen(..) 和 pCatch(..) 方法，它们和普通的 Promise then(..) 和 catch(..) 的工作方式完全一样（参见第 3 章）。因此，如果你愿意的话，可以定制序列当中的错误处理。

关键在于，你有两种选择，但根据我的经验，更常用的是默认的那个。通过 Promise，为了使一个步骤链在出错时忽略所有步骤，你需要小心地避免在任意步骤中注册拒绝处理函数。否则的话，这个错误就会因被当作已经处理的而被吞掉，同时这个序列可能会继续（很可能是出乎意料的）。要正确可靠地处理这一类需求有点棘手。

asynquence 为注册一个序列错误通知处理函数提供了一个 or(..) 序列方法。这个方法还有一个别名，onerror(..)。你可以在序列的任何地方调用这个方法，也可以注册任意多个处理函数。这很容易实现多个不同的消费者在同一个序列上侦听，以得知它有没有失败。从这个角度来说，它有点类似错误事件处理函数。

和使用 Promise 类似，所有的 JavaScript 异常都成为了序列错误，或者你也可以编写代码来发送一个序列错误信号：

```
var sq = ASQ( function(done){
    setTimeout( function(){
        // 为序列发送出错信号
        done.fail( "Oops" );
    }, 100 );
} )
.then( function(done){
    // 不会到达这里
} )
.or( function(err){
    console.log( err );          // Oops
} )
.then( function(done){
    // 也不会到达这里
} );

// 之后

sq.or( function(err){
    console.log( err );          // Oops
} );
```

asynquence 的错误处理和原生 Promise 还有一个非常重要的区别，就是默认状态下未处理异常的行为。正如在第 3 章中讨论过的，没有注册拒绝处理函数的被拒绝 Promise 就会默默地持有（即吞掉）这个错误。你需要记得总要在链的尾端添加一个最后的 catch(..)。

而在 asynquence 中，这个假定是相反的。

如果一个序列中发生了错误，并且此时没有注册错误处理函数，那这个错误就会被报告到控制台。换句话说，未处理的拒绝在默认情况下总是会被报告，而不会被吞掉和错过。

一旦你针对某个序列注册了错误处理函数，这个序列就不会产生这样的报告，从而避免了重复的噪音。

实际上，可能在一些情况下你会想创建一个序列，这个序列可能会在你能够注册处理函数之前就进入了出错状态。这不常见，但偶尔也会发生。

在这样的情况下，你可以选择通过对这个序列调用 defer() 来避免这个序列实例的错误报告。应该只有在确保你最终会处理这种错误的情况下才选择关闭错误报告：

```
var sq1 = ASQ( function(done){
    doesnt.Exist();          // 将会向终端抛出异常
} );

var sq2 = ASQ( function(done){
    doesnt.Exist();          // 只抛出一个序列错误
} )
// 显式避免错误报告
.defer();

setTimeout( function(){
    sq1.or( function(err){
        console.log( err ); // ReferenceError
    } );

    sq2.or( function(err){
        console.log( err ); // ReferenceError
    } );
}, 100 );

// ReferenceError (from sq1)
```

这种错误处理方式要好于 Promise 本身的那种行为，因为它是成功的坑，而不是失败陷阱（参见第 3 章）。

如果向一个序列插入（包括了）另外一个序列，参见 A.2.5 节中的完整描述，那么源序列就会关闭错误报告，但是必须要考虑现在目标序列的错误报告开关的问题。

A.2.3　并行步骤

并非序列中的所有步骤都恰好执行一个（异步）任务。序列中的一个步骤中如果有多个子步骤并行执行则称为 gate(..)（还有一个别名 all(..)，如果你愿意用的话），和原生的 Promise.all([..]) 直接对应。

如果 gate(..) 中所有的步骤都成功完成，那么所有的成功消息都会传给下一个序列步骤。
如果它们中有任何一个出错的话，整个序列就会立即进入出错状态。

考虑：

```
ASQ( function(done){
    setTimeout( done, 100 );
} )
.gate(
    function(done){
        setTimeout( function(){
            done( "Hello" );
        }, 100 );
    },
    function(done){
        setTimeout( function(){
            done( "World", "!" );
        }, 100 );
    }
)
.val( function(msg1,msg2){
    console.log( msg1 );    // Hello
    console.log( msg2 );    // [ "World", "!" ]
} );
```

出于展示说明的目的，我们把这个例子与原生 Promise 对比：

```
new Promise( function(resolve,reject){
    setTimeout( resolve, 100 );
} )
.then( function(){
    return Promise.all( [
        new Promise( function(resolve,reject){
            setTimeout( function(){
                resolve( "Hello" );
            }, 100 );
        } ),
        new Promise( function(resolve,reject){
            setTimeout( function(){
                // 注：这里需要一个 [ ]数组
                resolve( [ "World", "!" ] );
            }, 100 );
        } )
    ] );
} )
.then( function(msgs){
    console.log( msgs[0] ); // Hello
    console.log( msgs[1] ); // [ "World", "!" ]
} );
```

Promise 用来表达同样的异步流程控制的重复样板代码的开销要多得多。这是一个很好的
展示，说明了为什么 asynquence 的 API 和抽象让 Promise 步骤的处理轻松了很多。异步流

程越复杂，改进就会越明显。

1. 步骤的变体

contrib 插件中提供了几个 asynquence 的 gate(..) 步骤类型的变体，非常实用。

- any(..) 类似于 gate(..)，除了只需要一个子步骤最终成功就可以使得整个序列前进。
- first(..) 类似于 any(..)，除了只要有任何步骤成功，主序列就会前进（忽略来自其他步骤的后续结果）。
- race(..)（对应 Promise.race([..])）类似于 first(..)，除了只要任何步骤完成（成功或失败），主序列就会前进。
- last(..) 类似于 any(..)，除了只有最后一个成功完成的步骤会将其消息发送给主序列。
- none(..) 是 gate(..) 相反：只有所有的子步骤失败（所有的步骤出错消息被当作成功消息发送，反过来也是如此），主序列才前进。

让我们先定义一些辅助函数，以便更清楚地进行说明：

```
function success1(done) {
    setTimeout( function(){
        done( 1 );
    }, 100 );
}

function success2(done) {
    setTimeout( function(){
        done( 2 );
    }, 100 );
}

function failure3(done) {
    setTimeout( function(){
        done.fail( 3 );
    }, 100 );
}

function output(msg) {
    console.log( msg );
}
```

现在来说明这些 gate(..) 步骤变体的用法：

```
ASQ().race(
    failure3,
    success1
)
.or( output );      // 3

ASQ().any(
    success1,
    failure3,
```

```
            success2
        )
        .val( function(){
            var args = [].slice.call( arguments );
            console.log(
                args           // [ 1, undefined, 2 ]
            );
        } );

        ASQ().first(
            failure3,
            success1,
            success2
        )
        .val( output );     // 1


        ASQ().last(
            failure3,
            success1,
            success2
        )
        .val( output );     // 2

        ASQ().none(
            failure3
        )
        .val( output )      // 3
        .none(
            failure3
            success1
        )
        .or( output );      // 1
```

另外一个步骤变体是map(..)，它使你能够异步地把一个数组的元素映射到不同的值，然后直到所有映射过程都完成，这个步骤才能继续。map(..)与gate(..)非常相似，除了它是从一个数组而不是从独立的特定函数中取得初始值，而且这也是因为你定义了一个回调函数来处理每个值：

```
function double(x,done) {
    setTimeout( function(){
        done( x * 2 );
    }, 100 );
}

ASQ().map( [1,2,3], double )
.val( output );                    // [2,4,6]
```

map(..)的参数（数组或回调）都可以从前一个步骤传入的消息中接收：

```
function plusOne(x,done) {
    setTimeout( function(){
```

```
            done( x + 1 );
    }, 100 );
}

ASQ( [1,2,3] )
.map( double )          // 消息[1,2,3]传入
.map( plusOne )         // 消息[2,4,6]传入
.val( output );         // [3,5,7]
```

另外一个变体是 waterfall(..)，这有点类似于 gate(..) 的消息收集特性和 then(..) 的顺序处理特性的混合。

首先执行步骤 1，然后步骤 1 的成功消息发送给步骤 2，然后两个成功消息发送给步骤 3，然后三个成功消息都到达步骤 4，以此类推。这样，在某种程度上，这些消息集结和层叠下来就构成了"瀑布"（waterfall）。

考虑：

```
function double(done) {
    var args = [].slice.call( arguments, 1 );
    console.log( args );

    setTimeout( function(){
        done( args[args.length - 1] * 2 );
    }, 100 );
}

ASQ( 3 )
.waterfall(
    double,             // [ 3 ]
    double,             // [ 6 ]
    double,             // [ 6, 12 ]
    double              // [ 6, 12, 24 ]
)
.val( function(){
    var args = [].slice.call( arguments );
    console.log( args );    // [ 6, 12, 24, 48 ]
} );
```

如果"瀑布"中的任何一点出错，整个序列就会立即进入出错状态。

2. 容错

有时候可能需要在步骤级别上管理错误，不让它们把整个序列带入出错状态。为了这个目的，asynquence 提供了两个步骤变体。

try(..) 会试验执行一个步骤，如果成功的话，这个序列就和通常一样继续。如果这个步骤失败的话，失败就会被转化为一个成功消息，格式化为 { catch: .. } 的形式，用出错消息填充：

```
ASQ()
.try( success1 )
.val( output )              // 1
.try( failure3 )
.val( output )              // { catch: 3 }
.or( function(err){
    // 永远不会到达这里
} );
```

也可以使用 until(..) 建立一个重试循环，它会试着执行这个步骤，如果失败的话就会在下一个事件循环 tick 重试这个步骤，以此类推。

这个重试循环可以无限继续，但如果想要从循环中退出的话，可以在完成触发函数中调用标志 break()，触发函数会使主序列进入出错状态：

```
var count = 0;

ASQ( 3 )
.until( double )
.val( output )                  // 6
.until( function(done){
    count++;

    setTimeout( function(){
        if (count < 5) {
            done.fail();
        }
        else {
            // 跳出until(..)重试循环
            done.break( "Oops" );
        }
    }, 100 );
} )
.or( output );                  // Oops
```

3. Promise 风格的步骤

如果你喜欢在序列使用类似于 Promise 的 then(..) 和 catch(..)（参见第 3 章）的 Promise 风格语义，可以使用 pThen 和 pCatch 插件：

```
ASQ( 21 )
.pThen( function(msg){
    return msg * 2;
} )
.pThen( output )                // 42
.pThen( function(){
    // 抛出异常
    doesnt.Exist();
} )
.pCatch( function(err){
    // 捕获异常(拒绝)
    console.log( err );         // ReferenceError
```

```
} )
.val( function(){
    // 主序列以成功状态返回,
    // 因为之前的异常被 pCatch(..)捕获了
} );
```

pThen(..) 和 pCatch(..) 是设计用来运行在序列中的,但其行为方式就像是在一个普通的 Promise 链中。因此,可以从传给 pThen(..) 的完成处理函数决议真正的 Promise 或 asynquence 序列(参见第 3 章)。

A.2.4　序列分叉

关于 Promise,有一个可能会非常有用的特性,那就是可以附加多个 then(..) 处理函数注册到同一个 promise;在这个 promise 处有效地实现了分叉流程控制:

```
var p = Promise.resolve( 21 );

// 分叉1(来自p)
p.then( function(msg){
    return msg * 2;
} )
.then( function(msg){
    console.log( msg );    // 42
} )

// 分叉2 (来自p)
p.then( function(msg){
    console.log( msg );    // 21
} );
```

在 asynquence 里可使用 fork() 实现同样的分叉:

```
var sq = ASQ(..).then(..).then(..);

var sq2 = sq.fork();

// 分叉1
sq.then(..)..;

// 分叉2
sq2.then(..)..;
```

A.2.5　合并序列

如果要实现 fork() 的逆操作,可以使用实例方法 seq(..),通过把一个序列归入另一个序列来合并这两个序列:

```
var sq = ASQ( function(done){
    setTimeout( function(){
```

```
        done( "Hello World" );
    }, 200 );
} );

ASQ( function(done){
    setTimeout( done, 100 );
} )
// 将sq序列纳入这个序列
.seq( sq )
.val( function(msg){
    console.log( msg );      // Hello World
} )
```

正如这里展示的，seq(..) 可以接受一个序列本身，或者一个函数。如果它接收一个函数，那么就要求这个函数被调用时会返回一个序列。因此，前面的代码可以这样实现：

```
// ..
.seq( function(){
    return sq;
} )
// ..
```

这个步骤也可以通过 pipe(..) 来完成：

```
// ..
.then( function(done){
    // 把sq加入done continuation回调
    sq.pipe( done );
} )
// ..
```

如果一个序列被包含，那么它的成功消息流和出错流都会输入进来。

 正如前面的注解所提到的，管道化（使用 pipe(..) 手工实现的或通过 seq(..) 自动进行的）会关闭源序列的错误报告，但不会影响目标序列的错误报告。

A.3　值与错误序列

如果序列的某个步骤只是一个普通的值，这个值就映射为这个步骤的完成消息：

```
var sq = ASQ( 42 );

sq.val( function(msg){
    console.log( msg );      // 42
} );
```

如果你想要构建一个自动出错的序列：

```
var sq = ASQ.failed( "Oops" );

ASQ()
.seq( sq )
.val( function(msg){
    // 不会到达这里
} )
.or( function(err){
    console.log( err );     // Oops
} );
```

也有可能你想自动创建一个延时值或者延时出错的序列。使用 contrib 插件 after 和 failAfter，很容易实现：

```
var sq1 = ASQ.after( 100, "Hello", "World" );
var sq2 = ASQ.failAfter( 100, "Oops" );

sq1.val( function(msg1,msg2){
    console.log( msg1, msg2 );      // Hello World
} );

sq2.or( function(err){
    console.log( err );             // Oops
} );
```

也可以使用 after(..) 在序列中插入一个延时：

```
ASQ( 42 )
// 在序列中插入一个延时
.after( 100 )
.val( function(msg){
    console.log( msg );     // 42
} );
```

A.4 Promise 与回调

我认为 asynquence 序列在原生 Promise 之上提供了很多新的价值。多数情况下，你都会发现在这一抽象层次上工作是非常令人愉快和强大的。不过，把 asynquence 与其他非 asynquence 代码集成也是可以实现的。

通过实例方法 promise(..) 很容易把一个 promise（比如一个 thenable，参见第 3 章）归入到一个序列中：

```
var p = Promise.resolve( 42 );

ASQ()
.promise( p )           // 也可以：function(){ return p; }
.val( function(msg){
    console.log( msg ); // 42
} );
```

要实现相反的操作以及从一个序列中的某个步骤分叉 / 剔出一个 promise，可以通过 contrib 插件 toPromise 实现：

```
var sq = ASQ.after( 100, "Hello World" );

sq.toPromise()
// 现在这是一个标准promise链
.then( function(msg){
    return msg.toUpperCase();
} )
.then( function(msg){
    console.log( msg );     // HELLO WORLD
} );
```

有几个辅助工具可以让 asynquence 与使用回调的系统适配。要从序列中自动生成一个 error-first 风格回调以连入到面向回调的工具，可以使用 errfcb：

```
var sq = ASQ( function(done){
    // 注:期望"error-first风格"回调
    someAsyncFuncWithCB( 1, 2, done.errfcb )
} )
.val( function(msg){
    // ..
} )
.or( function(err){
    // ..
} );

// 注:期望"error-first风格"回调
anotherAsyncFuncWithCB( 1, 2, sq.errfcb() );
```

你还可能想要为某个工具创建一个序列封装的版本，类似于第 3 章的 promisory 和第 4 章的 thunkory，asynquence 为此提供了 ASQ.wrap(..)：

```
var coolUtility = ASQ.wrap( someAsyncFuncWithCB );

coolUtility( 1, 2 )
.val( function(msg){
    // ..
} )
.or( function(err){
    // ..
} );
```

 为了清晰起见（也是为了好玩！），我们再来发明一个术语，用于表达来自 ASQ.wrap(..) 的生成序列的函数，就像这里的 coolUtility。我建议使用 sequory（sequence+factory）。

A.5　可迭代序列

序列的一般范式是每个步骤负责完成它自己，这也是使序列前进的原因。Promise 的工作方式也是相同的。

不幸的是，有时候需要实现对 Promise 或步骤的外部控制，这会导致棘手的 capability extraction 问题。

考虑这个 Promise 例子：

```
var domready = new Promise( function(resolve,reject){
    // 不需把这个放在这里,因为逻辑上这属于另一部分代码
    document.addEventListener( "DOMContentLoaded", resolve );
} );

// ..

domready.then( function(){
    // DOM就绪!
} );
```

使用 Promise 的 capability extraction 反模式看起来类似如下：

```
var ready;

var domready = new Promise( function(resolve,reject){
    // 提取resolve()功能
    ready = resolve;
} );

// ..

domready.then( function(){
    // DOM就绪!
} );

// ..

document.addEventListener( "DOMContentLoaded", ready );
```

 依我看来，这个反模式有奇怪的代码味，但很多开发者喜欢这样做，个中缘由，我不太明了。

asynquence 提供了一个反转的序列类型，我称之为可迭代序列，它把控制能力外部化了（对于像 domready 这样的用例非常有用）：

```
// 注：这里的domready是一个控制这个序列的迭代器
var domready = ASQ.iterable();

// ..

domready.val( function(){
    // DOM就绪
} );

// ..

document.addEventListener( "DOMContentLoaded", domready.next );
```

可迭代序列的使用场景不只是这里看到的这个，我们将在附录 B 中再次介绍。

A.6 运行生成器

在第 4 章中我们推导出了一个名为 run(..) 的工具。这个工具可以运行生成器到结束，侦听 yield 出来的 Promise，并使用它们来异步恢复生成器。asynquence 也内建有这样的工具，叫作 runner(..)。

为了展示，我们首先构建一些辅助函数：

```
function doublePr(x) {
    return new Promise( function(resolve,reject){
        setTimeout( function(){
            resolve( x * 2 );
        }, 100 );
    } );
}

function doubleSeq(x) {
    return ASQ( function(done){
        setTimeout( function(){
            done( x * 2 )
        }, 100 );
    } );
}
```

现在，可以使用 runner(..) 作为序列中的一个步骤：

```
ASQ( 10, 11 )
.runner( function*(token){
    var x = token.messages[0] + token.messages[1];

    // yield一个真正的promise
    x = yield doublePr( x );

    // yield一个序列
    x = yield doubleSeq( x );
```

```
        return x;
    } )
    .val( function(msg){
        console.log( msg );          // 84
    } );
```

封装的生成器

你也可以创建一个自封装的生成器，也就是说，通过 ASQ.wrap(..) 包装实现一个运行指定生成器的普通函数，完成后返回一个序列：

```
var foo = ASQ.wrap( function*(token){
    var x = token.messages[0] + token.messages[1];

    // yield一个真正的promise
    x = yield doublePr( x );

    // yield一个序列
    x = yield doubleSeq( x );

    return x;
}, { gen: true } );

// ..

foo( 8, 9 )
.val( function(msg){
    console.log( msg );          // 68
} );
```

runner(..) 还可以实现更多很强大的功能，我们将在附录 B 中深入介绍。

A.7   小结

asynquence 是一个建立在 Promise 之上的简单抽象，一个序列就是一系列（异步）步骤，目标在于简化各种异步模式的使用，而不失其功能。

除了我们在本附录中介绍的，asynquence 核心 API 及其 contrib 插件中还有很多好东西，但我们将把对其余功能的探索作为一个练习留给你。

现在，你已经看到了 asynquence 的本质与灵魂。关键点是一个序列由步骤组成，这些步骤可以是 Promise 的数十种变体的任何一种，也可以是通过生成器运行的，或者是其他什么……决策权在于你，你可以自由选择适合任务的异步流程控制逻辑编织起来。使用不同的异步模式不再需要切换不同的库。

如果你已经理解了这些代码片段的意义，现在就可以快速学习这个库了。实际上，学习它并不需要耗费多少精力！

如果对它的工作方式（或原理）还有点迷糊的话，你可能需要再花点时间查看一下前面的例子，熟悉一下 asynquence 的使用，然后再进行附录 B 的学习。在附录 B 中，我们将使用 asynquence 实现几种更高级更强大的异步模式。

附 录 B

高级异步模式

附录 A 介绍了面向序列的异步流程控制库 asynquence，它主要基于 Promise 和生成器。

现在，我们将要探索构建在已有理解和功能之上的其他高级异步模式，并了解 asynquence 如何让这些高级异步技术在我们的程序中更易于混用和匹配而无需分立的多个库。

B.1 可迭代序列

附录 A 介绍过 asynquence 的可迭代序列，这里我们打算更深入地再次探讨一下相关内容。

回忆一下：

```
var domready = ASQ.iterable();

// ..

domready.val( function(){
    // DOM就绪
} );

// ..

document.addEventListener( "DOMContentLoaded", domready.next );
```

现在，让我们把一个多步骤序列定义为可迭代序列：

```
var steps = ASQ.iterable();
```

```
steps
.then( function STEP1(x){
    return x * 2;
} )
.steps( function STEP2(x){
    return x + 3;
} )
.steps( function STEP3(x){
    return x * 4;
} );

steps.next( 8 ).value;  // 16
steps.next( 16 ).value; // 19
steps.next( 19 ).value; // 76
steps.next().done;      // true
```

可以看到，可迭代序列是一个符合标准的迭代器（参见第 4 章）。因此，可通过 ES6 的 for..of 循环迭代，就像生成器（或其他任何 iterable）一样：

```
var steps = ASQ.iterable();

steps
.then( function STEP1(){ return 2; } )
.then( function STEP2(){ return 4; } )
.then( function STEP3(){ return 6; } )
.then( function STEP4(){ return 8; } )
.then( function STEP5(){ return 10; } );

for (var v of steps) {
    console.log( v );
}
// 2 4 6 8 10
```

除了附录 A 中的事件触发示例之外，可迭代序列的有趣之处在于它们从本质上可以看作是一个生成器或 Promise 链的替身，但其灵活性却更高。

请考虑一个多 Ajax 请求的例子。我们在第 3 章和第 4 章中已经看到过同样的场景，分别通过 Promise 链和生成器实现的。用可迭代序列来表达：

```
// 支持序列的ajax
var request = ASQ.wrap( ajax );

ASQ( "http://some.url.1" )
.runner(
    ASQ.iterable()

    .then( function STEP1(token){
        var url = token.messages[0];
        return request( url );
    } )

    .then( function STEP2(resp){
```

```
        return ASQ().gate(
            request( "http://some.url.2/?v=" + resp ),
            request( "http://some.url.3/?v=" + resp )
        );
    } )

    .then( function STEP3(r1,r2){ return r1 + r2; } )
)
.val( function(msg){
    console.log( msg );
} );
```

可迭代序列表达了一系列顺序的（同步或异步的）步骤，看起来和 Promise 链非常相似。
换句话说，它比直接的回调嵌套看起来要简洁得多，但没有生成器的基于 yield 的顺序语
法那么好。

但我们把可迭代序列传入了 ASQ#runner(..)，这个函数会把该序列执行完毕，就像对待生
成器那样。可迭代序列本质上和生成器的行为方式一样。这个事实值得注意，原因如下。

首先，可迭代序列是 ES6 生成器某个子集的某种前 ES6 等价物。也就是说，你可以直接编
写它们（在任意环境运行），或者你也可以编写 ES6 生成器，并将其重编译或转化为可迭
代序列（就此而言，也可以是 Promise 链！）。

把"异步完整运行"的生成器看作是 Promise 链的语法糖，对于认识它们的同构关系是很
重要的。

在继续之前，我们应该注意到，前面的代码片段可以用 asynquence 重写如下：

```
ASQ( "http://some.url.1" )
.seq( /*STEP 1*/ request )
.seq( function STEP2(resp){
    return ASQ().gate(
        request( "http://some.url.2/?v=" + resp ),
        request( "http://some.url.3/?v=" + resp )
    );
} )
.val( function STEP3(r1,r2){ return r1 + r2; } )
.val( function(msg){
    console.log( msg );
} );
```

而且，步骤 2 也可以这样写：

```
.gate(
    function STEP2a(done,resp) {
        request( "http://some.url.2/?v=" + resp )
        .pipe( done );
    },
    function STEP2b(done,resp) {
        request( "http://some.url.3/?v=" + resp )
```

```
        .pipe( done );
    }
)
```

那么，如果更简单平凡的 asynquence 链就可以做得很好的话，为什么还要辛苦地把我们的
流程控制表达为 ASQ#runner(..) 步骤中的可迭代序列呢?

因为可迭代序列形式还有很重要的秘密，提供了更强大的功能。请继续阅读。

可迭代序列扩展

生成器、普通 asynquence 序列以及 Promise 链都是及早求值（eagerly evaluated）——不管
最初的流程控制是什么，都会执行这个固定的流程。

然而，可迭代序列是惰性求值（lazily evaluated），这意味着在可迭代序列的执行过程中，
如果需要的话可以用更多的步骤扩展这个序列。

 只能在可迭代序列的末尾添加步骤，不能插入序列的中间。

首先，让我们通过一个简单点的（同步）例子来熟悉一下这个功能:

```
function double(x) {
    x *= 2;

    // 应该继续扩展吗?
    if (x < 500) {
        isq.then( double );
    }

    return x;
}

// 建立单步迭代序列
var isq = ASQ.iterable().then( double );

for (var v = 10, ret;
    (ret = isq.next( v )) && !ret.done;
) {
    v = ret.value;
    console.log( v );
}
```

一开始这个可迭代序列只定义了一个步骤（isq.then(double)），但这个可迭代序列在某种
条件下（x < 500）会持续扩展自己。严格说来，asynquence 序列和 Promise 链也可以实现

类似的功能，不过我们很快将说明为什么它们的能力是不足的。

尽管这个例子很平常，也可以通过一个生成器中的 while 循环表达，但我们会考虑到更复杂的情况。

举例来说，可以查看 Ajax 请求的响应，如果它指出还需要更多的数据，就有条件地向可迭代序列中插入更多的步骤来发出更多的请求。或者你也可以有条件地在 Ajax 处理结尾处增加一个值格式化的步骤。

考虑：

```
var steps = ASQ.iterable()

.then( function STEP1(token){
    var url = token.messages[0].url;

    // 提供了额外的格式化步骤了吗？
    if (token.messages[0].format) {
        steps.then( token.messages[0].format );
    }

    return request( url );
} )

.then( function STEP2(resp){
    // 向区列中添加一个Ajax请求吗？
    if (/x1/.test( resp )) {
        steps.then( function STEP5(text){
            return request(
                "http://some.url.4/?v=" + text
            );
        } );
    }

    return ASQ().gate(
        request( "http://some.url.2/?v=" + resp ),
        request( "http://some.url.3/?v=" + resp )
    );
} )

.then( function STEP3(r1,r2){ return r1 + r2; } );
```

你可以看到，在两个不同的位置处，我们有条件地使用 steps.then(..) 扩展了 steps。要运行这个可迭代序列 steps，只需要通过 ASQ#runner(..) 把它链入我们的带有 asynquence 序列（这里称为 main）的主程序流程：

```
var main = ASQ( {
    url: "http://some.url.1",
    format: function STEP4(text){
        return text.toUpperCase();
    }
```

```
    } )
    .runner( steps )
    .val( function(msg){
        console.log( msg );
    } );
```

可迭代序列 steps 的这一灵活性（有条件行为）可以用生成器表达吗？算是可以吧，但我们不得不以一种有点笨拙的方式重新安排这个逻辑：

```
function *steps(token) {
    // 步骤1
    var resp = yield request( token.messages[0].url );

    // 步骤2
    var rvals = yield ASQ().gate(
        request( "http://some.url.2/?v=" + resp ),
        request( "http://some.url.3/?v=" + resp )
    );

    // 步骤3
    var text = rvals[0] + rvals[1];

    // 步骤4
    //提供了额外的格式化步骤了吗?
    if (token.messages[0].format) {
        text = yield token.messages[0].format( text );
    }

    // 步骤5
    // 需要向序列中再添加一个Ajax请求吗?
    if (/foobar/.test( resp )) {
        text = yield request(
            "http://some.url.4/?v=" + text
        );
    }

    return text;
}
```

// 注意：*steps()可以和前面的steps一样被同一个ASQ序列运行

除了已经确认的生成器的顺序、看似同步的语法的好处（参见第 4 章），要模拟可扩展可迭代序列 steps 的动态特性，steps 的逻辑也需要以 *steps() 生成器形式重新安排。

而如果要通过 Promise 或序列来实现这个功能会怎样呢？你可以这么做：

```
var steps = something( .. )
.then( .. )
.then( function(..){
    // ..

    // 扩展链是吧?
    steps = steps.then( .. );
```

```
        // ..
    })
    .then( .. );
```

其中的问题捕捉起来比较微妙，但是很重要。所以，考虑要把我们的 steps Promise 链链入主程序流程。这次使用 Promise 来表达，而不是 asynquence：

```
var main = Promise.resolve( {
    url: "http://some.url.1",
    format: function STEP4(text){
        return text.toUpperCase();
    }
} )
.then( function(..){
    return steps;              // hint!
} )
.val( function(msg){
    console.log( msg );
} );
```

现在能看出问题所在了吗？仔细观察！

序列步骤排序有一个竞态条件。在你返回 steps 的时候，steps 这时可能是之前定义的 Promise 链，也可能是现在通过 steps = steps.then(..) 调用指向扩展后的 Promise 链。根据执行顺序的不同，结果可能不同。

以下是两个可能的结果。

• 如果 steps 仍然是原来的 Promise 链，一旦之后它通过 steps = steps.then(..) 被"扩展"，在链结尾处扩展之后的 promise 就不会被 main 流程考虑，因为它已经连到了 steps 链。很遗憾，这就是及早求值的局限性。

• 如果 steps 已经是扩展后的 Promise 链，它就会按预期工作，因为 main 连接的是扩展后的 promise。

除了竞态条件这个无法接受的事实，第一种情况也需要担心，它展示了 Promise 链的及早求值。与之对比的是，我们很容易扩展可迭代序列，且不会有这样的问题，因为可迭代序列是惰性求值的。

你所需的流程控制的动态性越强，可迭代序列的优势就越明显。

在 asynquence 网站上可以得到关于可迭代序列的更多信息和示例（https://github.com/getify/asynquence/blob/master/README.md#iterable-sequences）。

B.2　事件响应

(至少) 根据第 3 章的内容, 有一点应该是显而易见的, Promise 是异步工具箱中一个非常强大的工具。但是, 因为 Promise 只能决议一次, 它们的功能有一个很明显的缺憾就是处理事件流的能力。坦白地说, 简单 asynquence 序列恰巧也有同样的弱点。

考虑这样一个场景, 你想要在每次某个事件触发时都启动一系列步骤。单个 Promise 或序列不能代表一个事件的所有发生。因此, 你不得不在每次事件发生时创建一整个新的 Promise 链 (或序列), 就像这样:

```
listener.on( "foobar", function(data){

    // 构造一个新的事件处理promise链
    new Promise( function(resolve,reject){
        // ..
    } )
    .then( .. )
    .then( .. );

} );
```

这个方法展示了我们需要的基本功能, 但是离想要的表达期望逻辑的方式还差得很远。这个范式中合并了两个独立的功能: 事件侦听和事件响应。独立的需求要求把这两个功能独立开来。

细心的人可能会观察到, 这个问题和第 2 章中详细介绍的回调的问题类似。这是某种程度的控制反转问题。

设想一下, 把这个范式的反转恢复一下, 就像这样:

```
var observable = listener.on( "foobar" );

// 将来
observable
.then( .. )
.then( .. );

// 还有
observable
.then( .. )
.then( .. );
```

值 observable 并不完全是一个 Promise, 但你可以像查看 Promise 一样查看它, 所以它们是紧密相关的。实际上, 它可以被查看多次, 并且每次它的事件 ("foobar") 发生的时候都会发出通知。

我刚刚展示的这个模式是响应式编程（RP）概念和动机的极大简化，这种模式已经被几个伟大的项目和语言实现 / 说明了。RP 的一个变体是函数式响应式编程（FRP），这是指对数据流应用函数式编程技术（不可变性、引用完整性，等等）。"响应式"是指把功能在时间上扩散以响应事件。如果感兴趣的话，你应该考虑研究一下微软在很棒的"响应式扩展"库（对于 JavaScript 来说是 RxJS）中提供的"响应式 Observable"（http://reactive-extensions.github.io/RxJS/）。它比我们这里展示的要高级和强大得多。另外，Andre Staltz 有一篇优秀的文章（https://gist.github.com/staltz/868e7e9bc2a7b8c1f754）赞扬了 RP 的高效，并给出了具体的例子。

B.2.1 ES7 Observable

在编写本书的时候，已经有早期的 ES7 提案提出了一个称为 Observable 的新数据类型，它的思路和我们这里给出的类似，不过肯定要更复杂一些。

这类 Observable 的概念是这样的："订阅"到一个流的事件的方式是传入一个生成器——实际上其中有用的部分是迭代器——事件每次发生都会调用迭代器的 next(..) 方法。

你可以把它想象成类似这样：

```
// someEventStream是一个事件流，比如来自鼠标点击或其他

var observer = new Observer( someEventStream, function*(){
    while (var evt = yield) {
        console.log( evt );
    }
} );
```

传入的生成器将会 yield 暂停那个 while 循环，等待下一个事件。每次 someEventStream 发布一个新事件，都会调用到附加到生成器实例上的迭代器的 next(..)，因此事件数据会用 evt 数据恢复生成器 / 迭代器。

在这里的对事件的订阅功能中，重要的是迭代器部分，而不是生成器部分。所以，从概念上说，实际上你可以传入任何 iterable，包括 ASQ.iterable() 可迭代序列。

有趣的是，也有关于适配器的提案来简化从某些流类型构造 Observable，比如用于 DOM 事件的 fromEvent(..)。如果你查看前面给出链接的 ES7 提案中建议的 fromEvent(..) 实现，你会发现它看起来和我们在下一节将要看到的 ASQ.react(..) 惊人的相似。

当然，这些都是早期的提案，因此真正的最终实现可能和这里的展示在形式和行为方式上都有很大不同。但是，看到不同的库和语言提案之间对概念的早期整合还是很令人激动的！

B.2.2　响应序列

有了这个非常简要的 Observable（以及 F/RP）的概述给予我们灵感和激励，现在我要展示"响应式 Observable"的一个小子集的修改版，我称之为"响应式序列"。

首先，让我们从如何使用名为 react(..) 的 asynquence 插件工具创建一个 Observable 开始：

```
var observable = ASQ.react( function setup(next){
    listener.on( "foobar", next );
} );
```

现在，来看看如何定义一个能"响应"这个 observable 的序列（在 F/RP 中，这通常称为"订阅"）：

```
observable
.seq( .. )
.then( .. )
.val( .. );
```

所以，只要结束 Observable 链接就定义了序列。很简单，是不是？

在 F/RP 中，事件流通常从一系列函数变换中穿过，比如 scan(..)、map(..)、reduce(..)，等等。使用响应式序列的话，每个事件从一个序列的新实例中穿过。我们来看一个较具体的例子：

```
ASQ.react( function setup(next){
    document.getElementById( "mybtn" )
    .addEventListener( "click", next, false );
} )
.seq( function(evt){
    var btnID = evt.target.id;
    return request(
        "http://some.url.1/?id=" + btnID
    );
} )
.val( function(text){
    console.log( text );
} );
```

这个响应序列的"响应"部分来自于分配了一个或多个事件处理函数来调用事件触发器（调用 next(..)）。

响应序列的"序列"部分就和我们已经研究过的序列完全一样：每个步骤可以使用任意合理的异步技术，从 continuation 到 Promise 再到生成器。

一旦建立起响应序列，只要事件持续触发，它就会持续启动序列实例。如果想要停止响应序列，可以调用 stop()。

如果响应序列调用了 stop()，停止了，那你很可能希望事件处理函数也被注销。可以注册一个 teardown 处理函数来实现这个目的：

```
var sq = ASQ.react( function setup(next,registerTeardown){
    var btn = document.getElementById( "mybtn" );

    btn.addEventListener( "click", next, false );

    // 一旦sq.stop()被调用就会调用
    registerTeardown( function(){
        btn.removeEventListener( "click", next, false );
    } );
} )
.seq( .. )
.then( .. )
.val( .. );

// 将来
sq.stop();
```

处理函数 setup(..) 中的 this 绑定引用和响应序列 sq 一样，所以你可以使用这个 this 引用向响应序列定义添加内容，调用像 stop() 这样的方法，等等。

这里是一个来自 Node.js 世界的例子，使用了响应序列来处理到来的 HTTP 请求：

```
var server = http.createServer();
server.listen(8000);

// 响应式observer
var request = ASQ.react( function setup(next,registerTeardown){
    server.addListener( "request", next );
    server.addListener( "close", this.stop );

    registerTeardown( function(){
        server.removeListener( "request", next );
        server.removeListener( "close", request.stop );
    } );
});

// 响应请求
request
.seq( pullFromDatabase )
.val( function(data,res){
    res.end( data );
} );

// 节点清除
process.on( "SIGINT", request.stop );
```

使用 onStream(..) 和 unStream(..)，触发器 next(..) 也很容易适配节点流：

```
ASQ.react( function setup(next){
    var fstream = fs.createReadStream( "/some/file" );

    // 把流的"data"事件传给next(..)
    next.onStream( fstream );

    // 侦听流结尾
    fstream.on( "end", function(){
        next.unStream( fstream );
    } );
} )
.seq( .. )
.then( .. )
.val( .. );
```

也可以通过序列合并来组合多个响应序列流：

```
var sq1 = ASQ.react( .. ).seq( .. ).then( .. );
var sq2 = ASQ.react( .. ).seq( .. ).then( .. );

var sq3 = ASQ.react(..)
.gate(
    sq1,
    sq2
)
.then( .. );
```

主要的一点是：ASQ.react(..) 是 F/RP 概念的一个轻量级的修改版，也是术语"响应序列"的意义所在。响应序列通常能够胜任基本的响应式用途。

 这里有一个使用 ASQ.react(..) 管理 UI 状态的例子（http://jsbin,com/rozipaki/6/edit?js,output），还有一个通过 ASQ.react(..) 处理 HTTP 请求 / 响应流的例子（https://gist.github.com/getify/bba5ec0de9d6047b720e）。

B.3　生成器协程

希望第 4 章已经帮助你熟悉了 ES6 生成器。具体来说，我们想要再次讨论"生成器并发"，甚至更加深入。

设想一个工具 runAll(..)，它能接受两个或更多的生成器，并且并发地执行它们，让它们依次进行合作式 yield 控制，并支持可选的消息传递。

除了可以运行单个生成器到结束之外，我们在附录 A 讨论的 ASQ#runner(..) 是 runAll(..) 概念的一个相似实现，后者可以并发运行多个生成器到结束。

因此，让我们来看看如何实现第 4 章中并发 Ajax 的场景：

```
ASQ(
    "http://some.url.2"
)
.runner(
    function*(token){
        // 传递控制
        yield token;

        var url1 = token.messages[0]; // "http://some.url.1"

        // 清空消息，重新开始
        token.messages = [];

        var p1 = request( url1 );

        // 传递控制
        yield token;

        token.messages.push( yield p1 );
    },
    function*(token){
        var url2 = token.messages[0]; // "http://some.url.2"

        // 传递消息并传递控制
        token.messages[0] = "http://some.url.1";
        yield token;

        var p2 = request( url2 );

        // 传递控制
        yield token;

        token.messages.push( yield p2 );

        // 把结果传给下一个序列步骤
        return token.messages;
    }
)
.val( function(res){
    // res[0]来自"http://some.url.1"
    // res[1]来自"http://some.url.2"
} );
```

ASQ#runner(..) 和 runAll(..) 之间的主要区别如下。

- 每个生成器（协程）都被提供了一个叫作 token 的参数。这是一个特殊的值，想要显式把控制传递到下一个协程的时候就 yield 这个值。
- token.messages 是一个数组，其中保存了从前面一个序列步骤传入的所有消息。它也是一个你可以用来在协程之间共享消息的数据结构。
- yield 一个 Promise(或序列)值不会传递控制，而是暂停这个协程处理，直到这个值准备好。

- 从协程处理运行最后 return 的或 yield 的值将会被传递到序列中的下一个步骤。

在基本的 ASQ#runner(..) 功能之上添加辅助函数用于不同的用途也是很容易实现的。

状态机

对许多程序员来说，一个可能很熟悉的例子就是状态机。在简单的装饰工具的帮助下，你可以创建一个很容易表达的状态机处理器。

让我们来设想这样一个工具。我们将其称为 state(..)，并给它传入两个参数：一个状态值和一个处理这个状态的生成器。创建和返回要传递给 ASQ#runner(..) 的适配器生成器这样的苦活将由 state(..) 负责。

考虑：

```
function state(val,handler) {
    // 为这个状态构造一个协程处理函数
    return function*(token) {
        // 状态转移处理函数
        function transition(to) {
            token.messages[0] = to;
        }

        // 设定初始状态(如果还未设定的话)
        if (token.messages.length < 1) {
            token.messages[0] = val;
        }

        // 继续,直到到达最终状态(false)
        while (token.messages[0] !== false) {
            // 当前状态与这个处理函数匹配吗?
            if (token.messages[0] === val) {
                // 委托给状态处理函数
                yield *handler( transition );
            }

            // 还是把控制转移到另一个状态处理函数?
            if (token.messages[0] !== false) {
                yield token;
            }
        }
    };
}
```

如果仔细观察的话，可以看到 state(..) 返回了一个接受一个 token 的生成器，然后它建立了一个 while 循环，该循环将持续运行，直到状态机到达终止状态（这里我们随机设定为值 false）。这正是我们想要传给 ASQ#runner(..) 的那一类生成器！

我们还随意保留了 token.messages[0] 槽位作为放置状态机当前状态的位置，用于追踪，这意味着我们甚至可以把初始状态值作为种子从序列中的前一个步骤传入。

如何将辅助函数 state(..) 与 ASQ#runner(..) 配合使用呢？

```
var prevState;

ASQ(
    /*可选:初始状态值 */
    2
)
// 运行状态机
// 转移: 2 -> 3 -> 1 -> 3 -> false
.runner(
    // 状态1处理函数
    state( 1, function *stateOne(transition){
        console.log( "in state 1" );

        prevState = 1;
        yield transition( 3 );  // 转移到状态3
    } ),

    // 状态2处理函数
    state( 2, function *stateTwo(transition){
        console.log( "in state 2" );

        prevState = 2;
        yield transition( 3 );  // 转移到状态3
    } ),

    // 状态3处理函数
    state( 3, function *stateThree(transition){
        console.log( "in state 3" );

        if (prevState === 2) {
            prevState = 3;
            yield transition( 1 ); // 转移到状态1
        }
        // 完毕!
        else {
            yield "That's all folks!";

            prevState = 3;
            yield transition( false ); // 最终状态
        }
    } )
)
// 状态机完毕,继续
.val( function(msg){
    console.log( msg ); // 就这些!
} );
```

有很重要的一点需要指出，生成器 *stateOne(..)、*stateTwo(..) 和 *stateThree(..) 三者本身在每次进入状态时都会被再次调用，而在你通过 transition(..) 转移到其他值时就会结束。尽管这里没有展示，但这些状态生成器处理函数显然可以通过 yield Promise/ 序列 /thunk 来异步暂停。

底层隐藏的由辅助函数 state(..) 产生并实际上传给 ASQ#runner(..) 的生成器是在整个状态机生存期都持续并发运行的，它们中的每一个都会把协作式 yield 控制传递到下一个，以此类推。

 查看这个 ping pong 的例子（http://jsbin.com/qutabu/1/edit?js,output），可以得到更多关于使用由 ASQ#runner(..) 驱动的生成器进行协作式并发的示例。

B.4　通信顺序进程

1978 年，C. A. R. Hoare 在一篇学术论文中（http://dl.acm.org/citation.cfm?doid=359576.359585）首次描述了通信顺序进程（Communicating Sequential Processes，CSP），然后又在 1985 年的同名著作中讨论了这个概念（http://www.usingcsp.com/）。CSP 描述了一种并发"进程"在运行过程中彼此交互（通信）的正式方法。

你可能已经想起了我们在第 1 章中讨论的并发"进程"，此处对 CSP 的探索将建立在对其的理解之上。

和计算机科学领域多数伟大的概念一样，CSP 也带有浓烈的学术形式体系色彩，以进程代数的形式表达。但我觉得符号代数原理对你来说不会有什么实际的意义，所以我们将要寻找其他方法来思考 CSP。

我把多数 CSP 的正式描述和证明交给霍尔的研究以及自他以后许多其他有趣的文章。而我将要做的就是以尽可能非学术化的易于直觉理解的方式简要介绍 CSP 的思路。

B.4.1　消息传递

CSP 的核心原则是独立的进程之间所有的通信和交互必须要通过正式的消息传递。可能与你预期的相反，CSP 消息传递是用同步动作来描述的，其中发送进程和接收进程都需要准备好消息才能传递。

这样的同步消息机制怎么可能与 JavaScript 的异步编程联系在一起呢？

关系的具体化来自于使用 ES6 生成器创建看似同步但底层可能是同步或（更可能的）异步动作的方法的特性。

换句话说，两个或更多并发运行的生成器可以彼此之间用看似同步的形式进行消息传递，同时保持系统的异步本性，因为每个生成器的代码都被暂停（阻塞）了，等待一个异步动作来恢复。

这是如何工作的呢？

设想一个名为 A 的生成器（"进程"），想要发送一个消息给生成器 B。首先 A yield 要发给 B 的这个消息（因此暂停了 A），等 B 就绪并拿到这个消息时，A 就会被恢复（解除阻塞）。

对称地，设想 A 要接收一个来自 B 的消息。A yield 它对来自于 B 的这个消息的请求（因此暂停 A）。而一旦 B 发送了一个消息，A 就拿到消息并恢复执行。

这种 CSP 消息传递的一个更流行的实现来自 ClojureScript 的 core.async 库，还有 go 语言。这些 CSP 实现通过开放在进程间的称为通道（channel）的管道实现了前面描述的通信语义。

 使用术语通道的部分原因是，在一些模式中可以一次发送多个值到通道的缓冲区，这可能类似于你对流的认识。这里我们并不深入探讨，但要了解，对于管理数据流来说，它可以是非常强大的技术。

在最简单的 CSP 概念中，我们在 A 和 B 之间创建的通道会有一个名为 take(..) 的方法用于阻塞接收一个值，还有一个名为 put(..) 的方法用于阻塞发送一个值。

这看起来可能类似于：

```
var ch = channel();

function *foo() {
    var msg = yield take( ch );

    console.log( msg );
}

function *bar() {
    yield put( ch, "Hello World" );

    console.log( "message sent" );
}
run( foo );
run( bar );
// Hello World
// "message sent"
```

比较这个结构化的、（看似）同步的消息传递交互和 ASQ#runner(..) 通过数组 token.

messages 及合作式 yield 提供的非正式非结构化的消息共享机制。本质上，yield put(..) 是一个既发送了值也暂停了执行来传递控制的单个操作，而在前面我们给出的例子中这两者是分开的步骤。

另外，CSP 强调你并不真正显式地传递控制，而是设计并发例程来阻塞等待来自于通道的值或阻塞等待试图发送值到这个通道。协调顺序和协程之间行为的方式就是通过接收和发送消息的阻塞。

 合理警告：这个模式非常强大，但是一开始用起来也有些费脑筋。需要进行一些实践才能习惯这种新的协调并发的思考模式。

有几个很好的库已经用 JavaScript 实现了 CSP，其中最著名的是 js-csp（https://github.com/ubolonton/js-csp），由 James Long 实现（http://github.com/jlongster/js-csp）并扩展（http://jlongster.com/Taming-the-Asynchronous-Beast-with-CSP-in-JavaScript）。此外，David Nolen 的关于把 ClojureScript 的 go 风格 core.async CSP 移植到 JS 生成器风格的众多文章也非常重要（http://swannodette.github.io/2013/08/24/es6-generators-and-csp/）。

B.4.2　asynquence CSP 模拟

由于我们这里一直讨论的异步模式都是在我的 asynquence 库的大背景下进行的，因此你可能有兴趣看到我们可以相当轻松地在 ASQ#runner(..) 生成器处理上添加一个模拟层，作为 CSP API 和特性的近乎完美的移植。这个模拟层作为 asynquence-contrib 包的一个可选部分与 asynquence 一起发布。

与前面的辅助函数 state(..) 非常相似，ASQ.csp.go(..) 接受一个生成器——在 go/core.async 术语中，它被称为 goroutine——并通过返回一个新的生成器将其适配为可与 ASQ#runner(..) 合作。

goroutine 接收一个最初创建好的通道（ch），而不是被传入一个 token，一次运行中的所有 goroutien 都会共享这个通道。你可以通过 ASQ.csp.chan(..) 创建更多的通道（这常常会极其有用！）。

在 CSP 中，我们把所有的异步都用通道消息上的阻塞来建模，而不是阻塞等待 Promise/ 序列 /thunk 完成。

因此，不是把从 request(..) 返回的 Promise yield 出来，而是 request(..) 应该返回一个通道，从中你可以 take(..)（拿到）值。换句话说，这种环境和用法下单值通道大致等价于 Promise 或序列。

我们先来构造一个支持通道的 request(..) 版本：

```
function request(url) {
    var ch = ASQ.csp.channel();
    ajax( url ).then( function(content){
        // putAsync(..)的put(..)的一个变异版本,这个版本
        // 可以在生成器之外使用。返回一个运算完毕promise。
        // 这里我们没有使用这个promise,但是如果当值被
        // take(..)之后我们需要得到通知的话,可以使用这个promise。
        ASQ.csp.putAsync( ch, content );
    } );
    return ch;
}
```

由第 3 章可知，promisory 是生产 Promise 的工具；第 4 章里的 thunkory 是生产 thunk 的工具；以及最后在附录 A 中，我们发明了 sequory 来表示生产序列的工具。

很自然地，我们要再次构造一个类似的术语以表示生产通道的工具。我们就称之为 chanory（channel+factory）吧。作为留给你的练习，请试着定义一个类似于 Promise. wrap(..)/promisify(..)（第 3 章）、thunkify(..)（第 4 章）和 ASQ.wrap(..)（附录 A）的 channelify(..) 工具。

现在考虑使用 asynquence 风格的 CSP 实现的并发 Ajax 的例子：

```
ASQ()
.runner(
    ASQ.csp.go( function*(ch){
        yield ASQ.csp.put( ch, "http://some.url.2" );

        var url1 = yield ASQ.csp.take( ch );
        // "http://some.url.1"

        var res1 = yield ASQ.csp.take( request( url1 ) );

        yield ASQ.csp.put( ch, res1 );
    } ),
    ASQ.csp.go( function*(ch){
        var url2 = yield ASQ.csp.take( ch );
        // "http://some.url.2"

        yield ASQ.csp.put( ch, "http://some.url.1" );

        var res2 = yield ASQ.csp.take( request( url2 ) );
        var res1 = yield ASQ.csp.take( ch );

        // 把结果传递到下一个序列步骤
        ch.buffer_size = 2;
        ASQ.csp.put( ch, res1 );
        ASQ.csp.put( ch, res2 );
    } )
)
```

```
    .val( function(res1,res2){
        // res1来自"http://some.url.1"
        // res2来自"http://some.url.2"
    } );
```

在两个 goroutine 之间交换 URL 字符串的消息传递过程是非常直接的。第一个 goroutine 构造一个到第一个 URL 的 Ajax 请求,响应放到通道 ch 中。第二个 goroutine 构造一个到第二个 URL 的 Ajax 请求,然后从通道 ch 拿到第一个响应 res1。这时,两个响应 res1 和 res2 便都已经完成就绪了。

如果在 goroutine 运行结束时,通道 ch 中还有任何剩下的值,那它们就会被传递到序列的下一个步骤。所以,要从最后的 goroutine 传出消息,可以通过 put(..) 将其放入 ch 中。如上所示,为了避免这些最后的 put(..) 阻塞,我们通过将 ch 的 buffer_size 设置为 2(默认:0)而将 ch 切换为缓冲模式。

在这个参考地址(https://gist.github.com/getify/e0d04f1f5aa24b1947ae)可以看到更多使用 asynquence 风格的 CSP 的示例。

B.5　小结

Promise 和生成器提供了基础构建单元,可以在其之上构建更高级、功能更强大的异步。

asynquence 提供了一些工具,用于实现可迭代序列、响应序列(Observable)、并发协程甚至 CSP goroutine。

这些模式,与 continuation 回调和 Promise 功能相结合,给予 asynquence 多种不同的强大的异步功能。所有这些功能都集成进了一个简洁的异步流程控制抽象:序列。